武汉光电论坛

系列文集

第二辑

主　编　叶朝辉

副主编　骆清铭　林林

参　编　肖晓春

交融思想　砥砺创新

华中科技大学出版社

http://www.hustp.com

中国·武汉

图书在版编目(CIP)数据

武汉光电论坛系列文集(第二辑)/叶朝辉　主编.—武汉:华中科技大学出版社,
2012.11
ISBN 978-7-5609-6557-4

Ⅰ.武…　Ⅱ.叶…　Ⅲ.光电子技术-文集　Ⅳ.TN2-53

中国版本图书馆 CIP 数据核字(2012)第 246723 号

武汉光电论坛系列文集(第二辑)　　　　　　　　　叶朝辉　　主编

策划编辑:徐晓琦
责任编辑:徐晓琦
封面设计:刘　卉
责任校对:李　琴
责任监印:周治超
出版发行:华中科技大学出版社(中国·武汉)
　　　　　武昌喻家山　　邮编:430074　　电话:(027)81321915
录　　排:武汉楚海文化传播有限公司
印　　刷:华中科技大学印刷厂
开　　本:710mm×1000mm　1/16
印　　张:22
字　　数:469千字
版　　次:2012 年 11 月第 1 版第 1 次印刷
定　　价:49.80 元

序 preface

2008 年 3 月，武汉光电国家实验室（筹）（Wuhan National Laboratory for Optoelectronics，WNLO）发起并组织举办了"武汉光电论坛"系列学术讲座。截至 2012 年 1 月，该论坛已经成功举办了 59 期。

武汉光电国家实验室（筹）是科技部于 2003 年 11 月批准筹建的五个国家实验室之一，由教育部、湖北省和武汉市共建，依托华中科技大学，与武汉邮电科学研究院、中国科学院武汉物理与数学研究所、华中光电技术研究所等三家单位共同组建。武汉光电国家实验室（筹）是国家科技创新体系的重要组成部分，也是"武汉·中国光谷"的创新研究基地。

武汉光电国家实验室的定位是：以国家重大战略需求为导向，面向国际科技前沿，开展基础研究、竞争前战略高技术研究和社会公益研究。实验室建设目标包括：建成开放的国家公共实验研究平台；建成光电学科国际一流的科学研究与技术创新基地、国际一流人才的汇集与培养基地，以及国际学术交流与合作中心。此外，实验室还肩负着"探索跨部门、多单位组建国家实验室的运行管理模式"的重要使命。

作为光电领域的国家实验室，我们的中心任务是致力于光电领域自主创新能力建设。四家组建单位在优势互补、资源整合与共享的基础上，面向国家中长期发展规划和行业发展的重大需求，以社会和科技发展需求为主导，通过项目牵引，联合建立科研团队。除探索性研究外，重点开展光电领域竞争前战略高技术研究，并强调前瞻性、创新性、综合性，重视自主研制先进的仪器设备和开发新的测量分析方法。实验室强调学、研、产结合，一方面积极引导科研团队承接企业的课题，为企业发展解决难题；另一方面也鼓励科研成果通过工程中心和企业实验室实现技术转移。

根据国家实验室的定位和建设目标，我们强调"依托光谷、省部共建、资源整合、区域创新"，并为"武汉光电论坛"确立了"交融思想、砥砺创新"的宗旨。论坛邀请在光电领域取得重要学术成就的科技专家，面向光电学科与产业发展的重大需求，介绍光电学科前沿和专业技术进展，讨论关键科学问题与技术难点，预测学科与产业发展趋势，从而打造融汇光电智慧的思想库，为促进"武汉·中国光谷"乃至全球的光电科技产业发展出谋划策。

为精益求精，保证论坛的学术水平，实验室制订了严格的流程，指定专人认真组织和协调。每期论坛的筹备工作都超过一周，旨在与主讲人充分沟通论坛要求和报告主题，务求报告能紧扣主题，介绍光电学科前沿和专业技术进展，讨论关键科学问题与技术难点，预测学科与产业发展趋势，提供一份业界、项目管理者、学术界都感兴趣的热点问题的综述，并能给相关行业或领域以启发。

"武汉光电论坛"目前已经引起业界的广泛关注，专业人士纷纷慕名而来。为拓展知识传播途径、搭建信息沟通桥梁，每期论坛的内容都会在有关部门和机构的网站上同步转发，供相关研究人员下载。现将第27~59 期（第52 期暂未收录）论坛的主要内容整理成文，并汇编出版（第1~26 期已于2009 年出版），借此使得所有信息对外公开，以促进学术交流与合作，引起共鸣。

感谢莅临"武汉光电论坛"并作出精彩演讲的各位教授和学者，感谢长期以来为"武汉光电论坛"忙碌的武汉光电国家实验室（筹）办公室全体职员，特别是肖晓春同志，感谢参与"武汉光电论坛"的各位师生，感谢为此文集付梓作出努力的华中科技大学出版社的编辑。没有你们的努力，"武汉光电论坛"的发展不会如此迅速；没有你们的努力，也不会有本文集的面世。

我们真诚希望能够通过本文集给大家带来一些思考和启示。知识的传递是一项崇高的事业，是一种不尽的幸福，更是一种无私的奉献。我们将不断完善"武汉光电论坛"，通过学术交流与合作，为大家奉献更加丰硕的成果。

武汉光电国家实验室（筹）主任 叶朝辉

2012 年10 月

目录 contents

Jesper Mørk 丹麦技术大学（Technical University of Denmark）国家博士，2002 年起任丹麦技术大学光子系正教授，2008 年出任光子工程系纳米光子学部主任。

Jesper Mørk 教授是 1994 年丹麦光学协会年奖获得者，2006 年丹麦 Kai Hansen 基金获得者，丹麦技术产业部委员，丹麦工程院院士，美国光学学会科学工程理事成员，激光光电子会议（CLEO）、激光光电子会议-欧洲（CLEO-Europe）、欧洲光学学会年会、美国光学学会年会"前沿光学"、美国光学学会主题会议"光放大器及其应用"等大会委员会委员，美国光学学会光学放大器技术组副主席（2003—2004 年）、主席（2005—2006 年），国际光学工程协会（东部）有源及无源光学器件大会合作主席（2005—2006 年），美国光学学会快慢光会议大会主席（2008 年）。目前担任《量子电子学》杂志副主编，《光学快报》《量子电子学》《量子电子学选题杂志》《光波技术》《光子技术快报》《光学快递》《物理评论》《应用物理评论》等国际高水平杂志审稿人，在同行审稿的国际高水平期刊和会议上发表文章 330 余篇。Jesper Mørk 教授主持多项千万欧元以上在研项目，其研究方向是器件物理，特别致力于纳米光子器件、用于全光信号处理的超快器件、慢光、非线性器件的噪声及量子光子学等方向的研究。

第27期

Slow and Fast Light in Semiconductor Devices：Physics and Applications

Keywords：slow light, CPO, fast light, SOA

第 ㉗ 期

半导体结构中的慢光快光：物理机制及应用

Jesper Mørk

　　我很荣幸能够被邀请来到这里，并与华中科技大学及光电国家实验室进行这样的交流与合作。非常感谢张新亮教授安排这一切并使其成为可能。我的报告将主要介绍半导体结构中的慢光快光以及它们的物理机制和应用。

　　你们中许多人可能说过哈佛大学物理学家 Lene V. Hau 曾做过的一个实验：将一束探测光通过由一束泵浦光激励的超冷原子气体，光速会被减慢到大约 17 m/s，即她所谓的"自行车速度"；光的脉宽也由气体腔外的 1 km 压缩到了在腔内的亚毫米量级。上述实验用到的基本原理叫做 EIT，即电磁诱导透明。如果测量透过率对频率的谱线，将会看到一个狭窄的频率间隔，那里有着很大的透过率；同时折射率在这一频率间隔里变化很大，这样的特性将会使得光速显著减慢。这一实验引起了人们的广泛关注，问题是它所需要的冷却装置太过复杂，为了能达到商用，我们需要寻找更简单的系统以减慢光速。

　　上述讨论中的光速指的是群速度。当把信号的包络调制到脉冲上，群速度就是脉冲峰值移动的速度。通过调节折射率随频率变化的快慢，群速度就可以得到改变，这是所有光速减慢的物理基础。对一个二能级系统，例如，仅有一个基态和一个激发态，当入射的光频率在系统的跃迁能级附近时，吸收对频率的函数具有洛伦兹线型，当光子能量与跃迁能量完全匹配时，可得到最大的吸收。如果我们观察相应的折射率变化，可看到在跃迁能量附近有很陡峭的斜率。这个简单的例子可以说明在一个二能级系统里也可得到折射率的急剧变化。如在图 27.1 中，在折射率变化的负斜率处可得到快光。但是，这样的效应很难观察到，因为在折射率变化的最大斜率处，系统的吸收也最强。虽然光速被减慢，但是光不能通过这样的系统。因此，我们需要寻找其他途径以减慢光速。

　　目前已报道的方案中，大致有三种不同的方法减慢光速。第一种方法是利用系统中两个能级之间的量子相干性导致的 EIT 现象。第二种方法是使用光子晶体波导，在规则光子晶体中引入缺陷结构，就可能得到非常大的波导色散，从而减慢光速。第三种方法可能不太被大家知道，它利用的是相干布居振荡（CPO）效应。这种效应非常

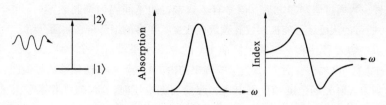

图 27.1 二能级系统示意图

有用，因为它可以在非常标准的可供购买的设备中得到，如电吸收调制器、半导体光放大器等。这种效应的基本原理是载流子的动态特性和四波混频。今天讲座的主要部分将集中于由 CPO 诱导的慢光。

我演讲的纲要是这样的：首先我会介绍慢光的一些实际应用；然后我会花一些时间讨论 CPO 的物理机制；之后，再讨论如何利用 CPO 对慢光效应进行加强；最后，我将讨论在固态器件而不是超冷原子气体中引入 EIT 的可能性。

首先我们来看慢光的一些潜在应用。一个理想的应用是利用慢光做光缓存器。不过，这非常困难并有点不切实际。另一个可能的应用是获得更有效的非线性材料，其物理原理很简单，当光速在非线性材料中被减缓下来，脉冲宽度会越变越窄，于是与物质相互作用的峰值功率会越变越大。这意味着，在非线性光学中，可以利用更小尺寸的器件实现同样的功能。还有另一个重要应用是在微波光子学中，当光载波被 10 GHz 到 20 GHz 的微波包络调制后，慢光效应可用来实现微波信号的相移，以获得更大调节空间的相控阵天线和微波滤波器。微波光子学的基本思路是用光学信号处理器取代射频处理电路。对高频信号，电路会变得复杂而且庞大，微波光子学在此时将会非常有用。一个典型的例子是基于干涉仪结构的微波滤波器，通过定制每条路径上信号的相位和幅度，则可制作多种性能的微波滤波器。因此，拥有很好的光学移相器显得非常重要。另一个例子是相控阵天线，通过光或者电的简单方法控制每条路径上信号到达相应的天线元件前的相移，可以有效地偏转光束出射的方向。一个重要的目标是实现 2π 的相移，以便全方位地偏转光束。

下面我们进一步探讨基于 CPO 效应的慢光和快光的物理机制。当一个正弦调制光载波被发射到慢光装置中，根据装置中延时的不同，输出信号的时域脉冲会或多或少地漂移。我们对无源器件中的时域漂移不感兴趣，我们感兴趣的是通过动态控制能获得多大的延时量，而延时量与群折射率的变化密切相关。如果延时量为 Δt，调制频率为 Ω，相乘后即可得到相移量 $\Delta\varphi$。实验中利用网络分析仪，Δt 和 $\Delta\varphi$ 都能被简单地测量，器件引入的信号幅度的变化也能被测出。

那么，上述延时的具体过程又是怎样的呢？在进入强度调制器前，光强为常数，通入 SOA 或 EA 后通过强度调制器对光进行调制。改变 SOA 或 EA 的控制条件，由于 SOA 或 EA 的增益被改变了，则输出光场的相位和幅度也发生了变化。另一个理解该现象的方法是在频域上解释。通过强度调制器前，信号的频谱只是在光载波频率处有一根直线，当通过调制器之后，信号有了边带，边带间隔为调制频率。而在 SOA 或 EA 中，边带的强度还可能被四波混频效应改变。更多的细节将在后面介绍。

我想先给大家展示一些基于标准 EA 的测量结果。对一个 100 μm 长、工作在 1.55 μm 处的 InP 器件，图 27.2 为实验测得的由 EA 导致的相位偏移的等值图，其横、纵轴分别为入射光场强度和反偏电压，改变反偏电压时，EA 的吸收系数会被改变。如图 27.2 所示，利用 EA，可通过电或光的形式方便地调节系统相移。目前已报道实现了 15 GHz 速率下的操作，但是光速减慢因子不太大，大约为 3 到 4，与 Hau 实验中的一百万相比还非常小。然而，在 Hau 实验中，带宽只有几兆赫兹，当带宽达到吉赫兹才会显得更有用一点。稍后我会介绍如何显著地增大带宽。

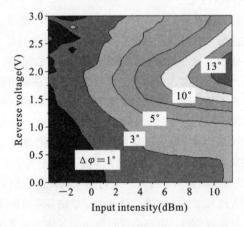

图 27.2　EA 导致的相位偏移的等值图

图 27.3 比较了在不同的光输入功率下，相位偏移随反偏电压的变化而变化的曲线。从图中可以看到，当输入光能量增加时，相位偏移会增大，并且在一个理想的电压偏置下，能得到最大的相移。图 27.3（b）是考虑了载流子动态特性后的模拟图，它与图 27.3（a）中的实验结果能很好吻合。

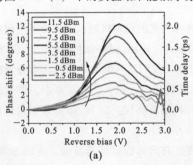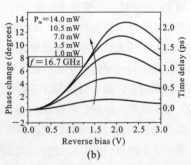

图 27.3　在不同的光输入功率下相位偏移随着反偏电压的变化而变化的曲线
（a）实验测得的曲线；（b）模拟曲线

图 27.4 是解释由 CPO 诱导慢光的一个简单示意图，虽然不是很完备但可以说明上述过程中发生了什么。首先我们看图 27.4（a），最上方的黑线为归一化的输入信号，当 EA 增益小于 1 时，如果 EA 的响应无限快，增益会被信号实时地调制，然而，EA 中载流子存在一定寿命，信号对增益的调制存在一定的延时。而输出的光场为输入信号与增益谱线的乘积。因此，我们可以清楚地看到输入和输出信号间存在一定的时间漂移，即光速在通过 EA 时被减慢了。当 EA 不是一个瞬时的吸收体，即 EA 工作速率比较慢时，才存在这样的时间漂移。现在我们看看 SOA 中的情况，如图 27.4（b）所示，同样由于载流子寿命有限，增益响应与输入信号完全异相，但也存在一定的延时，当增益与输入信号相乘后就得到了输出信号，比较输入和输出信号可看到其包络向前偏移了，于是就产生了快光。上述操作均是由于器件响应不快，于是可以在 EA 或 SOA 中产生慢快光。也正因为如此，基于上述原理对光进行的延时总小于器件中载流子的寿命。

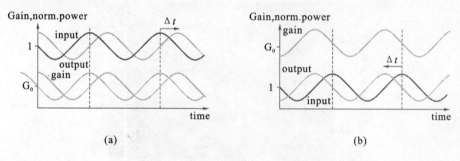

图 27.4　由 CPO 诱导慢光的示意图

（a）EA 中产生慢光的示意图；（b）SOA 中产生快光的示意图

　　下面介绍一下近年来我们组和其他组报道的一些实验结果。SOA 在 2 GHz 速率下达到了 20°的相移；EA 在 20 GHz 下，达到了 40°的相移。SOA 与 EA 性能的不同是因为 SOA 的响应非常慢，而 EA 操作的速率则快得多。芝加哥的一个小组报道过一个特别好的实验结果，他们通过大幅度改变器件的增益，在 1 GHz 的速率下，得到了 200°的相移。

　　显然，20°和 40°的相移在应用中是不够的，我们需要研究新的思路以提高相移量。这里我给了一个例子，图 27.5 为制作的 SOA 与 EA 级联的集成器件，以增大相移量。其基本思路是这样的：我们一方面通过 EA 对光进行延时，另一方面利用 SOA 补偿光强度的衰减，通过级联结构，我们可以得到一个较大的相移量。图 27.6 为输入光功率及 EA 反偏电压变化时，由 EA 引入的相移的等值图。从图中我们可以看到，通过电或光对 EA 进行调节，最大可达到 140°的相移并且可调谐。黑色的等值线是器件的传输率，即芯片对光强的增益。通过控制工作条件，在某种情况下，可以确保脉冲通过器件后光强保持不变。

　　可能大家会问：为什么在级联结构中，EA 引入的慢光效应没有和 SOA 中的快光

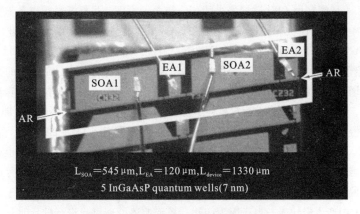

图 27.5　SOA 与 EA 级联的集成器件

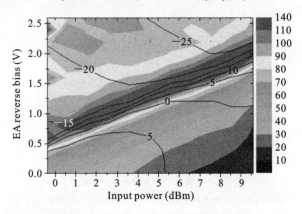

图 27.6　实验测得 EA 中相移的等值图

效应相抵消呢？我们可以看看相移量随调制频率的变化而变化的曲线，当调制频率很低时，因为 SOA 中载流子寿命较长，这时候主要是 SOA 对光速减慢；而当调制频率较高时，主要是 EA 对光速减慢。因此，当器件工作在高频处时，EA 被用来减慢光速，SOA 则主要被用来均衡传输损耗。

截至目前，我还只谈论了 EA 和 SOA 中增益对慢光的作用，那么折射率动态特性的作用又如何呢？为了方便理解，我们在频域上来分析。时域上对载波的调制对应载波与边带的拍频，当调制后的信号通过光器件，由于四波混频效应，泵浦光中的一些光子会被散射，并同相或异相地增加到探测光场上。把探测光在复平面上表示出来，可看出 FWM 效应的净结果是探测光的幅度及相位均被改变了。探测光增益（极化率的虚部）和群折射率（极化率的实部）对频率失谐量的函数谱线如图 27.7 所示。从图中可看出，在零失谐的情况下，群折射率变化的斜率很大。当线宽增强因子为半导体器件中典型值 2 时，探测光在高频处比在低频处更有效。对一个双边带的信号，FWM 效应的平均净结果与线宽增强因子为 0 时的结果相似。这表示，我们可以利用单边带调制得到折射率的变化。然而，实验结果显示，将单边带信号或者双边带信号入射到 SOA 中，两种情况竟不会有任何不同。我们可以这样理解：由于 SOA 中的 FWM 效应，瞬时就产生了共轭信号，因此作用过程中折射率动态特性引起的效应被抵消了，而无法被探测到。

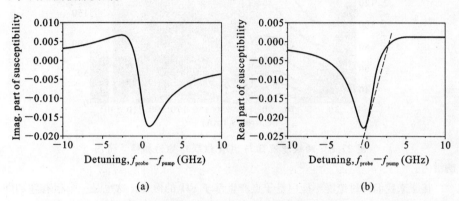

（a）　　　　　　　　　　　　　　　　（b）

图 27.7　探测光增益与群折射率随着频率失谐量的变化而变化的函数谱线
（a）探测光增益的变化；（b）探测光折射率的变化

因此，在通过 SOA 之前抑制信号的一条边带并不能带来很大的变化。然而，通过 SOA 之后抑制一条边带则能有效地增加相移。例如，以光纤布拉格光栅作为光学滤波器，如果通过 SOA 之后的信号红移边带被抑制，在 19 GHz 下，能达到 150° 的相移；如果蓝移边带被抑制，则只能得到非常小的负相移。因此，在应用中，我们需要把红移边带抑制。怎么解释这样做的原理呢？总的相移大致上是三个复向量相加的结果，即 $\varphi = \mathrm{Arg}\ (1 + \varepsilon_{\mathrm{blue}} + \varepsilon_{\mathrm{red}})$。"1" 代表载波信号，另外两项则分别代表蓝移边带和红移边带。如果加入与载波信号向量相反的向量，则两者的和可以产生一个非常大的正相移，而蓝移边带正是这样一个向量。另一方面，红移边带与载波信号的向量基本是同相的，因此它不能很大地改变信号的相位。

接下来，我们探讨一下通过级联滤波器增加相移的可能性。实验中，有多个滤波器相级联，在每一级滤波器中间加入一个 SOA，通过改变每一个 SOA 的电流可以优化总体装置的相移量。通过级联两阶滤波器可以使得总相移量达到 240°。图 27.8 是两级滤波器与 SOA 级联结构的相移等值图，其中横、纵轴分别为两个 SOA 的注入电流，黑色的等值线为信号的幅度传输率。从图中可以看出，通过优化 SOA 的电流，可以在不改变信号幅度的情况下，得到 250° 的相移。

我们需要把相移的调谐范围扩展到 360°，以方便更多的应用。为此我们设计了一个可以在全部的频谱范围内调谐，并对信号幅度不产生任何影响的微波滤波器，它的相移是通过级联三阶滤波器实现的。值得注意的是，在该方案中，为了能够顺利级联多级滤波器，需要在每两级之间增加一个再生器，比如一个红移边带的产生器。上述方案产生的相移器有一个很大的优势，它们都可以通过 SOA 实现，因此具有单片集成

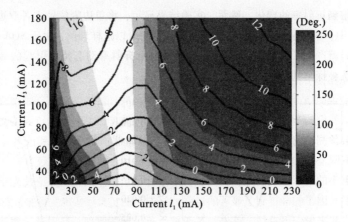

图 27.8　两级滤波器与 SOA 级联结构的相移等值图

的潜力。

　　接下来我们将讨论能不能用量子点产生基于 EIT 的慢光，这也是一个很有趣的问题。该想法的主要思路是：将半导体结构中的有源层用量子点替代，由于量子点非常小，因此它俘获的电子具有分离的能级。为了方便说明，我们设定：导带具有两个能级，即一个基态和一个激发态；价带只有一个能级，即基态。在没有泵浦光的时候，系统可被看成一个二能级系统，最大的相移发生在吸收最大的地方。就如我之前提到过的，这样的相移没有实际的用处。然而，当系统被通入泵浦光后，导带中的每个能级会分裂为两个能级。因此，导带中的基态被泵浦光移除了，使得材料对探测光变得透明，同时也会产生两个边带，折射率变化曲线表现出比较大的正斜率。然而，为了能发生量子干涉，导带中的两个态需要彼此相干，因此量子点中的电磁诱导透明非常难以获得。而相干性是由退相时间决定的，图 27.9 显示了在不同退相时间下，群折射

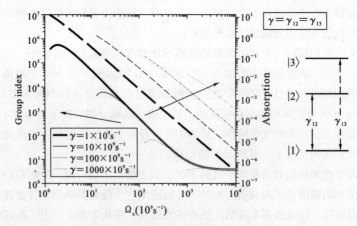

图 27.9　级联滤波器结构的相移等值图

率随输入泵浦光的变化而变化的曲线。从图 27.9 中可以看出，较短的退相时间极大地限制了光被减慢的程度。值得注意的是，除了退相时间，非均匀展宽也是光减慢程度的限制因子。室温下，半导体器件的典型退相时间为 0.1 ps，因此，在未冷却的半导体量子点器件中，非常难观察到由 EIT 诱导的慢光。

那么是否能结合量子点中的 EIT 效应与光子晶体中的色散效应，来增强光速减慢的效果呢？我们的基本思路是将量子点置于光子晶体中，然后测量得到的总的群折射率。我们会预测总的群折射率是量子点及光子晶体群折射率的总和或者是它们的乘积。时域有限差分法（FDTD）模拟和微扰理论显示总的群折射率包含量子点和光子晶体群折射率的乘积项。因此，我们证实了结合量子点中的 EIT 效应及光子晶体的色散特性，慢光因子的确得到了显著的增强。该方案的实验证实也变得非常有趣。

最后，我来做一下总结。首先，基于相干布居振荡原理，利用光学滤波器和半导体光放大器级联的方式，我们实现了调谐范围达 360° 的微波相移器。该技术具有单片集成的潜力，并能被很好地应用于微波光子学领域。其次，我们阐述了由于量子点器件中非常短的退相时间及非均匀展宽，量子点中的电磁诱导透明现象很难被观察到。最后，我们证实了通过结合量子点中的电磁诱导透明现象与光子晶体中的色散特性，光速的减慢因子能得到显著的增强。

谢谢大家！

（记录人：徐竞 娄飞，审核：张新亮教授）

Erich Kasper　德国斯图加特大学半导体研究所所长，教授，博士生导师。他于 1971 年在奥地利格拉茨大学获得博士学位，曾担任德国 Telefunken、AEG 和 Daimler – Benz 实验室的科学家，他的主要研究课题是基于 X 射线和电子显微镜的固态分析以及基于分子束外延的材料合成和微波半导体器件。自 1987 年以来，他一直负责 Daimler – Benz 的"新型硅设备和技术"研究项目，主要工作重点在 SiGe/Si 异质结快速响应晶体管（异质结双极晶体管、调制掺杂场效应晶体管）和超薄型超晶格光电收发机。自 1993 年以来，Erich Kasper 教授一直担任德国斯图加特大学半导体研究所所长，长期致力于硅基光电子学、硅基纳电子学、毫米波电路集成和 SiGe/Si 量子阱器件研究工作，具有很高的国际声望。他编写了两本专著和发表了近百篇论文。

第28期

Prospects and Challenges of Si/Ge on Chip Optoelectronics Cells

Keywords：Si/Ge on – chip, waveguide system , photodetector, heterostructure

第 28 期

基于锗硅芯片的光电子学前景与挑战

Erich Kasper

1 绪论

作为微电子材料，硅具备许多优良的电学特性，同时，采用硅材料的器件集成度能够比其他材料高几个数量级。然而，硅是一种间接带隙材料，其光学跃迁过程会引入大量低能的声子造成跃迁几率很低，从而导致其光学特性（发射与吸收）远不如Ⅲ/Ⅴ族半导体材料。

在微电子元件上集成光电子器件，就必须使用硅材料。目前，在电子回路中集成光电探测器已被广泛应用于大像素视觉系统。近十年里，常规的图像检测和储存方法已经逐步退出历史舞台，取而代之的是基于硅材料的光/微电子技术，形成了一个新的巨大的行业分支。

光电子和微电子器件的集成能成为行业改革的发动机吗？回答是肯定的。现代信息社会需要高速的用户接口（通过高速的光电转换装置使光纤连接用户）和高速移动计算。高速计算需要在芯片上实现超过 100 GHz 时钟频率的光内部通信，多核之间、逻辑存储单元之间超快的数据交换等迫切的市场需求都需要新技术来实现。

采用硅材料解决上述难题的优势在于以下两个方面：硅基（SOI）工艺可以实现大折射率差的光波导；锗硅异质材料能大幅提升硅的发光、探测、响应波段和响应速率等特性。

2 应用和需求

下面，将介绍三种不同需求来说明基于硅材料的集成光电子器件的应用前景，它们将是未来该领域最重要的需求。

器件 1：高像素的无源检测芯片

采用 CCD 晶体管电路或者 CMOS 晶体管电路的探测器技术已经普遍应用在移动电话、监视器及个人/工业摄像机中。CMOS 图像传感器的每一个像素均由一个探测器和一个晶体管组成。

硅电子回路适合读取和处理信号，但是接收信号的光电二极管则需要小像素、高速率和宽光谱吸收材料。图 28.1 中的锗硅探测器阵列可以实现夜视（波长在 1.5 μm的红外波段附近）和高分辨率的像素尺寸，它将应用于检测微可视和弱可见物体的自动警告系统。

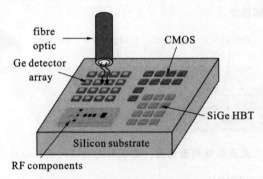

图 28.1　集成锗探测器夜视系统

器件 2：独立的发射机和接收机芯片

采用硅材料的集成光电子器件适用于片间或板间的互连。大部分的发射机中将采用垂直发射光源，光源波长涵盖可见光到红外波段，采用的光纤可以为玻璃或者塑料。

器件 3：片上互连和信号传输

我们将采用合理的方案来集成光源、调制器、探测器和滤波器等波导器件，最为理想的方式是单片集成。此类的片上互连解决方案可以取代现有的 10 GHz 以上的电时钟芯片、或者用于核间高速数据交换。

3　可行的方案

根据应用需求，需要考虑一些限制条件，其中最重要的是波长选取。

通信波段的范围是 1.3 ~ 1.5 μm，探测器阵列可选择可见光波段和近红外波段。换言之，光源实现的难易程度或系统透明区域决定了波长的选择。例如，工作在 850 nm 的 GaAs 激光器成为板间通信选择。可见光波段的硅光源则由高反向偏压的 P/N 结热载流子复合形成。

在最近的方案中，作者提出了两种方式，如表 28.1 所示。

表 28.1　硅基光互连方案

方案	波导材料	波导位置	光　源	探测器/调制器材料
方案 1	硅氧化物/硅氮化物	金属镀层的顶部	反向 P/N 结，可见光	硅 P/N 结
方案 2	SOI	金属镀层的底部	光纤，红外，耦合	锗硅材料

未来集成电路如采用 SOI 基底取代硅基底，则第二个方案是最有可能的。

图 28.2 给出了基于 SOI 基片的芯片互联方案。导光的硅波导结构覆盖着 SiO_2，由于 Si 和 SiO_2 之间的折射率差达到 2，因此该结构体系能够实现急弯曲和亚微米尺寸。激光通过锥形的平面波导耦合到硅波导中，而基于锗硅材料的调制器/探测器提供近红外波段调制和检测功能。

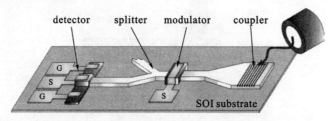

图 28.2　SOI 光互联结构示意图，其中激光通过光栅耦合进入锥形波导

4　器件和物理效应

片上光通信和光互连的关键器件是光波导，其中最简单的光波导结构形式是连接两点之间的直波导，但也有其他不同结构的无源波导器件，例如耦合器、组合器、分束器、谐振腔、延迟线、光栅和光纤。波导器件将依据光的波长和偏振特性来传送不同光信号到芯片的各个位置。如图 28.3 所示，无源波导器件的终端往往需要光源、调制器和探测器等有源器件。

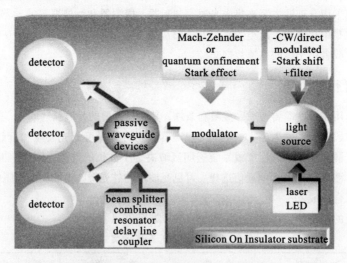

图 28.3　SOI 波导体系的芯片结构图

4.1　SOI 波导器件

光波导通常由高折射率芯层的芯/包结构组成，最常见的结构就是光纤。选择高

折射率差材料设计光波导结构成为缩小器件结构尺寸的重要原则。光纤的折射率差很小，Ⅲ/V 族材料和硅材料的折射率差达到 10%[1]，半导体/绝缘体材料的折射率差可达到 50%。在 SOI 中，Si 和 SiO$_2$ 之间的折射率差可达到 65%（见图 28.4），使得制造亚微米波导器件成为可能[2-3]。

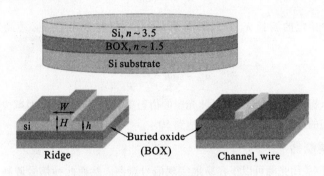

图 28.4 基于 SOI 的光波导

4.2 无源波导器件

这里，我们举将光从光纤耦合到片上光波导的光栅耦合器为例（见图 28.5）。该光栅耦合器由四部分组成，入射光从与垂直方向成 10° 的单模光纤入射到线性光栅，线性光栅后端接锥形耦合器并将入射光模场逐步压缩，最终传导进入纳米线波导结构中[5-6]。

光纤到光栅的耦合过程满足布拉格反射条件：

$$k_x = \frac{2\pi}{\lambda_0} n_{\text{eff}} + m \frac{2\pi}{p}$$

(28.1)

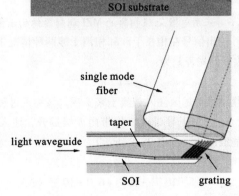

图 28.5 从光纤到锥形波导的光栅耦合示意图[2]

其中 k_x、λ_0、n_{eff}、p、m 分别指入射光沿波导方向的波矢量、入射光波长、有效折射率、光栅周期长度和反射级次（ $m = 0, -1, -2, \cdots$ ），且倾角为 θ 的入射光沿波导方向的波矢量满足

$$k_x = \frac{2\pi}{\lambda_0}\sin\theta \qquad (28.2)$$

对于一个给定的波长 λ_0 和光栅周期 p，有效折射率和倾角必须满足下面的关系式：

$$n_{\text{eff}} - \sin\theta = -\frac{m\lambda_0}{p} \qquad (28.3)$$

通过引入折射率缓冲层，可以使光栅的衍射更具有方向性，同时减少光栅表面和光纤端面之间的反射，耦合效率可以达到 50%。

4.3 调制器

通过打开/关闭光源可以很容易地实现信号调制。然而此种信号调制方式限制了光发射器的性能，特别对于集成器件的影响更为明显。因此，信号调制通常采用连续光源和调制器来完成。调制器原理主要有下面两种。

（1）在干涉仪的两分支上施加电信号，通过光经过两分支形成的相位差来实现干涉调制，其中最为常见是 MZI 调制器。图 28.6 给出了 MZI 调制器的结构图。如图 28.6 所示，MZI 调制器两臂都安置了相位调整器。

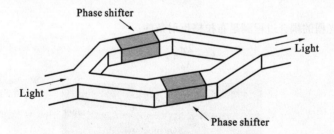

图 28.6　采用电激励移相器的 MZI 调制器结构示意图

移相器可以使器件输出信号在相长干涉和相消干涉两种情况下不断切换。通过改变折射率 n，移相器改变的光程差为：

$$l_{\text{opt}} = l \cdot n \qquad (28.4)$$

这一过程可通过往结区耗尽区注入载流子来实现，该物理过程被描述为自由载流子吸收（如图 28.7 所示），由于导带或者价带内能级提升，注入的载流子增强了吸收，同时也不会出现能级截止（如图 28.8 所示）。

1.5 μm 波长的吸收为：

$$\Delta\alpha = 8.5 \cdot 10^{-18} \cdot \Delta N_e + 6.0 \cdot 10^{-18} \cdot \Delta N_h \qquad (28.5)$$

其中，吸收系数 α 单位为 cm^{-1}，电子密度 N_e 及空穴密度 N_h 单位为 cm^{-3}。
Kramers-Kronig 定理给出了折射率的变化和吸收变化之间的关系：

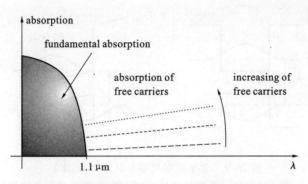

图 28.7　半导体中价带/导带吸收和自由载流子吸收

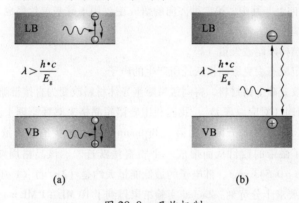

图 28.8　吸收机制

（a）自由载流子吸收；（b）带间吸收

$$\Delta n = - \left[8.8 \cdot 10^{-23} \cdot \Delta N_e + 8.5 \cdot 10^{-18} \cdot N_h^{0.8} \right] \qquad (28.6)$$

从公式不难发现，较大移相器长度只能引起 Δn 很小的改变，使得 MZI 调制器不易集成。因而集成式调制器多采用 FP 腔结构实现多次反射或采用高 Q 值微环和微盘来实现重复路径回路。

（2）第二个原理是通过施加电场实现能带边缘的吸收调制。此效应被称作半导体结构中的 Franz-Keldysh 效应或者是量子阱中的 QCSE 效应。

通过图 28.9 可以很容易地解释量子阱吸收的红移。在没有电场（$F = 0$）的情况下，吸收边界由量子阱材料能带带宽和受限制的载流子的量子化能级所决定。当加入电场 F 时，有效能带间隙小于量子阱的阈值，该吸收调制器工作波长略高于调制器材料的吸收能带。当未施加电场时，光信号可以通过，而施加电场后，吸收增加使得光信号不能通过，此种调制器调制长度可以低于 10 μm。该调制器的优点包括尺寸小、能耗低、调制速率高，其问题在于如何精确调整能带间隙。

4.4　光发射器

硅材料为间接带隙半导体材料，硅光发射器发光效率极低。目前的研究集中在使

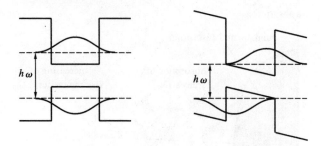

图 28.9　量子限制斯塔尔效应（QCSE）

用Ⅲ/V族激光光源（混合集成光源和通过光纤和波导从外部引入光源）和克服间接带隙限制两种方向上。其中，第二种方向的研究主要用于硅基单片集成光源，它主要基于下列三种原理。

（Ⅰ）纳米结构限制波矢量（k）。

（Ⅱ）利用定域态去克服间接跃迁所产生的声子。

（Ⅲ）通过改变硅上锗材料，将间接带隙半导体材料改变为直接带隙半导体材料。

（1）纳米结构（对应原理Ⅰ）　我们利用硅锗超晶格来解释原理Ⅰ。利用一个周期的超薄超晶格来减少生长方向上的第一 Brillouin 区域，减少的波矢量长度为 $k_{SLS} = \pm \pi/L$，它增加了微带的数目从而形成一个赝直接跃迁[8]。该晶格周期长度为 $2.5a$（硅的晶格常数 $a = 0.543$ nm），硅电子的最低能量大约是 $(2\pi/a)(1-0.2)$。超薄超晶格生长对工艺要求十分苛刻。Zachai 实验结果得到了 10 ML（1 ML = $a/4$）锗硅超晶格中存在赝直接跃迁[9]，但该跃迁强度还达不到激光器工作的要求。该研究虽一直在进行当中，但是受到低发光强度的种种限制[10-11]。

（2）引入缺陷（对应原理Ⅱ）　在局域缺陷内辐射跃迁不伴随声子过程。目前已尝试了各种方法，如离子注入、Er 离子掺杂，最有希望的方法是通过直接键合形成有规律的晶格位错[12]，如图 28.10 所示。

（3）锗（对应原理Ⅲ）　Ⅳ族半导体材料如 SiC、Si、Ge 是随着晶格常数不断增大带隙减小的间接带隙半导体。直接跃迁对应的最低能量值（沿 X 方向）比硅的间接跃迁对应的能量值大 2.3 eV。然而，对于锗材料，沿 L 方向上只比硅的间接跃迁能量值高 140 meV。因此，锗是 Ⅳ 族材料中最接近于直接带隙的半导体材料（见图 28.11），从而也是最有可能实现硅基光源和硅基激光器的材料。目前，改进锗的方法包括拉伸应变、高掺杂和 GeSn 合金。

5　高速光探测器

光探测器的作用是将光信号转换为电信号。表 28.2 中列出了它的一些基本特性，其中我们要特别注意时间响应和频率带宽。近年来，锗硅探测器的速率已经达到 50 GHz，这将有助于实现硅上的光电子回路。

图 28.10　Si 晶格错位图

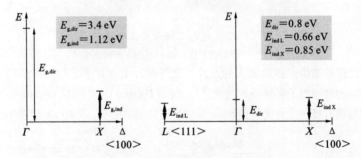

图 28.11　硅（左）和锗（右）材料的直接和间接能带跃迁图

表 28.2　光探测器的基本特性

量子效应	噪声	时域/频谱带宽	动态范围
光谱灵敏度	线性	像素的尺寸和数目	工作温度

半导体光电探测器的基本原理是利用能带之间的吸收和在探测器结结构处分离产生的电子空穴对。P/N 结、Schottky-diode 结、MIS 结和 MIM 结等具备耗尽层的结结构都能起到上述作用。下面将通过 P/N 结来解释基本原理。

本征区的均匀电场近似为：

$$F = (V_{bi} - V) / W_D \tag{28.7}$$

这里 V、V_{bi} 和 W_D 分别为施加电压、内置电压和本征漂移区的厚度。

当吸收一个光子的能量，将产生一个电子空穴对。当吸收发生在本征区时，电场 F 立即使该电子空穴分开并产生光电流 I_{ph}。发生在本征区外部的吸收仅在少数载流子扩散到本征区时才会产生光电流（如图 28.12 所示）。

在技术上，光电探测器接收信号可采用垂直入射方式（探测器阵列成像或芯片之

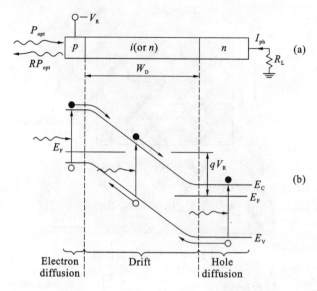

图 28. 12　光电二极管的工作原理

（a）PIN 二极管的界面；（b）反偏压下的能带图

间和主板之间的通信）或端面入射方式（光纤到片上或片上之间的通信）。1994 年，端面硅锗探测器取得了突破性的进展[14]。我和 Daimler 公司的 K. Petermann 有一个合作项目，该项目将一个脊波导和 SiGe/Si PIN 型探测器结合，如图 28. 13 所示。

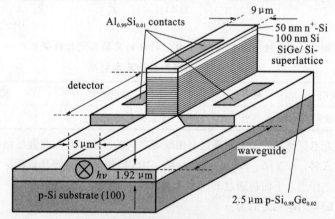

图 28. 13　端面入射探测器

接下来，我将讨论亚毫米波长范围（30~45 GHz）的 Ge/Si 光探测器探测速度飞速提高的原因。迄今为止，我所领导的小组在此领域取得了国际领先水平，探测速度已达到了 49 GHz（由于 S-参数网络分析仪测得的速度包括探测器速度以及激光器、调制器的延迟，因此探测器的实际工作速度会更高，大约 60~70 GHz）。其中，最重要的测量是抑制耗尽层外少数慢载流子扩散吸收，如图 28. 14 所示。

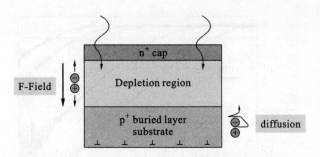

图 28.14　抑制慢载流子扩散吸收示意图

该过程由下列三个步骤完成。

（1）突变结。在几个纳米范围内完成从高掺杂接触层到本征层（掺杂浓度相差几个数量级）的传输。

（2）高掺杂接触层（$> 10^{20} \text{cm}^{-3}$）缩短载流子寿命。

（3）底部接触点的失配错位结构缩短少数载流子的寿命。

少数载流子的扩散长度 L 定义为：

$$L^2 = D \cdot \tau = q \cdot \mu \cdot \tau \tag{28.8}$$

其中，q、D、μ、τ 分别为电子电量、扩散系数、迁移率和少数载流子寿命。

在高掺杂情况下，由于迁移率低，扩散长度也相应减少（比非掺杂材料低 30 倍）。少数载流子寿命的减少是由俄歇效应造成的。

当慢扩散被抑制时，探测器的速度将由下列两个因素决定。

（1）器件内部速度由传送时间决定。假设载流子在耗尽区的饱和速度为 v_S，频率带宽可简单表示为：

$$\omega_{tr} = \sqrt{2} \cdot \pi \cdot f_{tr} = \sqrt{2} \cdot v_S / w_D \tag{28.9}$$

其中，v_S 和 w_D 分别为饱和速度（Ge 中 $v_S = 0.6 \times 10^5 \text{ m/s}$）和漂移宽度（突变结的本征宽度）。

当场强 F 大于 $3 \times 10^6 \text{ V/m}$ 时（例如，当 $V_{bi} - V = 1 \text{ V}$，$w_D = 300 \text{ nm}$，场强 $F = 3 \times 10^6 \text{ V/m}$），饱和速度的假设是正确的。

（2）测量速度受限于 RC 负载。其中器件电容为 C_j，连接线阻抗为 $R_s + 50 \text{ }\Omega$（R_s 为串阻抗阻，$50 \text{ }\Omega$ 为波导测量阻抗）。

$$\omega_{RC} = 2\pi \cdot f_{RC} = \frac{1}{RC_j} = \frac{w_D}{A \cdot \varepsilon \cdot (R_s + 50 \text{ }\Omega)} \tag{28.10}$$

3 dB 带宽 $\omega_{(3\text{dB})}$ 为 RC 延迟时间和传送时间的叠加，其表达式可近似为：

$$\frac{1}{\omega_{(3\text{dB})}} = \frac{1}{\omega_{tr}} + \frac{1}{\omega_{RC}} \tag{28.11}$$

图 28.15 所示为内部速度为 50 GHz 的探测器在不同电容 C_j 值下对 RC 负载的影响。

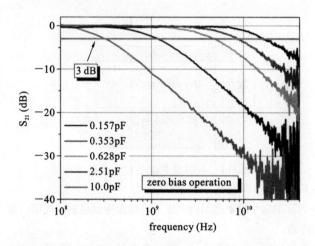

图 28.15　50 GHz 探测器不同负载下响应与频率的关系

通过这些调查，我们总结出了垂直探测器速度与本征区域厚度以及器件半径的关系，如图 28.16 所示。

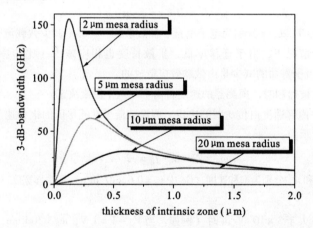

图 28.16　垂直 Ge/Si 光探测器的理论 3 dB 带宽

此结论证实了当采用小像素器件（4 μm 直径）时，探测速度远超过 100 GHz。

在低反偏压下，Ge/Si 探测器的速度已经可以达到很高的探测速度（如表 28.3 所示）。Ge 为窄带隙半导体，其暗电流要比 Si 中的大很多。为了减小暗电流，器件应工作在零偏状态。我们小组在实现器件零偏工作中取得了非常好的结果，解决的方案是由分子束外延生长（MBE）突变结来实现的。

表 28.3　反偏探测器和零偏探测器的性能比较

Organization	Bias（V）	f_{3dB}（GHz）	Wavelength（nm）	Year
IBM［20］	−4	29	850	2004

续表

Organization	Bias (V)	f_{3dB} (GHz)	Wavelength (nm)	Year
MIT [21]	−3	12.1	1540	2005
LETI [22]	−2	35	1310/1550	2005
USTUTT [23]	−2	39	1550	2005
LUXTERA [24]	−1	>20	1554	2007
LETI [25]	−4	42	1550	2008
ETRI [26]	−3	35	1550	2008
USTUTT [16]	−2	49	1550	2008
USTUTT [23]	Zero	25	1550	2005
USTUTT [16]	Zero	39	1550	2008

6　异质结工程

将不同的半导体薄层结合在共同衬底上称为异质结工程。异质结中不同材料的电学和光学特性使得器件有更宽的工作波长范围，并且能够将无源光波导和发射器、调制器、探测器等结构连接在一起。

由于Ⅳ族材料的电学性质改变涉及到改变其键长，因此其异质结的实现尤为困难。将具有不同键长的材料结合会出现晶格失配界面。现今，晶格失配异质结工程成为了材料科学和器件物理学中的一个热门话题。

7　展望

特殊衬底工程（SOI）和异质结工程（SiGe/Si）的进展推动了硅基单片集成光电子和微电子。近期而言，该研究将促进光纤到户、高速计算机、红外成像及精密光源等领域的发展。长期而言，该研究有望在全光信号处理、直接图像变换以及医学、生物学传感器阵列等领域取得进展。

8　致谢

这篇综述是基于德国斯图加特大学半导体工程学院的工作展开的。我要感谢 MBE 小组和器件工艺小组的帮助，同时感谢 M. Oehme 博士和 H. Xu 博士富有建设意义的讨论和数据收集。还要感谢余金中和张新亮小组及其学生在无源器件和系统方面给予的合作与交流。

（翻译：汪毅　袁韬努）

参考文献

[1] Morschbach M, Oehme M, Kasper E. Visible light emission by a reverse-biased integrated silicon diode [J]. IEEE Transactions on Electron Devices, 2007, 54: 1091-1094.

[2] Splett A, Schüppert B, Petermann K, Kasper E, Kibbel H and Herzog H J. Waveguide pin photodetector combination in SiGe [J]. OFC/IOOC Technical Digest Series, 1993, 4: 116-117.

[3] Taillaert D, Bogaerts W, Bienstman P, Krauss T F, Van Daele P, Moerman I, Verstuyft S, De Mesel K and Baets R. An out-of-plane grating coupler for efficient butt-coupling between compact planar waveguides and single-mode fibers [J]. IEEE Journal of Quantum Electronics, 2002, 38: 949-955.

[4] Bogaerts W, Dumon P, Brouckaert J, De Vos K, Taillaert D, Van Thourhout D, Baets R. Ultra-compact optical filters in silicon-on-insulator and their applications [C]. 4th IEEE International Conference on Group IV Photonics, 2007, 1-3.

[5] Yu J, et al. 5th IEEE International Conference on Group IV Photonics, 2008, 222-224.

[6] Zhu Y, Yu J. Progress in high efficiency SOI grating coupler [C]. Photonics and Optoelectronics Meeting, 2009.

[7] Yu J, Huang Q, Xu X, Xiao X, Zhu Y, Liu Y, Li Z, Li Y, Fan Z and Yu Y. SOI based waveguide devices. Submitted.

[8] Klingshirn C F. Semiconductor Optics [M]. Berlin: Springer-Verlag, 2006.

[9] Gnutzmann U and Clausecker K. Applied Physics, 1974, 3: 9.

[10] Zachai R, Eberl K, Abstreiter G, Kasper E, Kibbel H. Photoluminescence in short period Si/Ge strained layer superlattices grown on Si and Ge substrates [J]. Surface Science, 1990, 228: 267-269.

[11] Pavesi L, Negro L D, Mazzoleni C, Franzo G, and Priolo F. Optical gain in silicon nanocrystals [J]. Nature, 2000, 408: 440-444.

[12] Cloutier SG, Kossyrev PA, Xu J. Optical gain and stimulated emission in periodic nanopatterned crystalline silicon [J]. Nature Materials, 2005, 14: 887-891.

[13] Kittler M, Reiche M, Arguirov T, Seifert W, and Yu X. Physica Status Solidi A-applied Research, 2006, 203 (4): 802.

[14] Sze S M. Physics of Semiconductor Devices (3rd edition) [M]. Wiley, 2006.

[15] Splett A, Zinke T, Petermann K, Kasper E, Kibbel H, Herzog H J and Presting H. Integration of waveguides and photodetectors using SiGe multi-quantum-wells with triangular shaped Ge-profile [J]. Integrated Photonics Research 1994 Technical Digest Series, 1994, 3: 149-150.

[16] Klinger S, Berroth M, Kaschel M, Oehme M, Kasper E. Ge on Si pin photodiodes with a 3-dB bandwidth of 49 GHz [J]. IEEE Photonics Technology Letters, 2009, 21 (13): 920-922.

[17] Kaschel M, Oehme M, Kirfel O, Kasper E. Spectral responsivity of fast Ge photodetectors on SOI [J]. Solid State Electronics, 2009, 53: 909-911.

[18] Oehme M, Werner J, Kasper E, Jutzi M and Berroth M. High bandwidth Ge pin photodetector integrated on Si [J]. Applied Physics Letters, 2006, 89: 071117.

Richard Penty 现任剑桥大学光子学教授。他于 1986 年获剑桥大学工程和电子科学一等学士学位，1990 年获得博士学位，博士期间主要研究非线性光纤器件。随后任 SERC IT 剑桥大学研究员，直到 1990 年担任巴斯大学物理学讲师。1996 年他加入布里斯托大学并任电气和电子工程学讲师，随后晋升为高级讲师、光子学教授。2001 年他加入剑桥大学工程学院。他分别于 2002 年、2008 年当选为西德尼·苏塞克斯学院董事、副院长。他的研究范围包括量子阱和量子点光子器件单片集成、高速光通信系统、光放大器、高速高亮度半导体激光器、射频光纤传输和局域网系统。他在许多国际会议程序委员会中任职，并担任 2010 年集成光学欧洲会议联合主席。他已发表杂志和会议论文超过 500 篇，并担任英国工程技术学会《IET Opto-electronics》总编辑。他同时也是 Zinwave 有限公司的创始人之一。

第29期

InGaAs QD Components for Ultrashort Pulse Generation and Switching

Keywords：ultrashort pulse, quantum dots, SOA, mode-lock laser, switching

第 29 期

适用于超短脉冲产生和开关的 InGaAs 量子点器件

Richard Penty

非常感谢张新亮教授的邀请和介绍，我很高兴来到武汉跟你们介绍在剑桥的工作，主要介绍关于 InGaAs 量子点器件用于超短脉冲产生，以及使用 SOA 开关实现光信号切换的工作。

在开始报告之前，请允许我先介绍一下剑桥大学的悠久历史。剑桥大学始建于 1209 年，已有 800 年悠久历史，作出了许多卓越的学术贡献。剑桥大学也是诞生最多诺贝尔奖得主的大学，有 82 名诺贝尔奖获得者曾经在剑桥执教或学习。我所在的工程学院有大约 150 名教员，1100 名本科生，400 名博士生，超过 200 名博士后，提供至少 350 个名额的奖学金，奖学金总额超过 8000 万英镑，其中 30% 来自于企业。工程学院的光子研究主题主要涉及楔形平板投影、纯相位全息视频投影、使用硅基液晶的光开关和可重构的光分插复用器、玫瑰形开关、先进光栅硅基液晶芯片、光子晶体、传感器、射频光纤传输，等等。

下面是我报告的大纲：首先介绍利用半导体激光器产生短脉冲的应用领域；接下来介绍 InGaAs 量子点；然后是高功率锁模量子点激光器，包括锁模和量子点、短脉冲和高频特性、亚皮秒高功率脉冲产生等；接着再介绍量子点用于无制冷 SOA 开关，包括量子点 SOA 的优势、量子点 SOA 不制热工作、单片集成的 2×2 量子点 SOA 开关及其系统特性等；最后是结论。

许多应用都会用到短脉冲源，这些应用包括光通信、全光信号处理、太赫兹/毫米波产生、电光和全光取样、光时钟传输、生命医学应用和材料加工等。先举一个例子，短脉冲源在光通信中的光时分复用应用。半导体激光器产生光脉冲，经光时分复用器进行多级复用得到高重复率信号，通过光纤传输和色散补偿，再使用解复用器接收到多路数据信号。2005 年，实验报道了锁模脉冲激光器输出 40 GHz 脉冲，经调制器和时分复用器复用到160 GHz，再通过光纤传输了 480 km，并解复用接收。

再举一个光学模数转换的例子。锁模激光器产生超短脉冲，通过一段色散光纤使单一频率的光脉冲串变成多波长信号，然后通过射频信号驱动的调制器，将射频信号加载到光波上，然后通过一个 32 信道的 AWG 将信号解复用，并对每一路信号进行处理。如果每一信道的频率为 2.5 GHz，那么 32 个信道将可以实现 80 GS/s 的模数转换。低抖动短脉冲对于实现有效的光学取样是非常重要的，许多的模数转换应用都需要用到它。

　　增益开关可实现短脉冲产生。电脉冲激发一个光弛豫振荡脉冲然后终止，一般来说，需要宽度较短的电脉冲，典型值为 50 ps 到 1 ns；另一个办法是使用几个吉赫兹重复频率的正弦驱动电流，引起载流子浓度变化，激发光脉冲产生，典型的光脉冲宽度在 10~30 ps 范围。

　　图 29.1 所示为锁模脉冲的光谱，它包含了许多独立的振荡模式，每一个振荡模式对应于腔模，如果迫使所有的模式保持固定的相位和幅度关系，则激光器的输出将是时间的周期函数，即产生锁模脉冲。

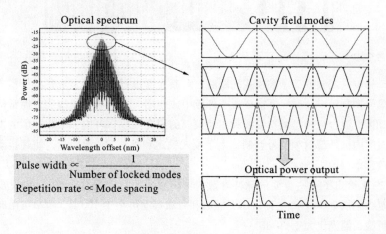

图 29.1　锁模脉冲的光谱

　　从图 29.2 上可以看到被动锁模是怎样形成的。脉冲前沿经历损耗，损耗比增益更快趋于饱和直到脉冲时域终点形成一个净增益区，然后增益也发生饱和，使脉冲后沿经历损耗。如果饱和吸收体的恢复时间比增益恢复时间快，那么除了脉冲峰值处，在其他任何地方，损耗将大于增益，从而产生超短脉冲。锁模脉冲的建立始于噪声。图 29.3 中的数值模拟显示，被动锁模的建立自开始于放大自发辐射噪声，在几个纳秒后形成稳定的锁模输出；Solgarrd 等人在 1993 年报道的实验结果中也验证了这一点。

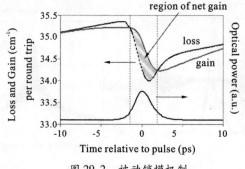

图 29.2　被动锁模机制

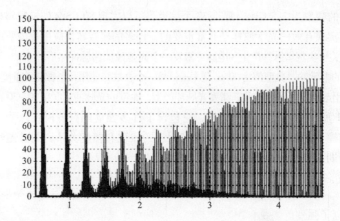

图 29.3　被动锁模的数值模拟

　　主动锁模是当频率等于腔模式间距时，对激光器进行调制增益取得的。模式相位被外部信号调制锁定，激光器需要置于外腔中或使用一个长单片集成腔，通常带有集成的被动区。混合锁模是被动锁模和主动锁模的混合效应。可饱和吸收体中的损耗在腔往返时间内被外部射频信号调制，由于模式锁定和外部 RF 源同步，使其抖动性能得到了改善。

　　图 29.4 给出了一些重要的脉冲参数。锁模脉冲的宽度一般在 50 ps 到亚皮秒量级，重复频率从 2 GHz 到大于 1THz，振幅和时域抖动可小于 100 fs，啁啾可由时间带宽积来反映，消光比大于 20 dB。

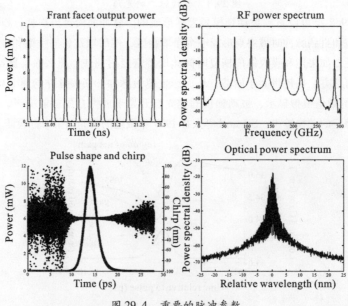

图 29.4　重要的脉冲参数

下面描述一下半导体激光器的脉冲产生特性。使用增益开关技术产生的脉冲宽度一般为 5 ps，重复频率小于 10 GHz，脉冲能量为 10 pJ，借助于电驱动其重复频率可控性好。使用被动 Q 开关技术产生的脉冲宽度为 1 ps，重复频率小于 20 GHz，脉冲能量为 100 pJ，其重复频率具有有限的可控性且抖动性能较差。使用主动 Q 开关技术产生的脉冲宽度为 5 ps，重复频率小于 10 GHz，脉冲能量为 100 pJ，其重复频率由电驱动频率决定。使用被动锁模技术产生的脉冲宽度为 200 fs，重复频率小于 2 THz，脉冲能量为 1 pJ，其重复频率由腔长决定且抖动特性中等。而使用混合锁模技术产生的脉冲宽度为 1 ps，重复频率小于 50 GHz，脉冲能量为 1 pJ，其重复频率由腔长决定且抖动性能好。

第二部分介绍 InGaAs 量子点。从有源区结构来看，半导体器件先后经历了或正在经历着从体材料到量子阱、量子线和量子点结构的发展，随着有源区结构维数的下降导致了对电子强烈的限制作用。图 29.5 所示是点密度为大约 5×10^{10} cm^{-2} 的 InAs 量子点，量子点高 3~6 nm，宽 10~25 nm。

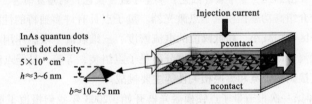

图 29.5　InAs 量子点

图 29.6 反映了量子点、量子阱和体材料结构的载流子填充特性，是丹麦技术大学 Jesper Mørk 教授的研究小组所做的工作。从这张图上可以看到量子点有陡峭的饱和特性，相比于体材料和量子阱，量子点可在更低的载流子密度下达到完全反转状态，更有效地利用电流。图 29.7 反映了量子点的非均匀展宽谱。室温下量子点的均匀线宽约为 5~10 meV，非均匀线宽为 10~50 meV，具有大增益和吸收光谱带宽。量子点和量子线的增益动态在图 29.8 中描述，量子点比量子线具有更快的恢复时间。

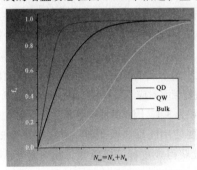 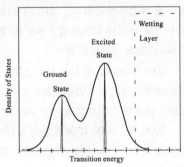

图 29.6　量子点（红色）、量子阱（蓝色）和体　　图 29.7　量子点的非均匀展宽谱
材料（绿色）结构的载流子填充特性

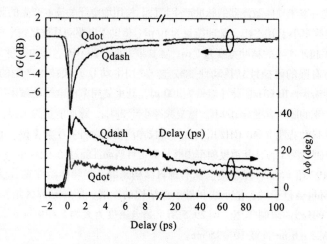

图 29.8　量子点（红色）和量子线（黑色）的增益动态

第三部分介绍高功率锁模量子点激光器。量子点具有许多独特的性能：温度敏感性降低、有源区体积减小、超低阈值的电流密度、三维载流子限制作用、非均匀展宽光谱、超快载流子动态，以及空间和谱分离量子点组装，等等。量子点激光器也面临模式增益、直接调制带宽和偏振相关性等主要挑战。

从 2001 年第一次报道量子点锁模激光器开始，2003 年我们报道了重复频率为 10 GHz 的混合锁模，2004 年又报道了傅里叶变换极限锁模脉冲产生，同年柏林工业大学报道了 35 GHz 被动锁模脉冲产生，2005 年我们报道了碰撞脉冲锁模脉冲产生，同年 Zia 激光器公司和圣安德鲁斯大学分别报道了低时间抖动和亚皮秒脉冲产生，另据报道，高功率锁模半导体激光器峰值功率已高达 1.7 W，2006 年报道的锁模激光器重复频率高达 80 GHz 和 135 GHz，OFC 报道的被动锁模激光器时间抖动为 910 fs 和 390 fs，ECOC 报道的混合锁模激光器时间抖动为 124 fs 和 219 fs。之后 OFC 又报道了通过对腔结构优化实现高质量短脉冲产生，APL 报道了锥形腔结构使输出锁模脉冲宽度大为缩短，输出功率极大提高。2007 年剑桥大学报道了 240 GHz 的谐波锁模脉冲产生，2008 年 UC3M 和剑桥大学报道了 500 Hz 射频线宽的脉冲产生，2009 年法国Ⅲ-Ⅴ实验室报道了 346 GHz 被动锁模脉冲产生。

2001 年 Huang 等人在 APL 上第一次报道了量子点锁模激光器，使用具有反向偏置的可饱和吸收体的被动锁模机制，7.4 GHz 的重复频率对应于具有 850 μm 吸收体的 5.58 mm 长腔，输出锁模脉冲宽度为 17 ps，时间带宽积为 3.1，因此脉冲含有非常大的啁啾。

2005 年、2006 年报道的短脉冲产生主要使用两段式激光器，重复频率为 20 GHz 对应腔长为 2 mm 的被动锁模激光器，持续获得亚皮秒锁模脉冲，脉冲宽度从 800 fs 缩短至 400 fs。

2006 年 EL 报道了高重复频率锁模脉冲产生，重复频率高达 80 GHz，腔长为 500 μm，具有 50 μm 长的吸收区，可产生 1.9 ps 的短脉冲，时间带宽积为 1.5；同年

EL 又报道了重复频率高达 135 GHz 的锁模脉冲产生，腔长为 500 μm，一段式结构，脉冲宽度为 800 fs，激射波长为 1550 nm，由四波混频锁模引起锁模。

2005 年、2006 年的 OFC 分别报道了低时间抖动被动锁模激光器。其中 Zhang 等人报道的激光器重复频率为 5 GHz，脉冲宽度小于 10 ps，从 30 kHz ~ 50 MHz 电谱中计算得到时间抖动为 910 fs；Thompson 等人报道的激光器重复频率为 20 GHz，脉冲宽度小于 5 ps，从 20 kHz ~ 160 MHz 电谱中计算得到时间抖动为 390 fs。

2006 年 ECOC 报道了 40 GHz 低抖动主被动混合锁模量子点激光器，从 20 kHz ~ 320 MHz 电谱中计算得到混合锁模时间为 124 fs；并且从 16 ~ 320 MHz 电谱中计算得到时间抖动为 219 fs，打破了被动锁模最小时间抖动的记录。

2005 年 Gubenko 等人报道的高功率锁模激光器，有源区包含的量子点层数为 10，重复频率为 5 GHz，脉冲宽度为 3 ~ 7 ps，峰值功率为 1.7 W，工作温度为 60 ℃。脉冲变短可通过激光器工作温度升高观察得到，归因于更快的吸收区量子点热诱载流子逃逸。

激光器腔体设计对锁模行为存在较大影响。图 29.9 中包含 10 个 65 μm 节段多接触点器件，可用于评估腔体设计对激光器性能的影响，吸收器长度可从 130 μm 变化到 520 μm，分别为总腔长的 6.5% 到 26%。通过调节激光器的工作参数可优化激光器短脉冲产生。例如，可通过调节激光器的驱动电流，增加反向偏压使锁模脉冲宽度减小；另外，随着吸收体长度的增加，平均功率和峰值功率将增加，同时脉冲宽度减小。

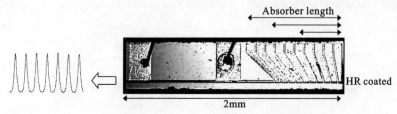

图 29.9　包含 10 个 65μm 节段的多接触点器件

2006 年报道了 240 GHz 谐波锁模激光器，具有 1 mm 腔长和多个接触电极，在单个器件中可产生一阶、二阶、三阶和六阶谐波锁模，创造了量子点锁模激光器产生 240 GHz 锁模输出的记录，并且在所有阶数的谐波输出保持恒定的脉冲宽度和峰值功率，随着谐波输出阶数的增加，时间带宽积减小趋向傅里叶变化极限。

通过对腔体进行设计可实现对激光器输出宽度和功率的优化。图 29.10 所示为两种腔结构的对比：（a）激光器具有条形结构，有源区宽度为 6 μm，可产生 40 mW 的峰值功率和 1.5 mW 的平均功率；（b）激光器具有锥形结构，吸收区宽度为 4 μm，增益锥形区最大宽度为 100 μm，可产生 650 mW 的峰值功率和 10 mW 的平均功率。可见锥形结构可减小增益饱和，采取适当的结构则输出脉冲宽度可从 1.8 ps 减短至 800 fs，峰值功率可从 40 mW 提高到 650 mW。

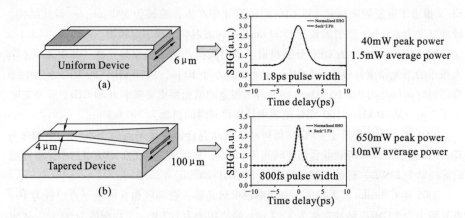

图 29.10　具有条形、锥形增益区的腔结构和锁模输出对比

　　如果我们将长吸收区和锥形结构结合使用将会有什么样的结果产生呢？长吸收区和短增益区将导致脉冲宽度变窄，使输出功率增加；而锥形增益区可减小增益饱和程度，得到更短的脉冲周期，增加有源区面积可提高输出功率。因此，可得到更短的脉冲和更高的输出功率。

　　图 29.11 详细描述了量子点激光器的器件结构和波导结构。有源区包含 10 个使用分子束外延方法在 InGaAs 量子阱中生长的量子点层，吸收区长度从 240 μm 增加到 500 μm，1900 μm 长的锥形增益区，2.4 mm 的腔长对应 17 GHz 的重复频率，后端面镀高反膜，前端面为解理面未镀膜，阈值电流密度为 300 A/cm^2。

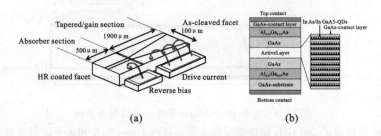

图 29.11　量子点激光器的器件结构和波导结构

(a) 器件结构；(b) 波导结构

　　通过自相关和光谱可分析最短脉冲的特性。当激光器电流为 720 mA，电压为 5.5 V 时，输出脉冲的 Sech^2 脉冲宽度为 360 fs，光谱宽度为 5.56 nm，对应时间带宽积为 0.367，相对于傅里叶变化极限 0.311 已非常接近，平均输出功率为 15.6 mW，峰值功率为 2.25 W。通过 RF 谱和噪声也可分析最短脉冲特性。RF 谱显示重复频率为 17 GHz，小于 10 kHz 的窄线宽，表明具有低相位噪声，从 RF 谱 16 MHz 到 320 MHz 计算得到时间抖动仅为 350 fs。

　　第四部分介绍量子点用于无制冷 SOA 开关。基于 SOA 的开光元件非常具有吸引力，它能够提供增益克服分束/合束损耗，并具有纳秒量级的开关时间，但也存在噪声、形变等不利因素，限制其 IPDR 应用（见图 29.12）。巨型开关网络，如 Benes 网络（见图 29.13），需要多个 SOA 级联进一步减小动态范围，或许量子点 SOA 可以在这里扮演重要角色。因为量子点具有温度敏感性降低、有源区体积减小、非均匀展宽光谱、超快载流子动态等特性，其主要的挑战是模式增益和偏振相关性问题。

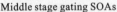

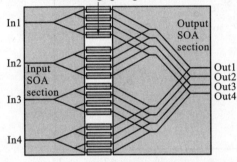

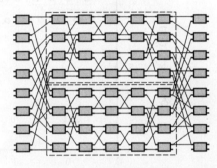

图 29.12　SOA 阵列开关　　　　　图 29.13　巨型开关网络

　　最近量子点 SOA 取得了一些进展。量子点 SOA 在许多特性上优于量子阱 SOA，如具有更大的增益带宽，更高的饱和输出功率，更低的噪声指数和更低的增益长度比。2007 年 Sugawara 等人展示的量子点 SOA 可提供超过 20 dB 的增益，其饱和输出功率大于 20 dBm，噪声指数小于 7 dB，光学带宽达到 110 nm。

　　量子点 SOA 由分子束外延生长，有源区包含 10 个 $In_{0.15}Ga_{0.85}As$ 量子阱中生长的量子点层，$Al_{0.35}Ga_{0.65}As$ 包层，4 μm 宽的脊形波导结构，端面镀抗反膜，波导与端面成 6° 角使反射最小，器件长度为 2.4 mm，室温下增益峰值为 1270 μm。

　　图 29.14 描述了量子点 SOA 的增益温度相关性。从左图可以看出，当温度为 20 ℃时，可提供大约 25 dB 的增益，增益带宽大于 80 nm；随着温度的升高，增益峰值下降，增益峰值红移；当温度为 70 ℃时，可提供大约 18 dB 的增益，增益带宽大于 80 nm。从右图可以看出，在 10 nm 的光学带宽内，增益随温度的波动仅 ±3.5 dB。

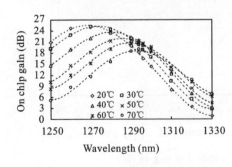

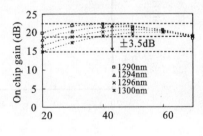

图 29.14　量子点 SOA 的增益温度相关性

饱和功率的温度相关性从图 29.15 中可反映出来。在 1294 nm 波长处，由于测量被输入功率预算限制，仅观察到 1 dB 输出功率饱和。当温度从 20 ℃ 变化到 70 ℃，SOA 偏振电流为 200 mA，输入功率超过 11 dBm 时，芯片测试饱和功率差仅为 1 dB。

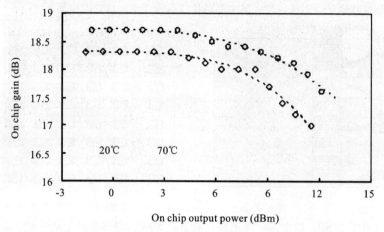

图 29.15　饱和功率的温度相关性

图 29.16 描述了下降时间的温度相关性，图 29.17 描述了 40 ℃ 时 SOA 的上升时间。当温度从 20 ℃ 变化到 70 ℃时测量的 ASE 谱，自发辐射寿命从 10% 变化到 90% 经历 1～2 ns 的时间；另外，当温度从 20 ℃ 变化到 70 ℃ 时，下降时间仅下降 12.5% 。载流子从量子点逃逸的温度依赖性较低，使增益温度特性得到改善。

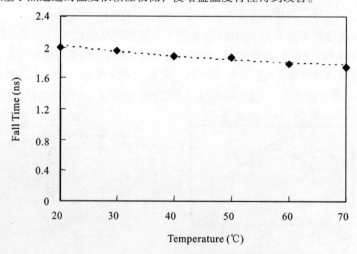

图 29.16　下降时间的温度相关性

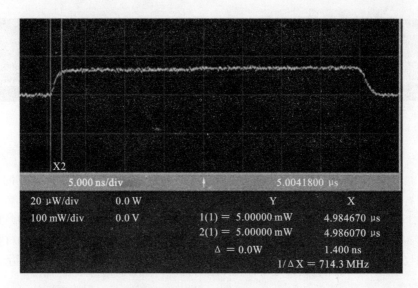

图 29.17　40℃时 SOA 的上升时间

噪声指数最小值和峰值增益一起随温度升高发生红移。最低噪声指数为 6 dB，已包括了输入耦合损耗。噪声指数并不随温度升高而明显退化，在 70 ℃时波长为 1300 nm处测量仅为 6.5 dB。

图 29.18 是一个集成 2×2 量子点光开关，8 个独立的 SOA 构成了一个独立器件。3 μm 的输入波导使用 150 μm 锥形波导延伸到 6 μm，4 个全内反射分光镜用于分光，总芯片面积仅为 2.55×0.85 mm²，可实现多波长 2×2 分插开关。图 29.19 所示为 70 ℃时 10 Gb/s 帧数据开关的测试结果。一个速率为 10 Gb/s、长度为 $2^{31}-1$ 的数据通过使用互补电脉冲驱动 SOA 门成功实现路由，切换时间为 1 ns，仅有轻微的饱和失真。比特误码率测试结果表明，使用这种集成开关可能实现几乎无代价操作；在70 ℃时直通端在输入功率动态范围（IPDR）至少 8 dB 时的功率代价小于 0.2 dB；在下载端观察到稍高的功率代价；在至少 13 dB 的 IPDR 应用中，由于测试极限的限制，下载端和直通端表现出 0.6 dB 的功率代价。

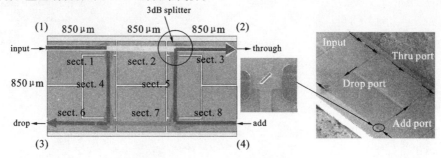

图 29.18　集成 2×2 量子点光开关

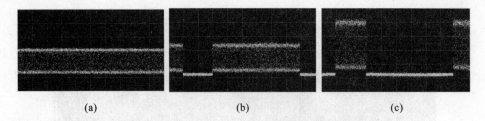

(a)   (b)   (c)

图 29.19 70℃时 100Gb/s 帧数据开关的测试结果

（a）输入波形；（b）下载端波形；（c）直通端波形

最后，我们来做一个总结。量子点元件应用于集成锁模器件和基于 SOA 的开关元件大有前途；锁模激光器具有许多优越的性能，如脉冲宽度 390 fs，重复频率 240 GHz，可产生傅里叶变换极限的脉冲，峰值功率可达 2.3 W；放大器进一步集成可实现更高功率运转；单片集成开关可实现 2×2 功能，运行时温度可达到 70 ℃，10 Gb/s 操作仅 0.2 dB 功率代价，IPDR 大于 13 dB；量子点器件显示出可集成的极大潜力。

（记录人：王飞）

Avraham Mayevsky 现任巴依兰大学生命科学系教授,是世界公认的在活体用光学技术监测线粒体活性(NADH 氧化还原状态)和其他生理参数的专家。他是国际脑血流与代谢学会、国际氧向组织运输学会、欧洲神经科学联盟、欧洲微循环学会、以色列生理药理学会、以色列神经科学学会等组织的会员。在过去的 35 年里,他已经在这个领域发表了 170 多篇论文。

Mayevsky 教授开发了一种在不同病理生理条件下实时监测大脑和其他器官(肾、肝、肠、脊髓和睾丸)的独一无二的多参数监测仪器。这套多参数监测仪器包括荧光和激光多普勒监测的光导纤维,监测细胞外 K^+、Ca^{2+} 和 H^+ 水平的微型电极,监测颅内压的卡米诺探针,脑电图电极和监测组织温度的特殊热敏电阻。除此之外,Mayevsky 教授和他的同事所组成的团队是唯一一个能同时实时监测线粒体 NADH 氧化还原状态、组织血流和氧合血红蛋白的团队。这一独特的方法提供了与主要临床病理状态密切相关的条件下组织水平关于氧的供需平衡至关重要的信息,包括病人在重症监护病房和手术室中的一些病理条件。

第30期

Shedding Light on Mitochondrial Function in Vivo: Past Overview and Future Perspectives

Keywords: NADH fluorescence, mitochondria, in vivo monitoring, pathophysiology

第 ③⓪ 期

用光学方法解释活体线粒体功能：总结与展望

Avraham Mayevsky

1　引言

为什么要研究线粒体？人的许多疾病与线粒体功能失调直接相关，如癌症、帕金森氏病、阿尔兹海默症、肝病、肾病、败血症等。因此，我们需要研究线粒体，发现疾病发生的规律，从而找到应对这些疾病的治疗手段和药物。

上帝说：要有光，于是便有了光。这就是光的产生。上帝还将光明与黑暗分开。在光谱图上，可以看到紫外光是一种肉眼看不见的光波，我们便利用它来研究线粒体，解释线粒体功能研究中一些尚未明了的问题。

早在 50 多年前，我的导师 Britton Chance 教授就将光学方法引入到线粒体功能的研究中。今天，我也把这个在 Britton Chance 生物医学光子学研究中心所作的报告献给我的导师——Britton Chance。

2　线粒体功能和组织能量代谢监测的历史

早在 1914 年，Barcroft 就在《血液的呼吸功能》一书中指出，"下列情况是不存在也未经证实的：器官在生理条件下增大活动量而不增加对氧的需求量；器官受到任何形式的刺激而产生积极的响应，唯独血供对氧需求没有响应。"这段话阐明了氧和生理活动的密切关系。当机体活动增加，必然需要更多的氧供给，而氧的供给又依赖于血流的增加。

线粒体的发现和确认经历了一个半世纪的漫长历程。诺贝尔医学奖得主 Otto Warburg 于 1935 年定义了线粒体呼吸链上的两个辅酶：DPN 和 TPN，现在它们被命名为 NAD 和 NADP。Warburg 的另一重大发现是其于 1956 年在《科学》上发表的一篇文章《癌症细胞之初》，提出了在癌症细胞中观察到线粒体已经失去了其在正常细胞中的功能。直到现在，也无人能够清楚证明为什么癌症细胞中的线粒体呼吸链与正常细胞中的不同。在癌细胞中，50% 的能量来自于线粒体，而正常细胞中 90% 的能量都是在线粒体中产生。如何利用这一性质研制开发抗癌新药，已成为线粒体研究领域中的热点问题。

线粒体 NADH 的生物光子学研究经历了一系列里程碑式的发展阶段。1936 年，Warburg 定义了辅酶 DPN 和 TPN；1951 年，Chance 和 Legallias 发明了一种快速灵敏的分光光度计，用来进行光学测量；1957 年，Duysens 和 Amesz 第一次用荧光分光光度计详细测量了 NADH；1959 年，Chance 和 Jobsis 在离体条件下测量了肌肉的 NADH 荧光；1971 年，Jobsis 等人第一次尝试在病人的脑外科手术中监测人脑；1982 年，我在 Chance 实验室做博士后期间，在活体动物上同时监测 4 个器官的 NADH 变化；2006 年，我们小组成功研制出了新的 CritiView 设备，可在人体身上监测组织活力（监测指标有 NADH、局部血流和血氧）。

Chance 和 Williams 于 1955 年定义了线粒体的不同代谢状态，开辟了离体/在体光学方法测量呼吸链酶的氧化还原状态的新时代。

为什么要研究 NADH？引用 Chance 在 1973 年的结论：“对一个状态稳定的系统来说，NADH 是呼吸链上电势最低的一端，因此可以作为离体线粒体和组织中的氧指示剂来选择。”NADH 的氧化还原状态是在体评价线粒体功能的最好参数。Lubbers 在 1995 年也提出，“NADH 是最重要的内源性荧光指示剂，它所催化的反应和组织呼吸与能量代谢密切相关。”

生物光子学领域是 20 世纪发展起来的一个将光应用到生物学的新兴领域，它为改进实验室的研究手段，并将类似方法应用到日常的临床诊断与治疗过程提供了新的可能。

作为一名生物光子学领域的科学工作者，我的目标是通过发展和应用光学技术来解决一些生物学和医学的问题。在我 35 年的学术生涯中，曾经用光学的方法研究脑、心脏、肾脏和肝脏在各种不同的病理生理状态下的线粒体功能，积累了大量经验。除了已发表的 200 余篇论文，我还获得了美国食品药品管理局（FDA）的认证，可以将 NADH 监测仪器用于手术室和重症监护病房（ICU）中病人的监测。

我的主要研究领域包括缺氧、缺血、扩散性抑制对脑功能的影响，在高压氧环境中（氧中毒）在体监测大脑功能，在危重病理条件下利用实时多器官监测来评价机体活力，在神经外科手术和危重病人身上监测脑血流自动调节和线粒体功能。

3　NADH 荧光测量的科学背景

正常细胞中的组织能量代谢过程如下：葡萄糖进入细胞后在细胞质中进行糖酵解产生丙酮酸，丙酮酸进入线粒体中，代谢形成乙酰 CoA 进入三羧酸循环（TCA），NAD^+ 获得三羧酸循环脱下的 H^+ 形成 NADH，再通过呼吸链将 H^+ 传给氧生成水，在此过程中释放 ATP。

细胞中 ATP 的产生过程依赖于氧的参与，没有氧，线粒体的氧化磷酸化将不能进行下去。氧的改变可以引发迅速的响应，当供给氧气时，我们可以看到 NADH 有一个明显的变化，说明 NADH 是一个很好的指示剂和快速反应指标。我们知道机体大部分的能量产生于线粒体，只有很少一部分来自于组织，大部分的氧气被线粒体消耗。所以，相比于空气中的氧分压（160 mmHg），线粒体中的氧分压非常低，我们曾测量过，大约为 1 mmHg。

线粒体是非常复杂的，但是 NADH 是一个非常好的线粒体状态指标。我们可以通过 NADH 了解线粒体的活性，NADH 水平的任何变化都可以提示新陈代谢状态在改变。所以，如果 NADH 水平上升，表示没有足够的氧供应到线粒体。但这是一个复杂的过程，目前我们尚不能一一对应地解释出各种反应所代表的含义。

氧化型 NAD^+ 通过获得 H^+ 生成还原型的 NADH，NAD^+ 与 NADH 的吸收光谱不同，还原型的 NADH 在 320~380 nm 之间有吸收峰，而氧化型的 NAD^+ 在此波段不吸收。我们通过检测 450 nm 处还原型 NADH 发射出的荧光，就可以检测到线粒体内 NADH 的量。而且，只有还原型的 NADH 可以被激发，发射出荧光，氧化型的 NAD^+ 则不能，这一性质可以被用来研究线粒体的氧化还原状态。

当我们在溶液中校正 NADH 时，可以看到明显的线性关系，这很容易证明。但是，这样的线性关系很难"移植"到活体条件中，因为在活体检测中有很多因素对组织的吸收、血容等造成影响。

监测 NADH 首先要有光源及配套的滤光片，利用光纤将紫外光引到组织表面，再将反射光与荧光导入探测器，就可以探测到组织的反射光与荧光信号。如图 30.1 所示，当监测大鼠头部 NADH 变化时，给大鼠吸入氮气致使大鼠缺氧，就会看到 NADH 出现明显上升，给大鼠吸回氧气后，NADH 下降。在给大鼠氮气时我们可以看到一个重要的信息——反射光在 366 nm 处监测到较大的下降，这是因为此时大脑有更多的血液供应，对光的吸收增加，这将会影响到对荧光的检测，所以必须进行校正。可以清楚地看出，NADH 对缺氧的反应非常快。当大脑由正常转变到缺氧时，可以看到 NADH 水平上升，因为没有氧气，大脑不能进行正常的代谢活动，致使 NADH 上升。在缺氧这一阶段，电活动也停止了，在 EEG 图中可看到脑电波消失。

图 30.2 显示的是我们刺激大脑诱发扩散性抑制的情况。当我们刺激大脑时，大脑需要产生更多的能量，图中看到 NADH 下降，这说明线粒体产生了更多的 ATP，呼吸链需要传递更多的电子，致使 NADH 下降。

上面提到的方法不仅可用来监测脑部的 NADH 信号，还可以在活体监测其他器官的情况，例如心脏，用特殊的固定器将探头与较大动物的跳动的心脏相连即可。监测大鼠心脏可能有些困难，我们尝试过监测狗的心脏，得到了很好的结果并发表了文章。

在过去多年的研究中，我们试图回答不同的问题，了解线粒体的更多信息。我们尝试在多个器官、多个位置同时进行测量、比较。当时的成像技术还没有发展成熟，甚至到目前为止也没有特别好的成像技术可以用来监测 NADH，但是我们相信随着科

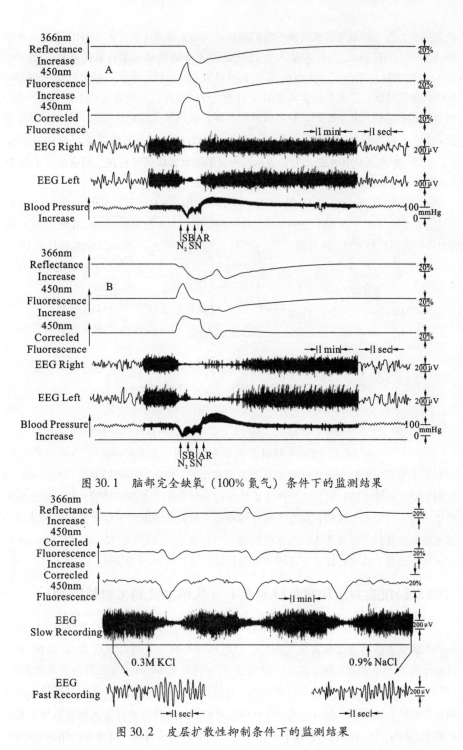

图 30.1　脑部完全缺氧（100% 氮气）条件下的监测结果

图 30.2　皮层扩散性抑制条件下的监测结果

技的进步，这一问题终将被解决。我们现在可同时监测四个部位的 NADH 水平（如图 30.3 所示）。图 30.3（a）表示人为控制逐级部分缺氧和完全缺氧的条件，图 30.3（b）表示在窒息条件下，大鼠的四个不同器官——大脑、肝脏、肾脏、睾丸部位的 NADH 变化情况。记录下每个器官的反射光（R）与校正的荧光（CF），可以看出所有器官的响应模式几乎相同，但响应速度不同，这与氧气的消耗有关。通过计算变化的斜率，可以比较氧气消耗的速率。

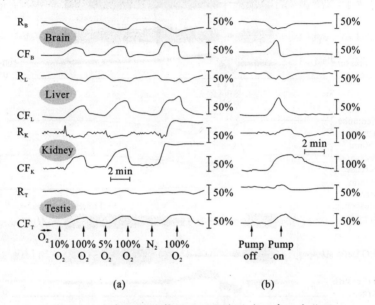

图 30.3　大鼠 NADH 氧化还原状态的多器官同步监测

　　若干年后，我们发现 NADH 变化的范围非常大，缺氧时达到最大值，当出现扩散性抑制时达到最小值。我们认为产生扩散性抑制时存在非常强的刺激，有可能是脑部产生的最大的刺激。这种刺激造成所有的神经元和胶质细胞的去极化，因而对能量的需求很大。我们可以将活体状态下的脑部 NADH 状态与 1955 年 Chance 与 Williams 得到的体外状态下的线粒体氧化还原状态进行对比（如图 30.4 所示）。

4　沿用的方法和现有技术水平（从单参数到多参数监测）

　　在早期的研究中，技术有限，没有光纤探头。虽然显微技术已经比较成熟，但必须将大脑或者组织移到显微镜下观察。当时可以采取的观察方法有 20 世纪 60 年代 Chance 发明的显微荧光测量方法，20 世纪 70 年代 F. F. Jobsis 小组发明的荧光计方法。1973 年，我们采用了光纤探头监测荧光，这使得系统大幅简化，并且可以持续监测清醒动物的线粒体功能状态。其他研究机构也开始采用显微技术进行大脑的监测并发表了论文。1982 年，在美国费城的 Chance 实验室，我们搭建了一个低温扫描冷冻组织

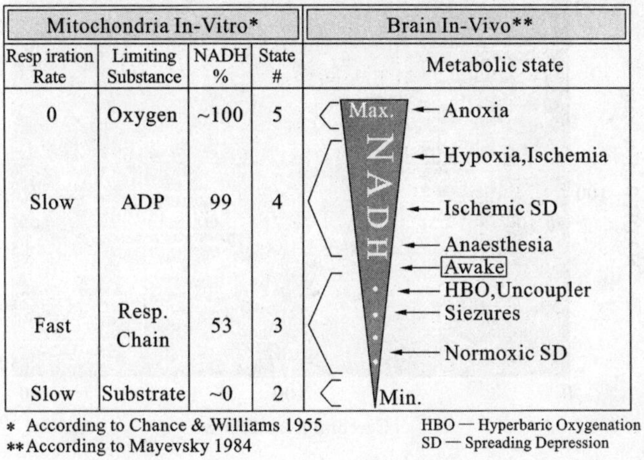

Mitochondria In-Vitro*				Brain In-Vivo**
Respiration Rate	Limiting Substance	NADH %	State #	Metabolic state
0	Oxygen	~100	5	Max. NADH ← Anoxia
Slow	ADP	99	4	← Hypoxia,Ischemia ← Ischemic SD ← Anaesthesia ← Awake
Fast	Resp. Chain	53	3	← HBO,Uncoupler ← Siezures ← Normoxic SD
Slow	Substrate	~0	2	Min.

* According to Chance & Williams 1955
**According to Mayevsky 1984

HBO — Hyperbaric Oxygenation
SD — Spreading Depression

图 30.4　离体线粒体和活体脑部的氧化还原状态比较

氧化还原状态的系统，我也高兴地看到，现在武汉的实验室（Britton Chance 生物医学光子学研究中心）也在搭建这样一套系统开展相关工作。利用这个系统，我们可以得到三维信息，监测的组织可以是大脑、肝脏、肾脏等。从而得到组织的氧化还原状态分布图，从中我们可以获得非常重要的组织和器官线粒体功能信息。

在 1970—1980 年之间，我们发展了多种型号的荧光测量计，应用不同的技术，可以选用单通道、双通道或四通道。

我们发现仅仅测量 NADH 是不够的，不能充分理解复杂的系统，比方说大脑或者细胞。通常应该测量更多的参数来帮助我们了解复杂的器官与其生理反应。我们试图从单一参数测量发展到多参数测量。其中，微循环血流和 NADH 水平是理解线粒体状态的最基本的两个参数（如图 30.5 所示）。

当处于不同的病理生理状态，如缺血、麻醉、低碳酸、高氧、癫痫、扩散性抑制等，单一地观察脑血流或 NADH 参数并不能确切地定位到具体的病理生理状态。但如果把 NADH 与脑血流结合起来，在坐标系中加入更多的维度，就能更精确地描述所处的病理生理状态，对疾病的判断也更准确。

5　不同病理生理条件对线粒体功能和组织活性的影响

在组织中都存在能量的平衡，要考察其平衡状态，就要研究能量供应和需求的关系，这些都是可以从线粒体中得到的非常重要的信息。想要了解线粒体是否能够产生足够的 ATP 来满足组织对能量的需求，如果能得到尽可能多的参数，例如血流、NADH、血氧、线粒体或者组织活力等，就能够勾勒出更详细的机制，给药后能观察到机体系统内各环节对药物的反应，从而获得更多的细节信息。

Death
Ischemia
Vasospasm
Anes.
SD+
Ischemia
Hypocapnia
Normal
Brain
Hyperoxia
Hypoxia
CO high
CO low
Hypercapnia
Seizures
SD
NADH Redox State
200
100
0
100
200
Cerebral Blood Flow

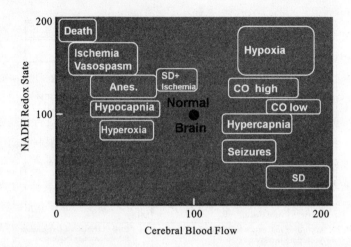

图 30.5　不同病理生理条件下 NADH 氧化还原状态与血流的关系

SD—Spreading Depression；CO—Carbon Monoxide；Anes. —Anesthesia

经过多年实验，我们将离体线粒体和活体脑部的氧化还原状态比较图引入了多参数（NADH、血流以及血氧）的监测标准（如图 30.6 所示）。正常大脑和组织处于状态 3 和状态 4 之间（即图中 Normoxia 所处的“基线位置”）。当组织缺血时，NADH 上升，血流下降，血氧也下降。从图 30.6 中同样可以看出各参数之间的关系。

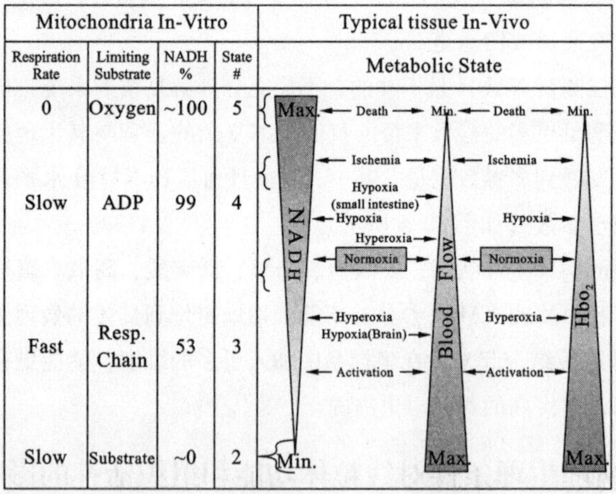

Mitochondria In-Vitro
Typical tissue In-Vivo
Respiration Rate
Limiting Substrate
NADH %
State #
Metabolic State
0
Oxygen
~100
5
Slow
ADP
99
4
Fast
Resp. Chain
53
3
Slow
Substrate
~0
2
Max.
Death
Min.
Death
Min.
Ischemia
Ischemia
Hypoxia
(small intestine)
Hypoxia
Hypoxia
Hyperoxia
Normoxia
Normoxia
Hyperoxia
Hypoxia(Brain)
Hyperoxia
Activation
Activation
NADH
Blood Flow
Hbo2
Min.
Max.
Max.

图 30.6　离体线粒体和活体脑部的氧化还原状态比较（多参数）

6　手术室和重症监护病房中对病人的监测

如何从动物监测转移到病人监测？我们基于这样的理论：人类与动物机体组织中的基本生理反应、生化反应是非常相似的。人与动物都需要氧气，线粒体功能也非常相似，但是监测病人却比监测动物要复杂得多。进行统计处理时也需要小心，因为每个病人有各自不同的病史，个体差异性很大。做动物实验时可以取一组动物，品系相同、年龄相同、重量相同，做相同的处理，使用相同的监测手段，分析一组动物的实验结果，这是容易做到的，并且统计分析也很容易。但是，应用到临床研究中就比较困难。每个病人的病例都不相同，病史也有很大差别，很难找到一组相同状况的病人来进行同样的统计分析。目前，我们是全世界唯一在病人身体上进行过线粒体功能监测的团队，我们发表了一些数据，但是这些还远远不够，经费是限制我们进行更深入研究的主要问题。

监测病人的线粒体功能有两种情况。一种是监测某些特定的重要器官，如大脑、心脏等，测量结果可以显示这些器官的线粒体功能代谢状态，但是并不能把握整个机体、整个系统的状态。举例来说，在神经外科手术中监测病人的脑部，针对不同部位设计了不同的监测探头，用于监测手术过程中发生的危急状态。图 30.7 所示为动脉瘤手术过程的监测结果，当动脉瘤被夹住时，血流下降，NADH 上升。迄今为止并没有太多的文献描述血管内发生的这个过程。图 30.8 所示为颅内压降低过程的监测，可以看到当颅内压降低时，血流缓慢上升，NADH 缓慢下降，更多的 NADH 被氧化。所以在手术室中，通过对线粒体功能的监测可以告诉医生治疗措施对病人产生了怎样的影响，是增加还是降低了组织活性。

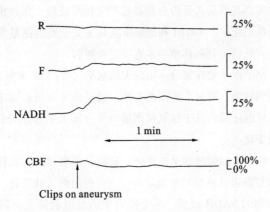

图 30.7　动脉瘤手术过程中相关参数的变化

我们也尝试监测 ICU 中的病人，构建了一套与实验室中所用类似的系统。现有的监测技术只能监测脑血流，而我们的方法可以进行多参数的测量，如颅内压、NADH、脑血流、脑电、直流势能和 K^+ 浓度等，从而更好地观察脑部的能量代谢状态。

该方法的另一个重要应用是在器官移植过程中的监测。目前，器官移植手术越来越多，从正常或死亡的人体中取出正常的器官，移植到需要器官的病人体内。最常见的是肾脏移植手术，也有很多肝脏、胰腺移植手术等。手术之前，需要评估器官质

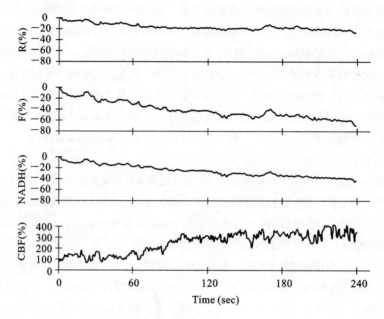

图 30.8　脑脊液的吸出导致颅内压下降

量，检测其状态是否正常；移植手术过程中，需要监测重新灌注是否对器官造成损伤；手术结束后，需要观察病人是否对新器官产生排斥反应。在移植手术中，医生希望维持器官的代谢状态正常。NADH 和组织血流是至关重要的测量参数，可以帮助判断移植器官是否具有活性，判断移植手术进展是否顺利。

当前的临床监测手段主要在氧分压值较大的水平（如图 30.9 所示），如通过呼气末二氧化碳分压值测呼吸、通过心电图测心率、通过血压得出心输出量、通过脉氧仪测血氧饱和度等。目前还没有低于脉氧仪测量的氧分压水平的方法，无法灵敏地监测到组织水平的代谢变化。

因此，引入组织水平的监测就至关重要。我们在动物模型上进行了实验，同时监测两个器官（脑部与肠道）在病理生理状态改变时的组织活性变化。缺氧时，肠道内的 NADH 较高，脑部的 NADH 较低。两个器官中的血流也完全不同，脑部的血流上升，而肠道中的血流下降。可以看出，在重要器官和次要器官中，各参数的反应截然不同，可以推测在缺氧时这两个器官中的代谢状态并不相同。在危急状态发生时，机体的自我调节使血流和能量优先保证脑部、心脏等重要脏器的供应。

我们研制了一套仪器 CritiView（如图 30.10 所示）用于临床监测，它可以同时监测线粒体功能、组织血流、血氧、组织反射光。自 2000 年起到现在，我们开发了不同的样机型号，一直在改进技术，减小仪器的体积，以适合在手术室或者 ICU 中使用。这套仪器的原理和光路都很复杂，有三个不同的光源，三个不同的探测器，有采集单

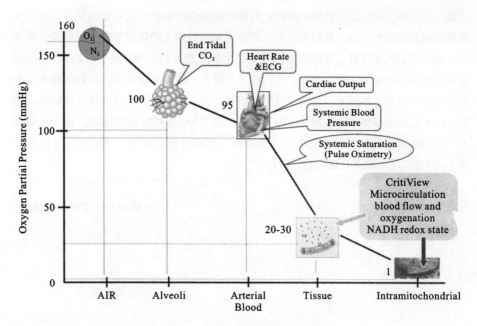

图 30.9 不同环境中的氧分压梯度

元、转换单元、中央处理单元，所有单元都由计算机控制。在监测病人时，通过导尿管监测病人尿道壁上的 NADH、血流、血氧和组织反射光。如果监测新生婴儿，可以在婴儿的头部皮肤监测相应参数。尿道壁与皮肤都是次要器官，我们想知道，在病理生理条件改变时，这些器官是否能提供早期信号。

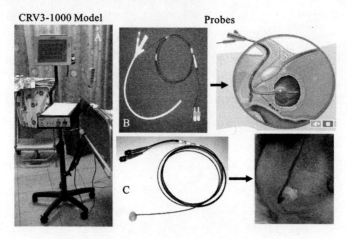

图 30.10 Critiview 系统

（A：样机；B：监测尿道壁的探头；C：监测婴儿头部皮肤的探头）

我们的目标是在现有的监测手段上增加一些有用的信息，而不是取代现有的监测手段。现有的监测参数是非常必要的，但我们能提供组织水平上的监测信息，可以为临床提供新的代谢信息。我们希望可以更早地探测到病人身体发生的一些病理生理变化，提早引起医生注意，帮助临床医生更早采取更精准的处理措施。可以说，NADH 监测的临床应用非常广泛。目前，我们已经在腹主动脉瘤切除手术、心脏搭桥手术中进行了监测试验，获得了一些初步数据。然而，需要进行更加大量的临床试验来证明 CritiView 监测的可靠性和适用性。除了上述应用之外，NADH 监测还可以用于神经外伤、组织和器官移植、血管手术、保肢治疗、创伤与烧伤处理、神经外科（血管介入）、消化道手术和 ICU 病房的日常监护。

（记录人：施华　孙楠楠）

　　周建英　中山大学教授、博士生导师。1982 年毕业于华中工学院光学系，1984 年赴英国伦敦帝国理工学院学习，1988 年获得博士学位。在帝国理工学院从事博士后研究工作后回国，在中山大学物理科学与工程技术学院从事博士后、讲师、副研究员、教授等职位的工作。曾担任过中山大学激光与光谱学研究所所长、国家重点实验室主任、中山大学理工学院院长等职务。与德国马普固体研究所、以色列魏兹曼科学研究所、俄罗斯莫斯科大学、香港科技大学以及英国圣安德鲁斯等大学与研究机构保持密切合作关系。

　　周建英教授所涉及的研究课题包括真空紫外波段相干光场的非线性频率转换、激光的模式控制、超快非线性光学、超快激光光谱与应用。他的主要学术贡献包括：提出了新的锁模理论，如动镜锁模理论；实现了波导中多种非线性光学过程的相位匹配；利用腔内中空波导控制与改进了飞秒激光的输出模式与波形；研究了金属离子探针在复杂分子体系中的光谱特性。近期，他的研究方向主要集中在超快光电子学物理、技术与器件制备。他提出并演示了利用主动型光子晶体实现超快光子开关，提出了超快光子信号的间隙孤子缓存以及能量的高速高效转换等方案。他提出并实现了利用光场相位控制方法制备复杂光子晶体的方案，受到了国际同行的广泛关注。周建英教授在国际重要学术刊物发表论文 80 余篇，论文被同行引用600 多次。在 1993 年入选教育部跨世纪人才培养计划，1995 年获香港求是基金会首批"杰出青年学者奖"，1997 年被评为"全国优秀回国留学人员"，2005 年被评为"全国优秀博士后"。

第31期

Coherent Control of Ultrafast Photonic Signal

Keywords：resonantly absorbing Bragg reflector, pulse propagation and solitons, photonic crystals, holography

第 ③1 期

高速光子信号的相干操控研究

周建英

1 引言

随着人们对通信的速度、容量、质量需求的不断提高，电光网络中的光电转换速度慢和处理速度低已经成为制约信息技术发展的瓶颈。光子作为现代信息技术的主要载体，其传输能力提供了前所未有的宽带海量"信息高速公路"，从而大大改变了经济与社会的发展方式。

光子信号替代电场作为传输载体的每一次技术进步均引起了重大的产业革命：光纤的发展从根本上改变了信号的传输速率；掺铒光纤放大器延长了光信号的传输距离；波分复用技术大大扩展了光纤的传输容量。但对于最为重要的宽带光子开关与光子信息处理技术，虽经多年广泛与深入的研究，其进展仍然缓慢。光子信息的进一步发展遭遇了光子信号处理能力弱的严重挑战，已成为制约高速信息光子技术的发展瓶颈。我们认为解决问题的方法之一是根据光子的相干特性以及光与物质的相互作用原理发展光子控制的新原理与新技术。

光子学的主题之一就是实现光子的有效操控。光子晶体、量子光学、超快光学与微纳光学的发展使得像控制电子一样操控光子的发射与传播特性成为可能。光子信息处理包括光子开关、光子隔离、光子限幅、光子放大以及光子能量的高速高效转换等内容，其核心是光子的缓存，包括光子减速、静止、受控释放与能量转化。光子信息处理的基本要素是超高速响应速度、低光子功率阈值、高转换效率以及较低的器件成本。

超短脉冲激光是高速信息光子技术的主要载体。结合对超短脉冲相位的精密控制，有可能使光通信的传输率从目前的太比特进一步提高到拍比特，并从传统对光强的控制，跨越到对电场的控制。与高速电子学相对应，基于对超短激光脉冲的操控，高速光子学时代面临重要发展机遇。

2 光子控制研究进展

近年来，已有多种物理机制用于光子开关研究，在较长的时间尺度已经接近与达到了应用水平。然而全光开关甚少应用在吉赫兹与太赫兹的带宽范围。而对于意义更为重大的光子信息处理技术，其核心内容涉及光子的缓存。目前，无论是从原理还是从技术层面，光子缓存都没有达到实用水平。

对于光子的相干操控可以分为时间和空间上的操控。目前对光子时间上的操控主要集中在对光场的减速、静止和对脉冲的压缩整形。近年来，光学领域的一个研究热点为如何使光子速度变慢而且可控，从而实现光场有效控制或光场极化态传输速度的有效控制，最终实现对高速光子信息的处理。光脉冲在介质中传播的速度由群速度决定。慢光是指光脉冲在介质中传播的群速度远小于其在真空中传播速度的情况，其两个重要参量是光速及时延带宽积。光场的减速可用于实现全光开关、全光缓冲器、光学存储等；另一方面，减速的光场能延长光与物质的相互作用时间，从而可用于增强非线性转换效率、制备高效的脉冲整形器等。群速度 $v_g = c/n_g$，而由 $n_g = n + \omega$（$dn/d\omega$），其中 c 是光在真空中的传输速度，$dn/d\omega$ 描述材料的色散特性。因而实现光速减慢有两种可能的途径：第一，改变材料色散 $dn/d\omega$，例如通过电磁感应透明技术（EIT）、相干布居振荡技术（CPO）、受激布里渊散射技术（SBS）等来实现；第二，改变波导色散 $dn/d\omega$，例如通过谐振环、耦合谐振光波导、光子晶体波导等结构来实现。

电磁感应透明可以有效改变与控制传输光场的色散特性，同时有效克服吸收。利用这种改进的色散与吸收关系，1999 年 Harvard 大学 Hau 等人在 450 nK 的超冷原子中实现了 17 m/s 的极慢光速[1]。Budker 等人利用耦合场和探测场反向传输在 EIT 的 Rb 原子蒸气中得到 8 m/s 的慢光[2]。但 EIT 技术有其显而易见的缺点，它对实验条件和装置的要求较高，实验成本高。而且电磁感应透明的固有特性使得该方法只能用于时间尺度大于微秒量级的光脉冲，而不能实现皮秒乃至飞秒的超短脉冲操控，因此电磁感应透明难以直接应用在高速宽带信息处理上。

光子晶体为光场的精确控制提供了一个有效的传播媒介。光子晶体在光子带隙的边缘存在着强烈的线性色散，为减慢光速提供了可能性。但带隙边缘在具有较小的光场传输速度的同时也存在较大的群速度色散与反射损耗。我们可以从光学线性作用及光学非线性作用两方面入手解决色散问题。在利用线性作用方面，目前主要通过调节二维光子晶体波导结构，在远离光子带隙的地方获得较低的群速度和较小色散的平带慢光区域。利用二维平板光子晶体波导调节色散关系来实现慢光是目前通过线性光子晶体实现慢光的重要途径。例如，通过调节二维光子晶体波导的结构，改变波导中折射率波导模式和带隙波导模式的相互作用，从而调整波导的色散曲线，实现在较宽的波长范围内群折射率为常数的慢光。通过改变最靠近 W1 型光子晶体波导的前两列孔洞的位置来实现平带慢光，理论上可实现群折射率从 30 到 90 的连续变化平带慢光[3]。图 31.1（a）所示为调节 W1 型光子晶体波导的示意图，靠近波导的第一列和第二列孔洞沿波导的垂直方向对称移动。图 31.1（b）及图 31.1（c）所示为色散曲线及群折射率曲线。

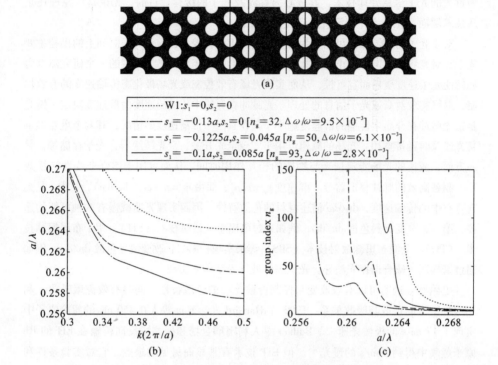

图 31.1　改变 W1 型光子晶体波导实现平带慢光

（a）调节 W1 型光子晶体波导示意图；（b）色散曲线；（c）群折射率曲线

使用线性光子晶体波导实现慢光的优点是制备简单，同时光脉冲在慢光波导中传播时脉冲峰值光强会随着光速的减慢而增强，从而在相互作用时间和相互作用强度两方面同时提高光与物质相互作用的效率。但是如要实现速度极慢甚至是静止光，进一步提高能量转换效率，则需要利用物质的非线性作用。

在利用非线性作用方面，利用强光形成的非线性作用与光子带隙的强烈色散之间的平衡作用形成带隙孤子，该孤子的能量和形状保持不变，从而实现超短激光脉冲速度的减速及静止。可在一维布拉格光纤光栅中利用光学非线性克尔效应与带隙边缘群速度色散的平衡形成布拉格光栅孤子（如图 31.2 所示），实验中可得到皮秒脉冲减速50%[4]。利用受激拉曼散射产生拉曼带隙孤子等方法也从理论上预言了静止超短光孤子的存在。这些方法的缺点是实验需要高光强，从而限制了它的应用。图 31.3 所示是用受激布里渊散射技术，在室温下，在超短激光中实现全光信息可调延迟，对 65 ns的高斯光实现了 25 ns 的延迟（如图 31.3（a）所示），对 15 ns 的光实现了 1.3 个脉宽延迟（如图 31.3（b）所示）[5]。

使用量子相干操控，通过研究一维共振吸收布拉格反射镜中的自感应现象，发现

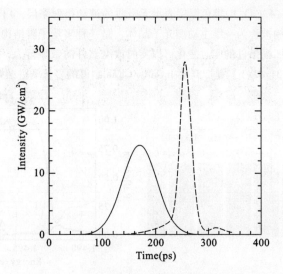

图 31.2　一维布拉格光纤光栅中脉冲延迟

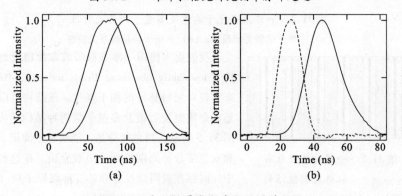

图 31.3　受激拉曼散射中超短脉冲延迟

（a）65 ns 的高斯光实现 25 ns 的延迟；（b）15 ns 的光实现 1.3 个脉宽延迟

了大量移动的稳定带隙亮孤子和暗孤子。而且在一定光强时，该结构能将超短脉冲演化为速度极慢甚至是静止的孤子。

3　多量子阱在光子操控中的研究进展

利用光的非线性作用，可由两种途径来制作量子器件。一种是通过透明介质（如光纤与布拉格光栅）的非线性效应实现对光子操控的透明型光子晶体与微纳器件；另一种是通过共振激发与吸收非线性介质实现共振相干非线性效应，从而进行光子操控的共振型微光子器件。

在无吸收的折射率材料中嵌入均匀二能级原子薄层（远小于光学波长），周期接近于二能级原子共振波长的一半，这样的结构称为主动型的一维周期结构，如图 31.4

（a）所示。图 31.4（a）中黑色厚层表示无吸收的被动折射率层，白色部分表示吸收原子层。这种结构被称为一维主动型光子晶体，是一种多量子阱结构。在该结构中可形成光子带隙，匹配条件的实时变化可以实时改变器件的带隙行为，从而实现光子的开关与操控。图 31.4（b）是 200 层 InGaAs/GaAs 制得的多量子阱结构的开关特性。

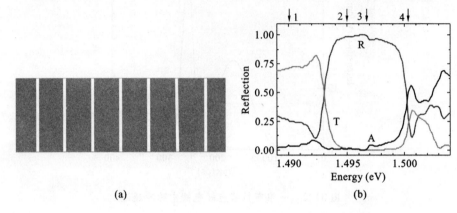

(a)   (b)

图 31.4　一维主动光子晶体及多量子阱开关特性

（a）一维主动型光子晶体；（b）多量子阱结构开关特性

图 31.5　一维共振吸收布
拉格反射镜结构

我们提出使用一维共振吸收布拉格反射镜结构（resonantly absorbing Bragg reflector, RABR）来实现对超短脉冲的相干操控。该结构可以看成是由介质型反射镜及多量子阱两种结构组成，如图 31.5 所示，黑色部分是二能级原子薄层，白色和灰色部分是周期排列非吸收介质。在这种结构中同时存在着周期性分布的二能级原子层（共振光子晶体）和折射率周期性分布的布拉格反射镜（被动周期结构），它是在一维非吸收的周期结构中周期性掺入排列满足布拉格排列（即周期结构的晶格常数为半波长的整数倍）的共振二能级原子层而制得。

研究表明，当光脉冲在 RABR 中传播时，对于任意布拉格反射，都会产生大量静止和移动的稳定带隙孤子并具有相应的解析解[6]。如图 31.6 所示，当入射脉冲较弱时，光场会因布拉格反射被全部反射回去；当入射脉冲较强时，SIT 孤子会穿透材料；当入射脉冲极强时，会发生脉冲分裂现象[7]。合适脉冲面积的入射激光可以从给定脉冲形状演变成空间局域的稳定的振荡或静止的带隙孤子。当入射光脉冲的峰值强度合适时，光脉冲迅速在 RABR 中演化成一个静止孤子，既不会由于布拉格反射而被反射回去，也不会穿透 RABR，而是形成一个稳定的自局域态存储在结构中。数值模拟结果表明，只需要 RABR 结构 1200 个周期就可以实现零速光脉冲的存储。

在弄清了光子在 RABR 结构中的行为机制后，基于实际应用的考虑，要利用已存

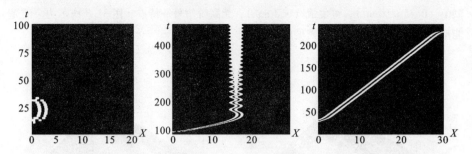

图 31.6　从左至右分别为布拉格反射、静止孤子、强脉冲 SIT 穿透

储光脉冲的信息和能量，就必须把已存储的光孤子的信息和能量有效地提取出来，为此我们采用了光控制光的方法。具体做法就是入射第二束强脉冲使其与原来静止的孤子相互碰撞，这样原来已存储的静止孤子就重新获得加速，从 RABR 中穿透出去，几乎没有能量残余在结构中[8]（如图 31.7 所示）。这种光控制光的方法来释放孤子的能量是行之有效的，而且从存储与释放效率上来说，将近 96% 的能量被释放出来，从而在共振吸收光子晶体中实现了光子存储和受控释放。此外 RABR 结构具有极好的滤波特性，可用于脉冲压缩和整形。

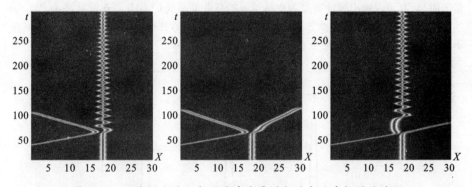

图 31.7　从左至右为入射强脉冲能量增大的光子受控释放过程

实现超短激光脉冲的存储与释放之后，我们设计了利用静止光场获得高效非线性光学频率转换的方案。其原理为通过一维双共振布拉格周期结构（DRBR）实现抽运光和拉曼光同为静止超短脉冲，从而增长两者的相互作用时间，达到光能的高速高效转换[9]。在 DRBR 结构中，同时存在着二能级原子层周期性分布的主动周期性结构和折射率周期性分布的被动周期性结构。其中二能级原子层的中心频率和周期性分布对应于抽运光，折射率的周期性分布对应于拉曼光，且两者周期区别较大，互不影响。在这种情况下，二能级原子层起到一维共振吸收布拉格周期结构的作用，使抽运光演化成静止超短激光脉冲。而被动周期性结构则可以将拉曼光演化成静止光。当抽运光在 DRBR 中静止的时间足够长时，将达到 SRS 的阈值，形成静止的拉曼光。拉曼光形成后将从物质两端泄露出来，形成纳秒量级的光脉冲，其具有高效率（>80%）、低

阈值（0.75 mJ/cm^2）、可集成（<2 mm）、无高阶信号等特点。图 31.8 所示为泵浦光能量密度和斯托克斯光能量密度的演化图。

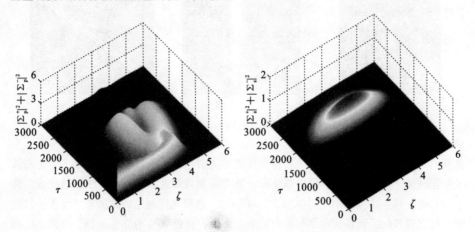

图 31.8　泵浦光能量密度和斯托克斯光能量密度的演化过程

与前面共振吸收周期结构相对应，我们也研究了在共振放大周期的介质结构（多量子阱），其可以输出脉冲宽度为皮秒量级的高重复率（10 GHz）连续脉冲串[10]，如图 31.9 所示。其 RAmBR 芯片结构产生的超短脉冲却极其稳定。它的高重复率超短激光脉冲在光通信和量子计算系统中有着广泛的应用前景。

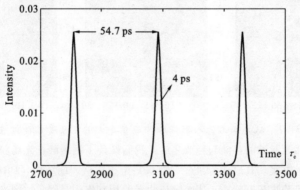

图 31.9　高重复率连续脉冲串（$\tau_c = 0.2$ ps）

4　关键科学与技术问题

多量子阱结构理论上可实现超短脉冲相干操控，但其样品的设计与制备是一个重大的挑战。一维的多量子阱主要依赖 MBE 以及 MOCVD 等方法制备。而对于高维度光子晶体结构，目前使用最多的制备技术是电子束刻蚀、激光直写、自组织生长和全息光刻技术。但二维、三维等共振型光子晶体或微纳器件尚无实用的制备方案，而三维微纳器件中功能性缺陷的引入，是光子晶体研究最富挑战性的研究课题。根据功能性要求，借助自反馈相位控制的空间光场全息合成，使用光刻技术，可以制作需要的被动光子晶体，使用反演等技术可制备功能性的实用主动型的光子晶体的微纳光子器件。

全息光刻技术就是使用光刻胶记录多光束相干产生的干涉图案，如图 31.10 所示。多光束干涉强度公式为：

$$I = \sum_i \vec{E}_i^2 + \sum_{i<j} 2\vec{E}_i \cdot \vec{E}_j \cos[(\vec{k}_i - \vec{k}_j) \cdot \vec{r} + (\varphi_i - \varphi_j)] \quad (i,j = 1 \sim n)$$

(31.1)

其中 i、j 分别表示不同的光束，$\vec{E}_i$ 和 $\vec{\varphi}_i$ 分别表示各束光的振幅和初相位，$\vec{k}_i$ 为波矢量，$\vec{k}_i = \dfrac{2\pi \vec{k}}{\lambda_0}$，其中 λ_0 为光在真空中的波长，$\vec{k}$ 为单位波矢量。不同的干涉图案强度分布可以通过调节各光束的强度偏振 $\vec{E}_i$、波矢 $\vec{k}_i$ 和相位 $\vec{\varphi}_i$ 得到。

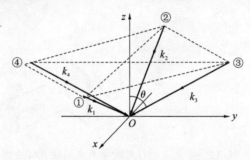

图 31.10　多光束激光干涉的相位控制

以多光束干涉技术为基本出发点，以入射光场的相位调控为手段，采用电子伺服装置实时监控多光束光场相位，可实现光场图案的稳定和实时可调，得到周期在激发波长量级、空间格点起伏小于 1/20 波长的空间干涉图案，如图 31.11 所示。相干光场重叠时，空间光场的光强形成周期分布，分布的变化强烈依赖于各束光之间的相位差变化。光场相位差锁定技术是指锁定两束相干光的相位差，从而在空间形成稳定的光栅光强分布（光栅的周期为 $\lambda/2\sin\theta$）。可采用压电晶体调制器等实时反馈伺服执行器件控制某一束光相对于另一束光的相位（通常称为相位差）变化，以保持条纹的空间稳定。在光子记录材料中实时记录了光场相位的变化对探测光光场散射特性的影响，选择掺杂的液晶材料为记录材料，获得了有效的可调谐光学光栅[11]。

空间光场合成包括"直接"合成技术与闭环回路的自适应控制合成技术。"直接"合成根据光场分布的目标函数，通过逆向算法求解空间调制器的振幅与位相设置，以此作为空间调制器像素取值来获取所需的空间光场分布。我们小组通过遗传算法设计了带功能性缺陷的一维、二维以及三维光子晶体结构，并使用 SU8 制作了线缺陷的一维布拉格结构、二维三角格子光子晶体中的波导结构[12]，其制作原理如图 31.12 所示。

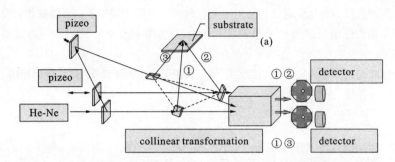

图 31.11　非共面随机相位起伏的主动伺服反馈控制系统

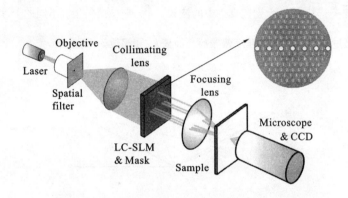

图 31.12　多光束相位可控全息光刻技术实验图

　　我们使用遗传算法得到了一维布拉格结构中的线缺陷。基本的一维布拉格结构可由图 31.13（a）所示的模板中光束 2 和光束 7 干涉形成。图 31.13（a）所示为在布拉格结构中每四个基本周期出现一次缺陷而使用模板的 1、2、3、6、7 光束组合干涉，箭头为偏振方向。通过遗传算法可改变各光束的强度和相位，1、2、3、6、7 光束的相位分别为 π、0、0、π、0。其中缺陷重复出现的周期由光束的最大周期，即两邻束光（如光束 1 和 2）的横向波矢差决定。计算得到的干涉图案如图 31.13（b）所示，与目标函数的吻合度超过 97%。在显微镜观测的干涉图案如图 31.13（c）所示，在 SU8 样品得到带缺陷的样品电镜图如图 31.13（d）所示。

　　在一维样品的基础上，我们设计了二维三角格子光子晶体中的波导结构。在使用图 31.13 的模板形成带缺陷的一维布拉格结构的基础上加上光束 9，如图 31.14（a）所示，可形成二维三角格子光子晶体的波导结构。通过遗传算法改变各光束的强度和相位，1、2、3、6、7、9 光束的相位分别为 π、0、0、π、0、0。计算得到的干涉图案如图 31.14（b）所示。在显微镜观测的干涉图案如图 31.14（c）所示，在 SU8 样品得到带缺陷的样品电镜图如图 31.14（d）所示。这种方法将平面波导结构的多步制作方法简化为一步制作法，并且光子器件具有良好的周期结构与品质。

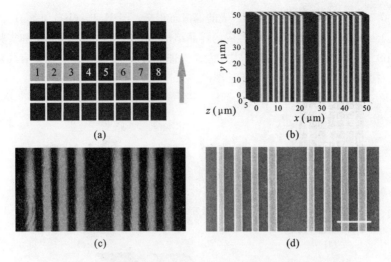

图 31.13　使用遗传算法得到一维布拉格结构中的线缺陷

（a）制作一维布拉格结构线缺陷样品模板；（b）数值模拟的缺陷结构；

（c）显微镜观测的干涉图案；（d）在 SU8 上制作的样品电镜图

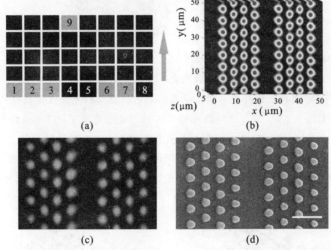

图 31.14　二维三角格子光子晶体中的波导结构

（a）制作二维三角格子光子晶体中的波导结构样品模板；（b）数值模拟的缺陷结构；

（c）显微镜观测的干涉图案；（d）在 SU8 上制作的样品电镜图

　　如使用较多光束及改变光束的偏振态和强度，三维光子晶体中的缺陷也可使用该方法实现。我们在二维光子晶体波导的基础上研究了三维光子晶体面缺陷的实现。图 31.15 所示为三维斜孔结构光子晶体中的面缺陷和光束设置以及其理论模拟和实验中 CCD 记录的结果。光束 1～6 和光束 7～12 的相位分别为 π、0、0、π、0、0、0、

1. 4π、0. 2π、0、0. 4π、1. 2π。两组光的偏振态正交，图 31. 15（b）和图 31. 15（c）为理论上光束 1～6 和光束 7～12 形成的样品结构。图 31. 15（d）为理论和实验上最终在 SU8 上形成面缺陷三维结构，其中左图为理论结果，中图为理论上具有代表性的截面，右图显示 CCD 对应截面的干涉图样。

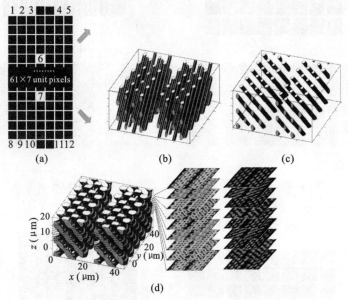

图 31. 15　三维斜孔结构光子晶体中的面缺陷实现方法

（a）制作三维斜孔结构光子晶体中的面缺陷和光束设置模板；

（b）理论上光束 1～6 形成的样品结构；（c）理论上光束 7～12 形成的样品结构；

（d）理论和实验上最终在 SU8 上形成的面缺陷三维结构

　　此外，在理论上，我们实现了木堆积结构中的线缺陷和点缺陷，如图 31. 16 所示。在三维木堆积结构中，线缺陷位置会极大地影响它作为波导的性能，因而必须精确控制结构中的线缺陷位置。

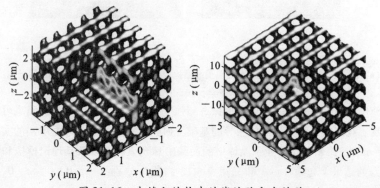

图 31. 16　木堆积结构中的线缺陷和点缺陷

而闭环回路的自适应控制合成技术则根据获取的光场分布，与光场分布的目标函数比较，通过采用遗传算法进行计算机数值控制，优化空间调制器的设置，以自动获取所需的目标光场分布。在理论与实验上快速获取所需的目标对应的子光场分布，可大大简化微纳光子器件的设计、制造成本，提高样品的制作速度。在此基础上，可通过在感光材料中记录所建立的光场以实现功能性光子晶体模板的制备。

　　基于空间调制器相位控制的多光束干涉实验研究，可以设计出确定性光场相位控制技术。对于自适应控制的光场合成技术，首先设定一个目标光场（二维或三维）。具体控制方法如图31.12所示，激光经过物镜和针孔光阑组成的空间滤波器后被准直透镜准直成平行光，平行光被模板分割成需要的多光束后通过可调相位的液晶调制器。每束光经过调制器的不同单元，通过调节不同单元的电压可以实现独立调节各束光的振幅和相位，调整相位后的光束由一个大数值孔径的聚焦透镜（或透镜组）聚焦，在焦点处形成需要的干涉图案。在焦面上放置显微系统和CCD探测装置，实时记录所产生的光强分布。比较记录的光强分布与理想目标光场，计算它们之间的偏离值，采用遗传算法进行计算机数值控制，优化空间调制器的设置，获得一个新的光场分布，然后再与理想目标光场比较，再循环，直至CCD所记录的光场数值与理想值的偏差在误差设定范围内。这样就可以通过自适应方法自动产生一个设定的光场分布。

　　我们在多光束相位可控全息光刻光路中加入BBO晶体，通过BBO晶体实现倍频过程，结合自适应控制合成技术，可实现光束倍频组合的自适应反馈控制，实验光路如图31.17所示。根据获取的光场分布，与光场分布的目标函数比较，通过采用遗传算法进行计算机数值控制，优化空间调制器的设置，从而自动获取所需的目标光场分布。图31.18所示为在CCD中观测的光场分布图。图31.19所示为制作的微腔结构及弯曲光子晶体波导结构的理论值及电镜图。

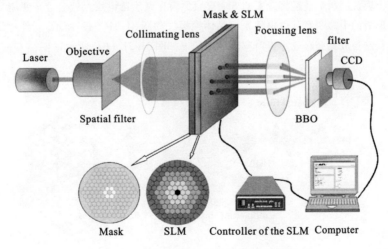

图 31.17　光束倍频组合的自适应反馈控制

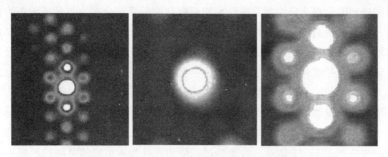

图 31.18　自适应反馈控制 CCD 中光场分布

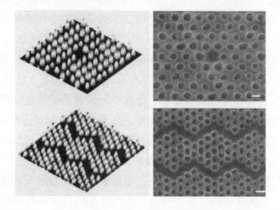

图 31.19　微腔结构及弯曲波导结构的理论值及电镜图

　　我们使用 DOE 实现了多光束相位可控全息光刻制作共振吸收零折射率反衬度样品，其实验图如图 31.20 所示。光束通过 DOE 后，通过调节各级衍射光的强度将光束分成若干束，用两个透镜将光束的方向准直后再在聚焦透镜焦点处会合。使用 SU8 记录光束形成的干涉图案可以得到光子晶体模板（如图 31.21（a）所示），经过反演并填充燃料制备成共振吸收零折射率反衬样品（如图 31.21（b）所示）。

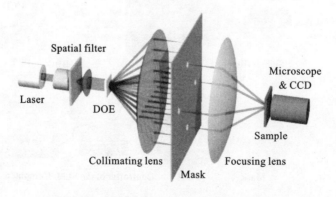

图 31.20　DOE 实现多光束相位可控全息光刻

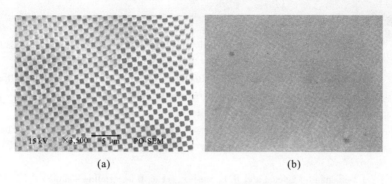

（a）　　　　　　　　　　　（b）

图 31.21　使用多光束干涉技术制备零反射率反射样品

（a）光子晶体模板；（b）反演并填充燃料制备成的共振吸收零折射率反衬样品

用氙灯照明零折射率反衬度样品可得到衍射光斑白光（如图 31.22（a）所示）。衍射光谱图如图 31.22（b）所示。

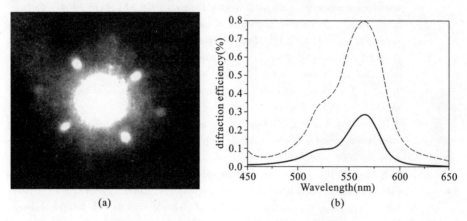

（a）　　　　　　　　　　　（b）

图 31.22　零反射率的反射样品光学性质表征

（a）零折射率反衬度样品在氙灯照明下衍射光斑白光；（b）实验测量和理论计算对应的衍射光谱图

5　结语

共振光子晶体可以用来操控超短激光脉冲的传播、存储、释放与能量的高速与高效转换，因而在高速与海量信息处理以及光能的高速高效转换等方面有重要应用前景。

本文在实验上利用全息与锁相方法制备参量可实时改变的共振激活光子晶体以及相关的实验研究，有利于实现对光子的有效操控。

（记录人：戴江南）

参考文献

[1] L. V. Hau, S. E. Harris, et al. Light speed reduction to 17 metres per second in an ultracold atomic gas [J]. Nature, 1999, 397: 594-598.

[2] D. Budker, D. F. Kimball, S. M. Rochester, and V. V. Yashchuk et al. Nonlinear magneto-optics and reduced group velocity of light in atomic vapor with slow ground state relaxation [J]. Physical Review Letters, 1999, 83: 1767-1770.

[3] Juntao Li, Thomas P. White, Liam O' Faolain, et al. Systematic design of flat band slow light in photonic crystal wave guides [J]. Optics Express, 2008, 16: 6227-6232.

[4] J. Benjamin, Eggleton and R. E. Slusher, et al. Bragg grating solutions [J]. Physical Review Letters, 1996, 76 (10): 1627-1630.

[5] Y. Okawachi, Matthew S. Bigelow, et al. Tunable all-optical delays Uia Brillouin slow light in an optical fiber [J]. Physical Review Letters, 2005, 94: 153902.

[6] Kozhekin A, Kurizki G, Malomed B. Standing and moving gap solitons in resonantly absorbing gratings [J]. Physical Review Letters, 1998, 81 (17): 3647-3650.

[7] W. N. Xiao, J. Y. Zhou et al. Storage of ultrashort optical pulses in a resonantly absorbing Bragg reflector [J]. Optics Express, 2003, 3277-3283.

[8] Zhou J Y, Shao H G, Zhao J, et al. Storage and release of femtosecond laser pulses in a resonant photonic crystal [J]. Optics Letters, 2005, 30 (12): 1560-1562.

[9] J. T. Li, J. Y. Zhou. Nonlinear optical frequency conversion with stopped short light pulses [J]. Optics Express, 2006, 14 (7): 2811-2816.

[10] J. H. Zeng, J. Y. Zhou, G. Kurizki, et al. Generation of a self-pulsed picosecond solitray wave train from a periodically amplifying Bragg structure [J]. Physical Review A, 2008, 78: 011803 (R).

[11] X. S. Xie, M. Li, J. Guo, et al. Phase manipulated multi-beam holographic lithography for tunable optical lattices [J]. Optics Express, 2006, 15 (11): 7032-7038.

[12] Juntao Li, Yikun Liu, et al. Fabrication of photonic crystals with functional defects by one-step holographic lithography [J]. Optics Express, 2006, 16 (17): 12899-12904.

程正迪　美国工程院院士，美国阿克隆大学 Robert C. Musson Trustees 讲座教授、高分子科学与工程学院院长。1977 年毕业于华东师范大学数学系（学士），1981 年在上海东华大学研究生毕业后赴美留学，1985 年获美国伦斯勒理工学院（RPI）高分子化学博士学位。国际重要高分子科学刊物《Polymer》主编，美国物理学会会士，美国国家科学基金下属高级液晶光学材料科学技术中心薄膜光学器件研究主任，美国国家科学基金、俄亥俄州及工业界共同组建的复合材料分子及微结构研究中心副主任，兼任 10 余家国际重要高分子学术期刊和出版社的编委，任 20 多家世界著名公司的顾问。

第32期

Hybrid Materials for Energy and Photoelectronic Applications

Keywords：self – assembly, crystalline, dye – sensitized solar cells, solar cells

第 ㉜ 期

杂化材料在能源和光电领域中的应用

程正迪

今天我讲的内容与光电和能源有关，在讲之前我想先讲讲科研该怎么做？做科研很简单，也很复杂。其实就是三件事：前瞻性、包容性、应用性。一个学科有没有生命力，能不能存在下去，取决于有没有前瞻性，这个学科提出的科学问题对整个科学有没有新的认识。第二个是包容性，就是这个学科能有多大。第三个是应用性，研究出来的东西如果没有用，大家也不会感兴趣。

今天要讲的就是这几个词："principle"，我们是科学家，要从科学的原理出发；"exceptional"，就是常规预测不到的，有了这两点以后就可以得到"next generation"（下一代）的器件，可以是电的、光的、能源的，等等。

具体怎么做呢，我就用两种不同粒子来做，一种是 C_{60}，另一种是 POSS，一个有机一个无机。大家知道，C_{60} 是种硬材料，刚发现的时候红极一时，但是后来发现 C_{60} 是个很调皮的东西，将它排成一条线或排成二维的面，它都不愿意，而且它的溶解性非常糟糕，因此大家都有些束手无策，20 世纪 90 年代中期以后就很少研究它了。搞高分子的人对 C_{60} 改性进行研究，发现几乎是任何能想象得到的改性都可以进行，但实际上反应是没有办法完全可控的，什么样的结构都有。要制备具有确定结构功能的高纯度 C_{60} 一直是困扰大家的难题。

那么我们是怎么做的呢？这是 2008 年我的学生张文彬做的。我给他课题的时候他说，常规有机方法没法做，最近提出来的点击化学或许可以做。最后我们发现的方法是在室温下，条件是非常温和的，得到一个官能基团的 C_{60}。具体来说就是将 C_{60} 和 PS-N3 模型化后，键合起来，经过 6 个步骤（如图 32.1 所示），得到带一个尾巴的 C_{60}。大家可以看到第三步的产率是个瓶颈，只有 17%。经过改进，将生成物中的 H_2O 不断蒸发，并换以其他溶剂，推进正反应的进行，最后将产率提高到 90%。这样就可以得到几百克，甚至是公斤级的单一官能基团的 C_{60}，对生产是有用的。

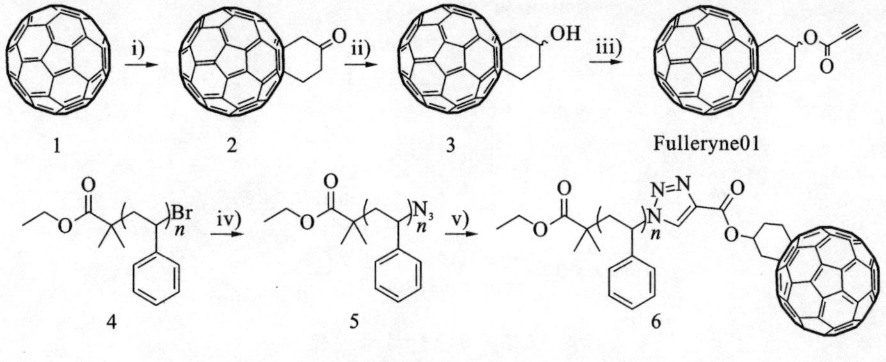

图 32.1　单官能基团的 C_{60} 的制备

有没有实验的证据来证明这个化学结构呢？实际上我们做了一系列的检测，做了核磁共振、红外、紫外、飞行质谱。其中最能说明问题的是飞行质谱，两个相邻峰之间相差 104，正好是一个 PS 单体的质量。同时，峰的位置充分说明了产物的结构。

这个方法的建立只是整个分子设计中的一步，只要把这个关节打通，得到一个官能基团的 C_{60}，就可以进行各种各样的分子设计。比如说一个 C_{60} 后面接一个尾巴，这是最简单的；再比如说一个 C_{60} 接在一个二嵌段共聚物当中，或者在二嵌段共聚物的一个尾巴上；也可以在二嵌段共聚物的一个嵌段上接上多个 C_{60}，数目是可以控制的；最后还可以是一个 C_{60} 和一个 POSS 相连。大家知道 POSS 是无机的，C_{60} 是有机的，有机的和无机的表面能不一样，不愿意待在一起，如果一定要让它们在一起，可以在这两个粒子之间连一个小小的链，将它们捏在一起。当然还可利用其他各种各样结构的分子将 C_{60} 连接在一起。

首先我要把 C_{60} 变成导电的低维结构，就是把 C_{60} 排成一条线（一维）或者一张纸（二维）。这个办法是将高分子物理和晶体学两个方面结合来做，所以多学科交叉是发现问题和解决问题的一个关键。以下思维是来源于我的朋友 Bernard Lotz 的博士论文，用一个二嵌段共聚物，一个嵌段是结晶的，一个是无定形的，比如 PS 是无定形的，PEO、PLLA 是结晶的。用所谓的 self-seeding（自播种）技术，发现高分子在溶剂中低温下不熔融，升高到一定温度使其完全熔融，然后降温使其中一个组分结晶；接着再上升到另一温度，使大部分晶体熔融，保留其中最完整的小晶体做核；最后下降到一定温度，形成片层的单晶，这种单晶上下两面是无定形的 PS，中间是 PEO 或者 PLLA 的单晶，像一种三明治结构（如图 32.2 所示）。这个结构实际上已经用很多实验方法得到了证实。

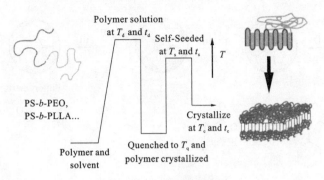

图 32.2　自播种技术过程

理论上我们引进一个概念叫约化的 tethering density（分子刷密度）。tethering density 其实是很简单的，头上长头发，每平方厘米长多少根头发怎么定义呢，就是 $1/S$，S 是一根头发所占的面积。但是 $1/S$ 又是个很受限制的概念，高分子和表面是完全不相容的，在溶剂中就像个球一样站在表面上，球的大小的投影就是 S。这个 S 取决于分子量，分子量大球就大；同时又取决于溶剂，如果是良溶剂，球就大，胀起来了，不良溶剂球就缩小。所以分子刷密度 σ 既是分子量的函数，又是溶剂的函数，没有办法用在各种不同的情况里来做比较。因此就要用到约化的分子刷密度 $\tilde{\sigma} = \sigma \pi R_g^2$，其中 R_g 是指回转半径。这样约化的分子刷密度就与分子量无关，和溶剂无关，在不同的体系中都可以比较了。如果我只有一个样品，将它放到不同的溶剂里去，从 PS 的良溶剂到不良溶剂，那么 R_g 就降下去了，从而改变了 $\tilde{\sigma}$。或者可以结晶时改变温度，学过高分子物理的都知道，结晶温度高，片晶厚度就厚，分子量又是一定的，所以折叠链次数就小，得到的面积就小，也可以改变 $\tilde{\sigma}$。这些是我在 2003—2004 年所做的工作，已经发表在《Macromolecules》等杂志上。

PS 是可以相互穿透的，但是如果是不能穿透的呢？比如 C_{60}。物理上有很重要的概念，在不同分子量的 PEO 长成单晶以后，会经历从二维的气体到二维的液体到二维的固体的转变，这种转变是在纳米尺度上的，因为一个 C_{60} 的分子尺度是 1 nm。全部变成固体以后，在二维里压，压到最后从上面看去就是一个六方点阵。然后用紫外线让 C_{60} 交联，再用碱把 PEO 烂掉，就得到一个片，它是可以导电的，如图 32.3 所示。

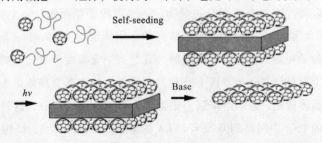

图 32.3　二维 C_{60} 平板形成过程

接下来的问题就是，能不能变成一维的线呢？
也可以的。那么怎么变呢？实际上从 2004 年的工作
开始，我们就用纯的 PEO 做种子，外面长 PS-*b*-
PEO 单晶，或者用 PS-*b*-PEO 做种子，PEO 单晶再
长在外面。可以做两个等温槽，将晶体拿到其中一
个等温槽里长一会，再放到另一个里面长一会，再
拿回到第一个等温槽里来长。根据时间的长短，长
出来的单晶可以宽也可以窄，最窄能到 50 nm。所
以我们就得到了带尾巴的 C_{60}，同样来做，再将

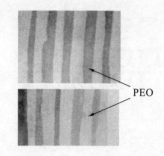

图 32.4　近似一维的 C_{60} 链段

PEO 带溶解掉，最后得到的晶体就像女孩子戴的项链（如图 32.4 所示）。在上面、下
面两个地方做电极，就可以测它的导电性。而宽度也可以调节，从 50 nm 到几个微米
都可以做。这样就实现了从二维到近似于一维的转变，而且这根带状晶体是可以导
电的。

第二个问题是关于能源的。热力学第一定律告诉我们，能量是不能产生也不能消
灭的，只能从一个形式转变为另一个形式。热力学第二定律告诉我们这种转变是有方
向的。现在烧石油用的能源是通过几亿年的积累储存起来的，可以变成机械能、热
能、动能。现在大家坐的飞机，一加仑（3.785 升）汽油能飞多少英里？11 英里。
11 英里是多少？11 乘以 1.609，即 17.699 公里。如果是汽车的话，一加仑汽油有时还
跑不到 11 英里，很不经济，于是大家就想到取代能源。大多数人知道的取代能源有
三个，第一是燃料电池，第二是太阳能电池，第三是锂电池。但是大家常常忘了第四
个——电容器。现在中国很流行超级电容器，它是使用离子液来做的，人们觉得很有
用途。所以要用再生能源的话，无非是上述这四个方向，有的方向离实际应用比较
近，有的离实际应用还很远。燃料电池在布什政府时期是被大力提倡的，奥巴马上台
后又大力发展太阳能电池。可是我今天既不讲燃料电池，也不讲锂电池，我主要给大
家讲两个内容：一个是电容器，一个是太阳能电池。研究的方法还是利用 C_{60}，这是
一条主线。

POSS 是硅和氧组成的一个笼子，POSS 和 C_{60} 这两位是坚决不喜欢待在一起的，于
是用 3 个碳原子把它们连起来。当我拿到这个结构以后，马上就想到这个东西要是结
晶的话会是什么样子，于是我做的第一件事情就是画一张模拟图，这个最容易。实际
上这个模拟图告诉我 C_{60}-POSS 的晶体一定是个双层结构，因为 POSS 和 C_{60} 彼此不喜
欢，但是又被连在一起不能分开，它们结晶时一定形成这样的双层结构（如图 32.5
所示）：一个 POSS 与另一个 POSS 相接，底下的 C_{60} 再与一个 C_{60} 相接。POSS 的分子尺
度是一个纳米，C_{60} 也是一纳米，两者大小是差不多的。另外 POSS 是绝缘体，C_{60} 是导
体，每个 C_{60} 最多可以有 6 个电子。所以两层是绝缘体，两层是导体，这就是电容器的
结构。而且这个电容器很小，是纳米级的。合成以后，这个电容器可以用在哪里呢？

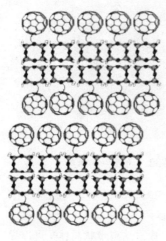

图 32.5　C_{60}-POSS

手机充电要充一个晚上，因为小电流充电才能长时间释放，大电流充电只能瞬间释放。我们需要的是短时间充电又能长时间释放的电池，所以如果这种超级电容器能研制成功的话，手机电池就可以都换成我们的电容器了。

接下来我们要做的就是表征这种晶体的结构：飞行质谱证明材料是纯的，结晶实验证明它是能长成单晶的。但是长出来的是两种不同的晶体，一种是六方的，一种是正交的，这是为什么？后来我们发现，在硅片上长出来的总是正交的，在碳膜上长出来的总是六方的。仔细一想，在碳膜上长，第一层是 C_{60} 先组装上去，C_{60} 是圆的，一排列是个六方点阵；在硅片上长，第一层是 POSS 先组装上去，POSS 是方的，排列起来就是正交的。这就很清楚了。但奇怪的是，我们研究晶体、高分子的都知道有个词叫"外延生长"，外延生长只能长到一定的厚度，再往上长就回到热力学自由能最低的晶态，外延长出来的一般都是亚稳定态。而 C_{60}-POSS 长到四五个微米还是不变，说明它很稳定，表面的影响不仅达到纳米尺度，更到了微米级了。接下来看看材料的电性质，伏安法测定电容，将曲线积分，得到 C_{cp} = 16 ± 4 F/g，一个 C_{60} 有 6 个电子，所以电容约为 96F，接近 100F，100F 正好是超级电容器的电容。这个数据是我们随便找个晶体测得的，完全没有刻意控制，我相信如果加以调控的话可以做得更漂亮。

第三个问题我们讲一下太阳能电池。它的思想来自绿色植物的叶绿素。叶绿素是由 18 个卟啉 π-π 重叠组成的。生物上是用卟啉来进行光合作用产生生物电，那现在是不是也可以用卟啉来做太阳能电池呢？大家知道，有两类卟啉，一类里面没有金属离子，一类里面有。没有金属离子的，你用计算机模拟就可以看到它的分子结构是有点翘的，但是一旦金属离子放进去，它就平了。因此我希望将卟啉像盘子一样叠起来，变成柱状的，当中空穴电子可以来回转移。

第一个问题是太阳能辐射波谱，太阳能是宽光谱的。为什么有机高分子的太阳能电池的效率做不高呢？原因就在于材料的吸收光谱都很窄，大部分能量都被浪费掉了。但是卟啉的吸收光谱相对来说很宽，它有希望把电池效率做高一点。第二个问题是电子迁移率。电子迁移率在单晶里是最高的，但是大家知道长单晶是很困难的，要长成非常大的单晶更困难。那么我们退而求其次，把它叠成柱状，空穴和电子就可以来回转移，这样就比各向同性的要好得多。但是光用卟啉叠起来还不够，我们已经做过了，效率大概到 3% 左右就再做不上去了。后来我们跟美国国家能源部里专门做光太阳能器件的机构合作，他们是专门从事器件组装的，效率也只能做到 3% 左右。于是我们就想能不能在卟啉外面再接上一点 C_{60}，这样的模拟图就像天安门广场上的华表，当中是一个柱子，外面盘一条龙，这个柱子就是卟啉，龙就是 C_{60}，其结构如图 32.6 所示。这个想法是可行的，因为卟啉传空穴，C_{60} 传电子，一个下一个上，而且分得很开，而太阳能电池就是希望正负极分得越开越好，分离的时间越长越好，这是提高效率的关键。

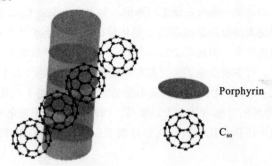

Porphyrin

C_{60}

图 32.6　C_{60}-porphyrin

接下来，我们要验证 C_{60}-porphyrin 的结构。从质谱图来看，它是很干净的，没有一点杂质。从 UV 来看，右边的吸收峰是卟啉的，左边的吸收峰全是 C_{60} 的，所以加上 C_{60} 不仅光谱会加宽，而且效率可以提高，特别是在比较短的波长上。然后我们看看广角 X 光衍射的结果，衍射角所对应的倒易矢之比是 $1:\sqrt{3}:2$，证明是六方点阵的。这是将 X 光从垂直于柱子轴得到的。实际上这是在法国格勒诺布尔市做的结果，因为那里有一条微米线，可以使 X 光聚焦再聚焦，最后变成一个点，直径只有几微米到几十微米。现在我希望将 X 光平行于柱子打下去，来看它的结构，结果却吓了我们一跳。一般来说如果是柱状相的话，只有几个点，但是却打出这么多点，这表示这不是晶体。1952 年的诺贝尔生物奖获得者是两个很有名的英国科学家，他们是做双螺旋结构 DNA 的。他们做双螺旋结构也是用 X 光来做的。所以这里有另外一个可能：这不是晶体的衍射，而是螺旋结构的衍射。如果你用普通的卟啉来做，即使它旋转你也看不到，因为旁边没有记号，就没有电子衍射的差，而所有的衍射理论都是建立在电子衍射的差别上的，没有差别就看不到。但是在卟啉上绕 C_{60} 后，电子衍射马上就有了差别。用贝塞尔函数计算，得到近似于 3_1 的螺旋，也就是每一个卟啉加一个 C_{60} 上去就大概转 120°。于是大家就要问这究竟离 3_1 螺旋差多少呢？最近我们得到的结果是它是一个 129_{44} 的螺旋，离 3_1 螺旋差一点点。

这样做出来到底有没有用？从基态激发，到第一激发单重态，然后回到基态，产生荧光，或者是到第一激发三重态再回到基态，产生磷光。但是这两条路对我们搞太阳能电池都没有用。我们要的是第三条路——这两个过程分开时间越长越好。这样一来，电荷就活了，空穴往空穴走，电子往电子走，就有电荷出来，这才是我们的目的。在科学上研究电荷的产生有两个办法，一个是专门去研究分离，但这种研究设备很昂贵，需要几百万美金；另一个方法就是我们采用的，先做荧光，再做磷光，如果它们的量子产物小得很，那剩下的就是我们需要的，这就是用演绎法去推。所以第一步，做荧光的量子产量，就是从第一激发单重态回来的。完全没有 C_{60} 纯的卟啉，量子产量是 11%，加一个 C_{60} 变成 1.18%，加两个为 0.6%，加三个为 0.24%，加四个为 0.13%。这个值很小，所以说荧光基本是没有的，能量上去了回不来。第二步，做磷光的量子产量，即是第一激发三重态回来的。如果完全没有 C_{60}，量子产量为 90%，也就是说纯的卟啉绝大部分能量是在这里消化掉的，电荷能量分离和转移率不会高，绝大部分都从三重态回来。但是只要加一个 C_{60}，磷光量子产量就等于 0，几乎所有的激发都用于分离了，效率就变高了。究竟有多高呢？前天，学生打电话过来，结果出来了，是 5.8%。这个结果让我既激动又不激动。他主要就讲了两件事情：第一，加一个 C_{60} 的效率比单纯的卟啉（H2TPP）要高，P3HT 是做太阳能电池经常要用到的，买得到，我们的电子迁移率比它高，这是好消息；第二，我们器件的效率是 5.3%，还不够高。

（记录人：韩宏伟）

张希成　美国伦斯勒理工学院主任教授。1977 年考入北京大学物理系，1981 年赴美留学，1986 年获美国布朗大学物理博士学位。现任伦斯勒理工学院太赫兹研究中心主任、NATO SET 太赫兹技术工作小组主席、美国物理学会终身会士、IEEE 会士、美国光学协会会士、国防科学与工程研究项目物理小组成员等。编写 20 多本著作及相关章节，拥有 24 项美国专利，发表了 300 余篇文章，在国际会议中做学术报告、学术研讨以及特邀报告 400 余次。目前是世界范围内最早从事脉冲太赫兹（T-RAY）科学与技术研究的带头人，在很多国际组织、重要国际会议中担任职务，是中科院和我国多所大学的兼职教授，对我国开展太赫兹研究起到很大的推动和促进作用。

第33期

Next Rays? T-Ray!

Keywords：THz waves, spectroscopy, femtosecond laser, ultrafast phenomenon

第 ③③ 期

太赫兹射线——新的射线

张希成

1 引言

2003 年 2 月 1 日，载有 7 名宇航员的美国哥伦比亚号航天飞机在结束了为期 16 天的太空任务之后返回地球，但在着陆前发生了意外，航天飞机解体坠毁。2004 年 8 月，美国宇航局（NASA）最终确定哥伦比亚号航天飞机的失事原因：一块手提箱大小的绝热泡沫材料在航天飞机发射 61 s 后脱落，将航天飞机的左翼撞出了一个大洞。而导致绝热泡沫材料脱落的原因是该材料内部存在缺陷，在发射过程中，缺陷中的气体受热膨胀，致使大块绝热泡沫材料脱落。

针对这一问题，NASA 提出了一个技术难题：如何有效地将绝热泡沫材料内部缺陷无损伤地检测出来？2003 年 8 月的英国《自然》杂志报道了我们的科研人员在美国伦斯勒理工学院太赫兹研究中心利用太赫兹波（THz wave）对绝热泡沫材料进行有效的无损探伤（nondestructive inspection，NDI）的技术。如图 33.1 所示，利用频率为 0.2 THz 的太赫兹波对材料进行成像，可以将材料内部 57 个缺陷中的 49 个检验出来，右图中圆圈内即为缺陷的太赫兹波图像。

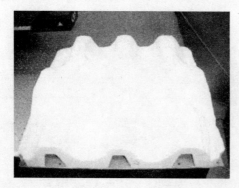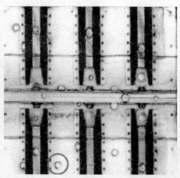

图 33.1　绝热泡沫材料（左）及其太赫兹波图像（右）

2　太赫兹波

太赫兹波，有时也称为 T 射线（T-ray），是指频率在 $0.3 \sim 10$ THz（1 THz = 10^{12} Hz）范围内的电磁波，如图 33.2 所示，它在频谱上介于微波和可见光之间。对于这种电磁波也可以用其他的物理量来理解：一个振荡频率为 1 THz 的电磁波，其振荡周期为 1 ps（1 ps = 10^{-12} s），对应的波长为 300 μm，相应的光子能量为 4.1 meV，特征温度为 47.6 K。我们身边的绝大多数物体都发射太赫兹波段的热辐射，例如我们人体的辐射频率为 6.3 THz，功率约为 1 W。宇宙背景辐射中的很大一部分能量也集中在太赫兹波段和远红外波段。

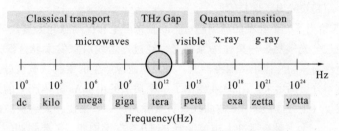

图 33.2　电磁波谱

与其他波段的电磁波相比，太赫兹波有其独特的性质，恰恰是这些特性赋予了太赫兹波广泛的应用前景。

（1）透视性。太赫兹波对于很多介电材料和非极性液体都有很强的穿透性，因此它可对光波波段或者微波段不透明的物体进行透视成像。这一特性使得太赫兹波可以应用在安检以及无损探伤等领域中。引言中对航天飞机绝热泡沫材料进行无损探伤就是一个典型例子。

（2）安全性。相比于 X 射线上千电子伏特的光子能量，T 射线的光子能量只有毫电子伏特，低于各种化学键的结合键能，因此不会产生有害的电离效应。在安检过程中，当被检查对象是人时，这一点非常重要。另外，水作为一种极性液体，对 T 射线有强烈的吸收，因此 T 射线不像 X 射线或者微波那样可以穿透到人体的内部，其对人体的影响也仅局限在皮肤表层。

（3）光谱分辨能力。大量的分子，尤其是有机分子，由于其转动和振动跃迁，在太赫兹频段表现出强烈的吸收和色散。利用这一特点，我们可以得到这些分子的"太赫兹指纹"，换句话说，就是可以利用太赫兹波对物体进行组成成分鉴定。

虽然人们很早就熟知太赫兹波的这些特性，但是在 20 世纪 80 年代以前对其研究和应用非常有限。从电磁波谱（图 33.2）可以看出，其两侧的微波和光波已经得到了广泛的研究和应用。从这一角度来看，太赫兹波就像块未被开垦的"处女地"，学术界通常称其为"太赫兹空隙（THz gap）"。造成这一现象的主要原因就是只有在国家级实验室才能拥有高效的太赫兹波辐射源和灵敏的太赫兹波探测器。近些年，随着超短脉冲技术和超快光电子学的发展和需求的增加，以上两个制约太赫兹波发展的因素被基本解决，太赫兹波也成为当今基础科学和应用科学的热门研究方向。在本文中，我们将重点介绍太赫兹波产生和探测方面的研究进展，以及太赫兹波的应用。

3 太赫兹波的产生和探测

从产生原理来看，现阶段的辐射源主要分成三大类：一是电子学方法，例如自由电子激光器、耿氏二极管以及反波管等；二是光学技术方法，例如气体激光器、半导体激光器和量子级联激光器等；三是超快光电子学技术，即利用超短脉冲激光激发不同材料（光导天线、电光晶体以及空气等）获得脉冲太赫兹波。由于篇幅的限制，我们将重点介绍超快光电子学技术。

图 33.3 给出了一个典型的利用超短脉冲激光产生和探测脉冲太赫兹波的示意图。飞秒激光经过分光镜后，一束作为泵浦光，经过延迟线后触发太赫兹源产生太赫兹波，另一束作为探测光作用在探测器上。由太赫兹源产生的太赫兹波被硅透镜收集后由电光探测部分检测出来。图 33.4 给出了一个典型的由 InAs 晶体产生的脉冲太赫兹波的时域波形（上方曲线），下方曲线是背景噪声。一般来说，太赫兹波的周期大约在 1 ps 左右，一个太赫兹脉冲大概包含半个到几个振荡周期。需要强调的是，利用图 33.4 所示或与之类似的探测方式（如光电导天线、空气等），不仅可以记录太赫兹波的电场随时间的变化，也可以获得相应的相位信息，即为相干探测。

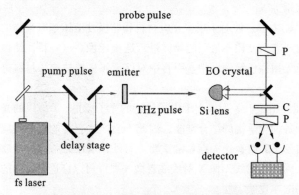

图 33.3 脉冲太赫兹波的产生与探测

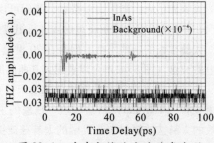

图 33.4 脉冲太赫兹波的时域波形

对该信号进行傅里叶（Fourier）变换后，可以得到该时域波形的频谱分布，如图 33.5 所示。

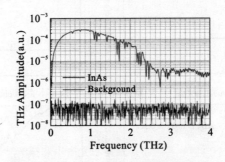

图 33.5　脉冲太赫兹波的频谱分布

利用超短脉冲激光产生太赫兹波的物质和装置有很多，例如光电导天线、电光晶体和气体等。尤其是在最近几年，已经可以利用气体（包括空气）产生超宽带和高电场强度（约为 1 MV/cm）的太赫兹脉冲并利用气体进行探测。图 33.6 给出了利用空气产生和探测超宽带太赫兹波的装置示意图。具体产生的过程和机理如下：脉冲能量在毫焦量级的波长为 800 nm 的飞秒激光经过分光镜后，作为泵浦的一束经过延迟线后被聚焦，焦点处的空气被电离，另外在置于焦点和透镜之间的 BBO 晶体中又产生了一束 400 nm 的倍频光。在焦点处，800 nm 的基频光和倍频光发生四波混频的非线性相互作用（严格讲在这里四波混频只是部分正确），从而产生太赫兹波。

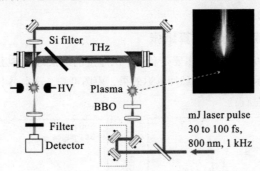

图 33.6　利用空气产生与探测脉冲太赫兹波的实验装置图

利用空气探测太赫兹脉冲实际上是利用空气产生太赫兹脉冲的逆过程：作为探测光的 800 nm 的飞秒激光与太赫兹脉冲被同时聚焦在空气中，同样利用四波混频过程产生 400 nm 的倍频光，其中倍频光的强度正比于太赫兹波在特定延迟时刻的场强。因此通过探测倍频光的强度，即可得到太赫兹辐射脉冲场强随时间的变化。图 33.7 分别给出了 85 fs 和 32 fs 激光激励空气得到的脉冲太赫兹波时域与频域分布。

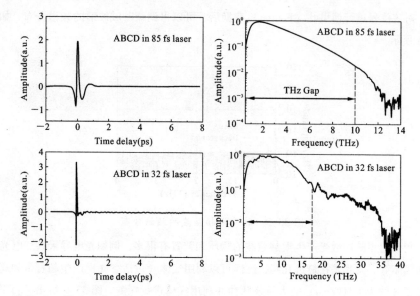

图 33.7 利用不同脉宽的飞秒激光在空气中所得的太赫兹波时域与频域分布

从图 33.7 可以清晰地看出，利用空气产生和探测的太赫兹脉冲的有效频谱宽度可以覆盖 0.3 ~ 10 THz 的区域，填补了以前的"太赫兹空隙"。

4 太赫兹波的应用

随着太赫兹波产生和探测技术的日臻成熟，其在各方面的应用也逐渐增多，下面介绍几个太赫兹波的典型应用。

4.1 利用太赫兹脉冲点算纸张

利用太赫兹脉冲测算纸张数主要是利用不同厚度的纸张对太赫兹脉冲有不同的延迟效果，图 33.8 演示了单张纸的脉冲延迟效果，由图可知，这本书中一页纸的脉冲延迟量在 130 ~ 200 fs 左右。

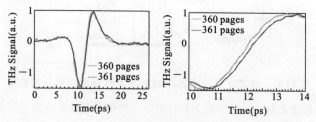

图 33.8 太赫兹脉冲经过不同厚度的纸张后的延迟效果图

由于不同数量的纸张对于太赫兹脉冲信号的延迟是不同的，所以可以将其应用于点算钞票。图 33.9 给出了太赫兹脉冲经过不同厚度钞票（均为 100 美元面值）的延迟效果图。

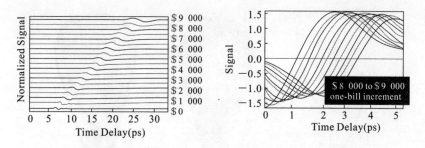

图 33.9　太赫兹脉冲经过不同厚度钞票的延迟效果图

实验和计算表明：太赫兹脉冲信号经过 4.5 万亿的美金后，延迟时间为 1 秒。因此借鉴天文学中"光年"的定义，我们在处理国债问题时，可以引入一个单位"太赫兹秒（T-Ray second）"，来表示 4.5 万亿美金。

4.2　药品检测

如前所述，大量的分子，尤其是有机分子，由于其转动和振动跃迁，在太赫兹频段表现出强烈的吸收和色散。因此可以利用太赫兹波来鉴定物体的组成成分，从而应用于药品检测、爆炸物鉴别以及毒品监测。美国 Zomega 公司生产的便携式快速 TDS 系统——Mini-Z 可以快速实时采集样品的反射或透射信号，然后与原始标准药品数据库进行比对，从而实时在线监测药片质量，如图 33.10 所示。

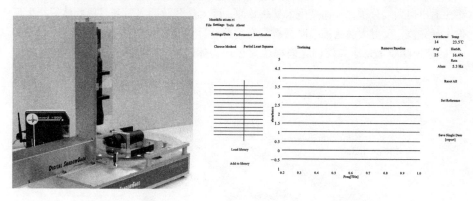

图 33.10　太赫兹波药品实时监测系统

4.3　透视成像

太赫兹波对于很多介电材料和非极性液体都有很强的穿透性，因此可以用于对光学波段或者微波段不透明的物体进行透视成像。图 33.11 给出了一个藏于球袋中的壁球拍的光学像和太赫兹波像，由图可以清晰地看出其透视成像的能力。

图 33.11　藏于球袋中的壁球拍的太赫兹波图像

4.4　太赫兹波的远程探测

如前所述，利用太赫兹波可以对物质组成成分进行鉴定，但由于水对太赫兹波有很强的吸收性，导致太赫兹波的探测距离在大气环境下受到了限制。最近，由于利用空气产生和探测超宽带太赫兹波脉冲技术以及太赫兹增强荧光技术（terahertz radiation enhanced emission of fluorescence，REEF）的发展，使得在大气环境下远程非配合目标的鉴别及含量检测成为可能。

图 33.12 给出了一个利用 REEF 技术对远距离 C4 炸药鉴别的示意图，其探测原理为：首先一束双色（400 nm 和 800 nm）的超短脉冲激光作为泵浦光在目标物体附近聚焦后电离大气分子，从而产生太赫兹脉冲，该太赫兹脉冲入射到目标物体后产生反射太赫兹波，反射太赫兹波此时会携带有目标物体的成分组成信息；同时另一束 800 nm 的超短脉冲激光作为探测光同样被聚焦在物体附近，使空气电离产生等离子体，

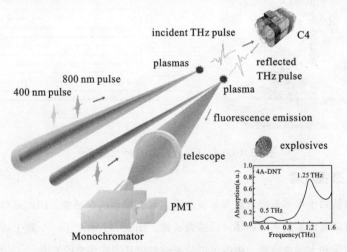

图 33.12　基于 REEF 的远程非配合目标的鉴别和含量检测

发生荧光现象，然后可以通过望远镜系统观察荧光在太赫兹波作用下的变化。研究表明，当太赫兹波作用在空气等离子体上时，会增强荧光的强度，即 REEF 现象。因此当携带有目标物体信息的反射太赫兹波入射到荧光区域时，将会改变其荧光强度，而且不同太赫兹场强对荧光的增强是不一样的，因此我们通过观察荧光的变化，就可以探测出反射太赫兹波波型，然后对比已有的物质的太赫兹波"指纹谱"就能获得目标物体的相关成分信息。

利用 REEF 技术来探测物体组织成分的最大好处在于，它是一种非配合和非接触式的探测手段，在反恐和国家安全领域有广泛的应用前景。

4.5　太赫兹波的医疗诊断应用

对于健康和发生病变的组织而言，实验表明太赫兹波对它们有不同的反应。图33.13 给出了隐藏在乳腺组织中的纤维样品太赫兹像，即将一段纤维植入组织中，光学成像无法获得纤维在组织内部的细节，但是利用太赫兹波的穿透特性，我们可以获得纤维在组织内部的像。

传统的皮肤癌治疗中，往往首先根据医生的经验来判断病灶以及确定组织是否有癌变。而且一些病灶位于皮肤表皮以下，利用光学办法直接观测是不可能的。利用太赫兹波飞行时间成像，就可以观测由不同深度组织所反射的太赫兹波脉冲，从而获得表皮以下光学办法看不到的病灶组织，如图 33.14 所示。

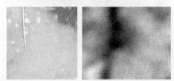

图 33.13　乳腺切片组织及其内部纤维样品的太赫兹像

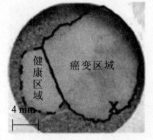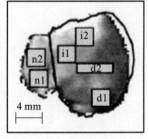

图 33.14　皮肤癌变区域与健康区域的光学像和太赫兹像

5　结语

作为电磁波谱上仅有的未被充分研究和应用的电磁波段，太赫兹波在 21 世纪的前 10 年已经成为基础和应用研究的热点。当前太赫兹波辐射源，尤其是利用空气获

得超宽带高功率脉冲太赫兹波的崭新技术，已经成功地覆盖了所谓的"太赫兹空隙"，这使得太赫兹波的一些独有特性，尤其是透射性和光谱分辨特性，将会在各个领域得到广泛的应用。另外非线性太赫兹波研究也会随着高功率太赫兹波辐射源的出现而成为一个研究热点。我们相信，今后的若干年将会是太赫兹领域发展的黄金时期。

（记录人：王可嘉）

仇旻　1995年获浙江大学物理学学士学位，1999年获浙江大学凝聚态物理学博士学位。2001年获瑞典皇家工学院电磁理论工学博士学位，同年被聘为瑞典皇家工学院微电子及应用物理系助理教授，2007年获聘为终身副教授，2009年晋升为终身正教授，是皇家工学院信息通讯学院至今为止最年轻的教授。2005年获得瑞典战略研究基金会第二届"未来科研带头人"项目资助，获得为期六年、共计900万瑞典克朗的科研基金。2007年又获得了瑞典国家科学研究基金会"高级研究员"基金资助，并获得了为期六年、共计约600万瑞典克朗的科研资助基金，用于新型微纳器件的制造工艺研究。已发表SCI论文110余篇，其h指数（h index）至2009年底为26。

第34期

Plasmonic and Metamaterial Nanophotonic Devices

Keywords：nano－optics，plasmonics，metamatials，invisibility

第 ③④ 期

表面等离子体和人工电磁介质纳米光子器件

仇 旻

1 引言

贵重金属在纳米光子学中开始起着越来越重要的作用，特别是贵重金属的表面等离子体效应和人工电磁介质结构的应用。表面等离子体纳米光子器件能实现光学模的亚波长束缚，因此在超高集成度光路、发光二极管、传感器、探测器等应用中将起着巨大的作用。同时，亚波长金属材料组成的人工电磁介质也能展现出各种激动人心的物理特性和潜在的应用。表面等离子体器件和人工电磁介质结构都需要贵重金属（如金、银等）作为其基本的组成元素。在这里，我们将回顾我们研究小组最近在表面等离子体器件和人工电磁介质结构方面的一些进展。我们将系统介绍光通信波段的亚波长表面等离子波导和普通硅波导之间的高性能耦合器，以及超薄、超宽吸收角度的亚波长人工电磁介质完美吸收结构等内容。同时，也将简单介绍我们在利用表面等离子体效应和人工电磁介质结构在隐形方面的一些研究。

我们研究小组在纳米光子学方面的研究内容主要包括：光子晶体、硅基光子学、表面等离子体、人工电磁介质和光学变换。光子晶体主要是研究它的负折射现象和在微腔、波导的设计与制造等方面的应用。而硅基光子学则在光延时、波长转换、光通信子系统设计等方面有很多的应用。表面等离子体的研究主要涉及次波长等离子体波导和等离子体波导耦合器，纳米线和表面等离子体波导混合集成器件，以及表面等离子体周期结构的高透等特别现象。同时，在同样的材料体系——金和银中，我们还对人工电介质结构进行了研究，包括隐身材料和完美吸收体的研究设计。

2 表面等离子体

在介绍表面等离子体和人工电介质材料之前，我先介绍一下两种全世界人们都非常喜欢的贵金属——金和银。这两种重金属为什么那么贵重，一个重要原因就是它们非常稳定，尤其是金，不管在什么化学介质和物理条件下（除了高温融化），它几乎不变质，放置几百年甚至上千年后，它还是保持原来的颜色。金呈现黄色是由于表面等离子体效应：金的表面等离子体共振频率在 500 nm 左右，所以金反射黄光及红光，呈现出黄色。银比金便宜，一个很重要的原因是银相对比较容易氧化，如果把银放在空气中放置很长时间，就会被氧化成粉末；另一方面，银相对蕴藏量多一些，这也是在古代中国，银作为一种主要流通货币的原因。银的表面等离子体共振频率大约在 300 nm 左右，因此，它能反射几乎所有的可见光，呈现耀眼的银白色。其实，我们每天都接触到银，并且利用了它的光学特性，这就是镜子。它是在玻璃表面镀了一层薄薄的几十纳米的银，能够反射 95% 的可见光，这也是利用了表面等离子体效应。

　　另外，我还将介绍一个非常有名的能够证明表面等离子体效应的结构：现保存于大英博物馆的莱克格斯杯（公元前 4 世纪）（图 34.1），这个杯子记载了残暴的莱克格斯国王被希腊女神用藤蔓拉进地狱的神话故事。我们平常看这个杯子，它是绿色的（如图 34.1（a）所示），但如果在杯里放一个灯，还是从外面观察，它就变成了红色（如图 34.1（b）所示）。这个杯子是公元前 4 世纪（2400 年前）用玻璃做的，那个时候玻璃是不太透明的，有点颜色，这颜色是由杂质造成的。而这个杯子的杂质是金的纳米颗粒，直径大约为 70 nm。

(a)　　　　　　　　　　　　　　(b)

图 34.1　莱克格斯杯

（a）日常光照射的反射结果；（b）当杯内有一个光源时的反射结果

　　我们都知道金的颜色是（金）黄色，但在这种情况下，金本身的颜色发生了改变，对于直径为 70 nm 的金纳米颗粒，由于在表面会产生共振，该共振能够反射绿光，所以我们看到的是绿色；但是，金的纳米颗粒也吸收光，其吸收峰在 500 nm 及其以下，这就造成紫光和紫外光被吸收，只剩下 500 nm 以上的红光，因此如果我们用光源从里面照射，我们看到的就是红色。这正是一个表面等离子体共振的很好的例子。

　　在光频波段，金属里的自由电子与外界电磁场会发生作用导致电子移动和振动，从而产生电磁共振，产生的电磁波与外界电磁波之间的相互作用可以用电介质常数 ε 来表征。对金属而言，该电介质常数是负的，这就使得在表面可以形成一个束缚波。这和传统的波导不一样，传统波导利用全反射，需要两个界面。但如果是 ε 为负的金属，再加上 ε 为正的介质（空气或玻璃）就会在界面上形成一个界面波。由于是界面波，如果表面是球形，就可以在球面上形成一个传输模，即使球面直径很小，也可以形成一个共振模，当然该共振模与金颗粒的尺寸有关：不同尺寸对应不同的共振频率，从而显现不同的颜色。因而，对于金颗粒，它不再显现金黄色，而是显现其他颜色。含金纳米微粒的颜料可以画出色彩缤纷的美丽图案，就是由于颜料内的金属粒子共振产生的，这种表面等离子体效应已经被我们应用了几千年了。总之，表面等离子体就是光在金属表面与自由电子相互作用而产生的电磁激发场，该场能够在表面传输。

表面等离子体的另一个重用应用是可以将光子器件的尺寸缩减到纳米量级，从而使得光子器件的集成度大大提高。我们在 50 nm 厚的金的薄膜中挖一个 50 nm 宽的小槽，就会形成一个 50 nm × 50 nm 的正方形波导，该波导能够把 1.55 μm 处的光全部限制在该小槽内。由于波导尺寸只有 50 nm × 50 nm，也就是在 1/900 平方波长的波导内，就能够把该波长的光全部限制住。这就是说，利用等离子体效应，我们能够制作亚波长器件，这对器件集成有很大的作用，因为如果我们用传统的波导来做 1.55 μm 处的光子器件，尺寸最小也只能做到 400 nm × 400 nm（选取尺寸最小的可能材料：硅或锗），而用金（利用表面等离子效应），我们只需要用 50 nm × 50 nm 的波导，从面积来看，金波导的尺寸仅是传统波导的 1/64，这就为高密度集成提供了可能。Thomas-Ebbesen 小组和丹麦的一个小组共同研究的一个次波长波导结构也和此结构相关。直接做这样的结构是很困难的，因为要把金悬空起来。简单的做法就是在金里挖一个 V 形槽（如图 34.2 所示），这个槽也能够实现次波长波导，并且光也能传输一段距离（几十个微米），该结构能应用于光子器件中。

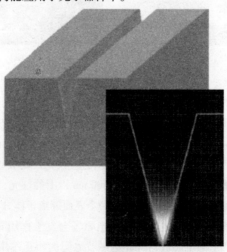

图 34.2 V 形槽结构的表面等离子体波导

虽然，基于表面等离子体的次波长波导可以大大缩减器件的尺寸，但是它有一个致命的缺点就是高损耗。金的介电常数其实是一个复数，除了有一个负的实部外，它还有一个虚部，而该虚部会产生损耗，并且损耗很大。在波长为 1. 55 μm 处，我们也许能够实现这样的次波长波导结构，但是光只能传输几个或几十个微米。因此，在等离子体波导的研究领域，一个很大的待解决的难题就是损耗问题，如果该问题得到解决，那么高集成度的光子器件的实现将成为可能。

Thomas Ebbesen 在 1998 年做的一个关于次波长小孔阵列的研究更具重要性。光照到金膜表面会被反射回来，而不会透射过去，如果在薄膜上挖一个小孔，还是有一部分光会透过去。但如果这个小孔的半径远小于波长，那么几乎也不会有光透过去。根据散射理论，透过去的光强与半径除以波长的四次方成正比，因此当小孔半径远小于波长时，是几乎没有光能透过的。然而 Thomas Ebbesen 发现，如果把直径比波长小得多的孔（直径约为 100 nm）周期性排列起来，就会有很多光透过去，这就是所谓的反常光传输现象。Thomas Ebbesen 当时不是研究光学的，甚至还不是物理学家，而是一个研究纳米碳管的化学家。约在 1989 年前后，为了得到周期结构的纳米碳管，他就在金膜上做了这样一个周期孔结构。没有孔之前，金膜是金黄色的，不透光；但有孔之后，他却发现金箔在太阳光下透明了，看到的颜色也发生了改变。他想把该现象写成文章发表，但没有任何杂志接收，因为在当时看来是完全违反物理定律的。后来人们发现，该现象实际是表面等离子体共振效应的结果。金膜上下表面的表面等离子体通过周期性小孔的耦合会在共振频率处对该波长的光有很高的透过率，在某些频率处，甚至有近 100% 的透过率。这之后，他才在 1998 年的《自然》上发表了这篇在表面等离子体领域非常经典的文章。通过改变孔的尺寸和孔间的距离，我们可以使不同颜色的光透过，这就使之能够应用于很多领域，如发光二极管、光探测器等。特别是在发光二极管方面，由于要使二极管发光一定要加两个电极，下面的电极当然不会有影响，但上面的电极就会产生一个暗光区，光不可能从该区域出来，这就使得二极管的发光效率相对低下。但是，如果用带有周期性小孔的金箔来做电极，在不影响其电性质的同时，光也可以从这里透出来，这就大大增加了二极管的发光效率。

总之，由于表面等离子体的次波长结构和对光的增强效应，它不但在光子器件集成方面的应用非常广泛，而且在近场领域、纳米天线、表面增强的拉曼散射谱、纳米激光器、太阳能电池等方面也有应用。

现在回到我们研究小组的工作。在实验方面，我们设计制作了一个高耦合效率的等离子体-硅波导耦合器（如图 34.3 所示）。实验上的一个难题是很难测等离子体波导的损耗。因为等离子体波导只能传输几个或几十个微米，所以不可能用光纤把光从一端输进去再从另一端输出来的方法来测量损耗。一个解决的办法就是在表面等离子体波导两端做上硅波导，硅波导的长度可以是几百微米甚至几厘米，这样就能比较容易地测量损耗。像这样的一个等离子体-硅波导耦合器能够实现 35% 的耦合效率，这比一般的方法得到的耦合效率高得多，我们的结果也显示，表面等离子体波导的传播损耗是很大的，大约为 2.5 dB/μm，也就是每隔 1 μm 就要损耗接近 50% 的光。因此，要使次波长的表面等离子体波导得到应用，损耗问题必须解决。另外，我们还和浙江大学的童利民教授合作，用纳米光纤、电介质波导和银波导的表面等离子体效应来做一些器件，例如能够达到80%耦合效率的耦合器、分波器等。

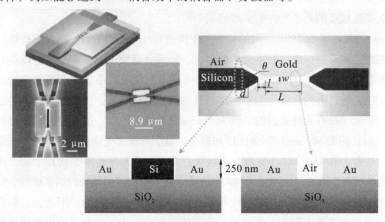

图 34.3　高耦合效率的等离子体-硅波导耦合器

3　人工电磁介质

由上面的讨论可知，表面等离子体的物理机制是基于介质的负的ε。进一步思考，假设介质的ε和μ都小于0，这样的结构就是人工电磁介质材料。晶体是由原子等基本粒子组成的，原子和原子间的距离远小于波长，因此，人们在考虑它们对光波的响应时，总把它们当做均匀介质来考虑。把这个问题引申开来，根据平均场理论，我们可以用一个远小于波长（通常是1/10波长以下）的次波长结构来组成一个特殊的构造，形成一种人工材料，这些材料都可以等效为均匀介质，该介质就称为人工电磁介质。因此，不用原子，而用大一点的人工原胞（但是尺寸仍要远小于波长）来形成一种电磁材料，理论上可以得到任意ε和μ数值的介质。到目前为止，我们还没有在自然界中找到ε和μ均小于0的天然材料，但人工电磁介质可以实现这样的材料。上面已提到，在高频（光频）用耦合激发可以实现$\varepsilon < 0$（也就是表面等离子体），但该方法对低频并不有效。在这里，我们可以用很多直径远远小于波长的金属线排列成周期性结构来实现$\varepsilon < 0$。但同样的问题是，它还有一个虚部存在，这就必然有损耗存在。同时，Pendry教授在1999年提出可以用两个开口的环来实现$\mu < 0$。由于这是一个共振现象，μ也有一个虚部，因而也存在损耗。因此，人工电磁介质领域的一个很大的问题也是损耗。

人工电磁介质的特殊特性可以在超高精度成像方面得到巨大应用。由于色散极限，对于一般材料的成像精度最高也只能是半波长。但对负折射率的人工电磁介质材料，精度可以远远小于波长，甚至可以不需要同时使ε和μ小于零，对某个极化，只需要$\varepsilon = -1$就行，这其实就是表面等离子体，因此，只用金或银这些金属材料就能获得次波长成像。这在光存储中有很重要的应用，这样制作的信息存储点就远远小于波长。

当然，人工电磁介质还在其他领域有广泛应用，如次波长光刻、慢光、调制器等，但公众最为感兴趣的还是隐形。

隐形，不仅对我们大众很有吸引力，而且在军事上的应用也更为重要。国内外都在对这方面进行研究，特别是飞机对雷达进行隐身，如美国的 B-2 轰炸机，由于在飞机表面涂了一层吸收材料，可以使得机身对电磁波的反射几乎为 0，因此用雷达探测不到它。但这种方法不是完美的。利用人工电磁介质，从理论来说可以实现完美隐形，也就是说，如果真的用这样的材料涂在飞机表面，那么该飞机就将完全从雷达中消失，但实际实现是很难的。上面提到的是微波的隐形，对光学的隐形就更困难了。日本东京大学曾提出这样的一个方案（如图 34.4 所示）：在物体后面用摄像机把后面的景象记录下来，传输并放映到物体前面，通过物体前面的半反射镜只能观测到摄像机记录的景象，而看不到物体，这就达到了隐形的效果。但这并不是真正的隐形。

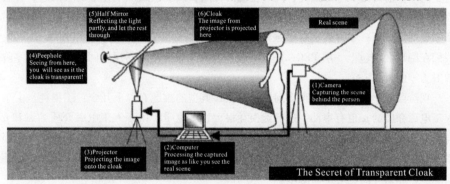

图 34.4　日本东京大学提出的"隐形"方案

用人工电磁介质来实现真正的隐形，从理论角度来说是很简单的。我们能够看到物体，是由于物体反射（发射）的光进入了我们的眼睛，但是假如有一种材料包在物体表面后，照到该物体的光都绕过去了，那该物体就隐形了。具体来讲，光进入某种材料后会绕过某一区域，出来的光与原来没有该物体时的光完全一样（如图 34.5 所示），从物理上来说，就是要保证方向、相位、频率等都不变。如果能够找到该材料，那么图中的猫将真正得到隐身。2006 年，Pendry、Leonhardt、Smith 和 Schurig 提出利用坐标变换可以找到这种材料。麦克斯韦方程组经过坐标变换时可以保证形式不变，也即是变换后的 E（H）与原来的有完全一样的形式，并且它们间有确切的映射关系，但是 ε 和 μ 改变了。假设我们把空间中的一虚点硬拉开来，形成一个弯曲的空间，那么原来直线穿过该区域的光线将发生弯曲，绕过该区域。扩展开来，经过该区域的各个方向的光都将绕过去，这时，放在该区域的物体将被隐身。因此，只要找到相应的 ε 和 μ，就可以实现该变换。但是分析 ε 和 μ 发现，它们不但是各向异性的，而且数值均小于1，这种材料自然界是不存在的。由于人工电磁介质材料可以实现任意的ε和μ，因此，可以用人工电磁介质来实现隐身。

(a)   (b)

图 34.5   隐形原理

(a) 正常光场分布；(b) 存在隐形区域后的光场分布

我们小组从理论上证明了无论是由点还是线经过变换得到的虚空间的确可以实现完美隐形，前提是不考虑损耗。同时发现由无限长线变换成一个柱形的空间时，在表面处对应的ε和μ为无穷大，这是不可能在实际中实现的。后来还证明在仅考虑折射率不变的情况下，零阶波会有很强的反射，就很难做到完全折射，为了解决该问题，我们在隐形区域包上一层 PEC，同时在该层与人工电介质材料层中间填充能够使零阶散射为零的材料。

现阶段隐形的研究还有很多问题没解决，典型的难题有以下几个：①损耗，由于人工电磁介质的μ也有虚部，这导致损耗很大；②宽带，由于人工电磁介质的ε和μ与频率有关，而现在的人工电磁介质的ε和μ均为定值，这就使得隐形只对某一个频率有效，而对其他频率无效；③处在隐形区域的人也看不到外面的物体，即里面对外面隐形，那么外面也对里面隐形。

引入隐形的坐标变换技术，现在已经产生了一个新的学科——变换光学，这是一个很有前景的学科方向，如可以设计无损耗波导。香港大学的陈子亭教授小组最近还提出了利用光幻觉来实现隐形，也就是利用变换光学令我们把一个物体看成另一个物体，这在理论上相对容易实现。

人工电磁介质的另一个十分重要但相对容易实现的应用是完美吸收体。隐形是让所有的光透过去，而完美吸收体则正好相反，是要吸收所有的光。在微波波段，Padilla 等人在 2008 年利用两层人工电磁介质材料，由于共振效应，在两层间形成很强的共振峰，几乎能够吸收所有的能量。我们在此基础上设计了一个简单的结构（如图 34.6 所示），该结构能够在某个频率（通带约为几十纳米）有较强的吸收，该吸收谱对参数（厚度、角度、极化方向等）不敏感。通过实验，我们在总厚度仅为 100 nm 的材料上得到了 88% 以上的吸收率（吸收峰波长为 1.55 μm），吸收如此之好使得样品在实验中都被烧掉了（如图 34.7 所示）。同时，我们还发现原来的金属颗粒在被烧掉后，变成了很完美的金属球，这就为制作纳米金属球提供了一个好方法。

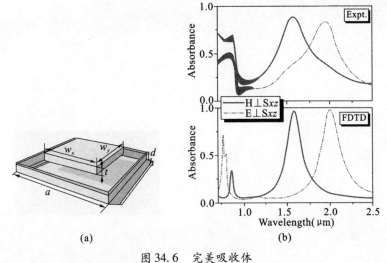

图 34.6　完美吸收体

（a）立体结构；（b）实验和 FTDT 模拟得到的吸收谱

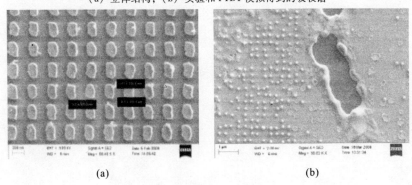

图 34.7　完美吸收体样品实验前后

（a）测试前；（b）测试后

4　总结

由于表面等离子体和人工电磁介质能够提供负的 ε 和 μ，这使得它们有很多新的物理现象和应用，当然这些应用还只是停留在实验阶段甚至是理论阶段。这些应用的实现必须解决损耗和色散这两个问题：损耗会导致光被吸收掉，而色散则使得器件只能工作在一个频率。总之，在表面等离子体和人工电磁介质材料领域有许多的机遇和挑战，从理论到应用是任重而道远的，需要我们进行广泛而深入的研究。

（记录人：张新亮　陈开胜）

　　何炳堂　美国马里兰大学教授，清华大学客座教授。1950 年生于广州，于 1973 年、1975 年、1978 年在美国麻省理工学院分别获得物理学学士、硕士、博士学位。1978 年开始在英国帝国理工学院从事博士后研究，1979 年开始在美国南加州大学从事科学研究，1982 年至今任职于美国马里兰大学。何炳堂教授一直致力于光学、激光、微波、半导体光学器件的研究，他首次实现半导体激光器的锁模和产生皮秒脉冲，首次实现连续钕玻璃激光器的锁模与放大，首次实现 1.5 微米的空间光调制器，首次实现半导体激光器与介质波导的集成，首次发现双稳态光器件中的瞬时开关现象，首次观察到多晶 ZnSe 的非线性性能，首次利用金刚石和 ZnSe 实现高功率的光开关，首次延伸 Schawlow-Townes 公式至锁模激光器，提出回旋腔的量子理论、自由电子激光器的量子理论和 Child-Langmuir 定律的量子延伸。最近他一直致力于微环谐振器的研究，并在多微环器件和非线性效应增强方面取得重要成就。何教授讲授过半导体、光学、量子力学、量子电子学、电磁学、滤波器设计、数值方法、扬声器设计等 20 余门课程。

第35期

Optical Micro-ring Resonators

Keywords：resonator, micro-ring , FWM, nonlinear effect

第③⑤期

微环谐振器

何炳堂

1 概述

微腔，就是体积微小的谐振腔，其体积可任意定为小于 $100\lambda^3$。与其他谐振腔一样，微腔也具有高品质因数和高精细度等特点。微腔可以分为驻波微腔和行波微腔，这两类在本质上没有太大差别，但在应用上差别很大。微腔在频率上的选择性很强，其次它的腔很小，所需要的开关能量很小，因此可以应用在各个领域，特别是微环谐振器，十分适合大规模集成。

《自然》杂志上有一篇专门介绍各种腔体的综述文章。第一种是法布里-泊罗腔，它可以把动量很小的原子加进去，做基本测试研究，多应用在原子光学里；第二种是20世纪90年代很多人做的"蘑菇"型微腔——微盘，也包括微环谐振器；第三种是光子晶体型微腔，这类微腔是上述微腔中体积最小的，每个腔的长度大概只有半个波长，波从腔体四周被反射回来，Q 值可以很高；第四种是类似玻璃球的腔体，它的 Q 值最高。这些不同结构的微腔各有特点，但是它们有一个共性的问题：耦合。

下面举两个例子说明微腔结构中耦合的问题。图35.1 中的腔体，中间类似扬声器的部分其实起到机械上的支撑作用，把一根光纤靠近微盘，可以实现光的耦合。图35.2 中的微环谐振器两边各有一根直波导，用来实现耦合。

北京也有一个"微环谐振器"——天坛，但是有人质疑说天坛不是微环谐振器，因为尺寸太大。但是环的大小衡量标准是与波长的相对关系，天坛用声波来衡量也可以视为某种意义上的"微环谐振器"。

2 微环谐振器简介

微环谐振器与法布里-泊罗腔可以进行类比。法布里-泊罗腔由两块平行镜组成，因为要把光耦合进去，所以镜子不能是全反射，透射进入腔体的光一部分透射出腔体，一部分反射回腔体，由于一直有光注入，所以腔内的电场比刚开始输入的高很多。共振的时候，即光波在腔体行进一周期的长度是波长的倍数时，透射的光强度

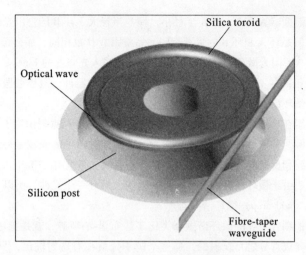

图 35.1　《自然》杂志上的微盘谐振器示意图

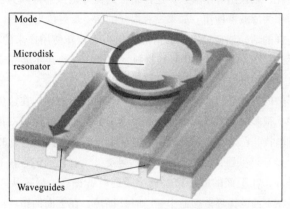

图 35.2　《自然》杂志上的微环谐振器示意图

为 1（归一化的），由能量守恒知道反射的光强度就是 0。当频率增加时，也就是波长短一点时，少一个波长长度的时候，又是一个谐振，两个共振频率之差我们定义为自由光谱范围 FSR（free spectral range），透射光在共振频率处的 − 3 dB 宽度 $\Delta\omega$ 定义为带宽，这两个定义就把一个腔的性能量化了。自由光谱范围 FSR 就是用 2π 除以一个循环的必要时间。还有两个常用的参数，一个是精细度 Finesse，一个是品质因数 Q。精细度 Finesse 是用自由光谱范围 FSR 除以 $\Delta\omega$，所以是大于 1 的数值，它的物理意义是描述进入腔内的能量需要多长时间泄漏出来，也就是需要多少次循环大多数能量能够输出，则循环的次数就是精细度 Finesse。品质因数 Q 是用共振光波频率除以带宽，它的物理意义是从另外的观点来看进入腔内的光波能振荡几个周期。一般品质因数 Q 比精细度 Finesse 值要高很多，因为在腔内行进一周期内光波会振荡很多次，所以大多数人都喜欢用品质因数 Q。

两个微环谐振器 A 和 B，环 A 半径小，环 B 半径大，环 B 的自由光谱范围 FSR 是环 A 的 4 倍，但是环 A 和环 B 的带宽相同，品质因数 Q 也相同，那么哪一个腔比较好呢？显然是环 A。因为微环谐振器环里的光强度是输入光强度的 Finesse 倍，而不是 Q 倍，所以 Q 值很高并不代表腔十分好。对于带宽相同的器件，微环谐振器环里的光强度提高因子与微环谐振器的尺寸成反比。

微环谐振器在功能上和法布里-泊罗腔是一样的。微环谐振器由用于耦合的波导和环共同组成。但两种器件在设计上差别很大，微环谐振器中的光波是行波，输入的光波、透射的光波和反射的光波在空间上是分开的，而法布里-泊罗腔中入射光波和反射光波是重叠的。由于微环谐振器上载端口可以输入另外一个光波，所以一开始它也被称为上下载型（add-drop）微环谐振器。

将只有一根耦合波导的微环谐振器类比于法布里-泊罗腔，就是把法布里-泊罗腔其中一个镜子变成百分之百反射的，那这个镜子处就没有透射输出，只有反射输出，如果腔内没有损耗，则输出等于输入。这种结构的微环谐振器被称为全通型微环谐振器。微环谐振器作为滤波器使用，如果没有损耗的话，反射输出为 1（归一化），如果损耗和透射率一样的话，就是很特殊的情形，相当于重新使用原来的非全反射镜子。在半导体中，无论是 Si 材料还是 III-V 族材料，都存在一些还不能完全明白其机理的损耗，所以做这个结构的时候，损耗是不可避免的。

微环谐振器中的光波是行波，所以在设计器件时十分方便，在这里举例说明。在平面集成光学中，很多时候需要两个波导相互交叉，类似十字路口有很多碰撞，这里表现为损耗、有串扰，在这里应用微环谐振器就十分简单，具体见图 35.3。在图 35.3（a）中，有两个微环谐振器，红色与绿色的信号交叉，红色的信号在下面的微环谐振器中是顺时针循环，在上面的微环谐振器中是逆时针循环，最后从向上的直波导输出；绿色的信号在下面的微环谐振器中是逆时针循环，在上面的微环谐振器中是顺时针循环，最后从向右的直波导输出，这就可以解决之前的交叉串扰问题。在图 35.3（b）中，标号 1、2、3 的微环谐振器具有不同的共振频率，分别是 λ_1、λ_2、λ_3，三个波长的光进入直波导，共振的光波从微环谐振器右侧的直波导输出，不共振的光波进入下一个微环谐振器，依此类推，从而实现三路光波分路。

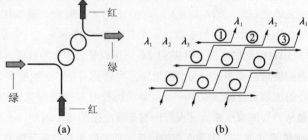

图 35.3　微环谐振器在平面集成光学中的应用

微环谐振器有谐振腔，于是就有频率上的限制以及带宽上的限制。因为微环谐振器尺寸非常小，所以器件的绝对带宽是不小的。例如，半径是 10 μm 的微环谐振器，精细度 Finesse = 10（不是太低），有效折射率是 1.5，带宽是 300 GHz，这个带宽对于几乎所有的应用都足够。因为光在里面循环了 F 次，所以微环谐振器环内的光强度增强了 F 倍，有效作用长度也增加了 F 倍，非线性作用效率提高了 F^n 倍（$n > 1$）。例如四波混频效应中，$n = 4$，$F = 10$，$F^n = 10^4$，即非线性作用效率增加了 10000 倍；双光子吸收引起的折射率变化效应中，$n = 3$；非线性折射率变化中，$n = 2$。这个性质对于要应用非线性性质的器件是十分有利的。此外还有一个问题需要考虑，因为器件应用干涉效应，所以注入的光脉冲的空间长度不能太短，否则无法干涉，比如有效折射率是 1.5，工作速率为 40 Gb/s，脉冲宽度为 4 mm，这些参数应用在集成光学中一般没有问题。

在腔体中，光波的耦合是一个大问题。在半导体（例如微环谐振器）中光波的耦合可以分为两类：一类是侧向耦合，一类是垂直耦合，如图 35.4 所示。侧向耦合是微环与耦合波导在同一个平面上，但是微环与耦合波导之间有一个较小的缝隙，大概 0.3 μm 或 0.4 μm。垂直耦合就是微环与耦合波导不在同一个平面上，而是分为上、下两个平面。这种垂直耦合波导有很多优点：第一，微环与耦合波导之间的缝隙不用刻蚀加工实现，而是采用生长晶体的方法来做，易于控制；第二，微环与耦合波导在不同平面，所以微环与耦合波导可以采用不同的材料，例如微环使用具有增益的材料，耦合波导使用无源的材料，可以利用微环谐振器实现光放大器。

(a)　　　　　　　　　　　　　　　(b)

图 35.4　半导体中光波的耦合

(a) 侧向耦合微环谐振器；(b) 垂直耦合微环谐振器

为什么广大研究学者对微环谐振器有如此大的兴趣？因为微环谐振器不需要特殊的材料，不需要特殊的工艺，而且神通广大，可以用于制作滤波器、延迟线、调制器、开关、放大器和传感器等，而且它体积很小，十分适合制作大规模集成。

至今为止，有各种各样的材料被应用在微环谐振器上。最开始是氧化物，这类材料损耗很小，但是只能用来做无源器件；然后是半导体材料，现在仍然有很多研究者在利用硅材料，这类材料加工工艺成熟，可是没有增益，很多人想做有源的器件，Ⅲ-Ⅴ族可以做有源器件，但损耗比硅高一点，加工工艺也没有硅方便；还有高分子材料，可供选择的材料非线性系数很高，加工工艺也很简单，但问题就是化学材料结构不稳定；另外等离子体材料等当前也十分热门。

微环谐振器的发展历经了近一个世纪。1910 年，Lord Rayleigh 分析了回音壁模式；1969 年，Marcatili 提出光学微环谐振器的基本结构；20 世纪 90 年代，很多研究者致力于微盘激光器的研究；1997 年，Haus 提出把微环谐振器用于 WDM 应用，S. T. Ho 制作出 AlGaAs 微环谐振器；20 世纪 90 年代末期，日本制作出介质微环谐振器；1999 年，P. T. Ho 利用 AlGaAs 材料制作出微环谐振器，并具体应用在器件中，制作了滤波器和复用/解复用器件，且得到了四波混频效应；2000 年以后，各种各样材料的微环被制作出来，也制作出了各种各样的器件，如滤波器、光开关、光放大器、激光器、调制器、延时器和传感器等。现在最热门的应该是材料硅、微环谐振器中的四波混频效应以及延时器件的制作。

微环谐振器存在一些关键的问题。首先是损耗，微环是环状的器件，光波一进入弯曲波导就会出现损耗，一般来说，III-V 族材料等半导体和空气之间折射率比例很大，这不是问题，但利用其他材料就需要考虑；然后就是耦合，耦合是一个大问题，微环与耦合波导之间需要一条很细的缝隙，如果有损耗，腔里面的能量就减少了；另外，器件加工的精密性和重复性需要考虑；集成器件的信号输入与输出也需要认真对待。

3　马里兰大学开展的微环谐振器的工作

刚开始的时候，我们也是按照 Marcatili 的提议制作微环谐振器的。这种侧向耦合型的微环谐振器需要采用电子束光刻技术复制一条缝隙，其实这条缝也不算很细，但是需要很深，所以引起很多麻烦。因此我们后来开始采用垂直耦合型微环谐振器，耦合的缝隙是用晶体生长的方法实现的，易于控制，缝隙的实现不需要电子束光刻工艺。其加工步骤如图 35.5 所示。

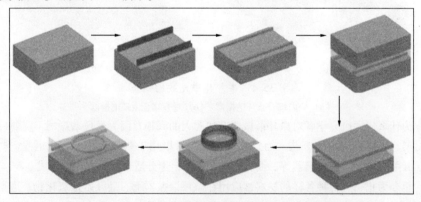

图 35.5　垂直耦合型微环谐振器加工步骤

垂直耦合型微环谐振器的加工步骤中，褐色代表材料硅，绿色代表刻蚀阻挡层，红色代表光刻胶，蓝色代表 BCB 材料（用来粘贴东西）。这种微环谐振器加工的关键是上下层的对准。具体来说，其工艺过程主要分为以下几个步骤。

①在已经清洗干净的带有刻蚀阻挡层（绿色）的硅片上旋涂光刻胶（红色）；

②采用光刻工艺把直波导图形转移到光刻胶上；

③采用刻蚀方法把波导图形转移到硅片上，并把光刻胶洗去；

④利用 BCB 胶把另外一片硅片粘贴在刚才制作的直波导上；

⑤把整个硅片翻转过来；

⑥刻蚀掉刻蚀阻挡层上的半导体；

⑦去掉刻蚀阻挡层，旋涂光刻胶，采用光刻工艺把环图形转移到光刻胶上；

⑧采用刻蚀方法把波导图形转移到硅片上，并把光刻胶洗去，涂上 BCB 材料作为保护层。

实验发现，在制作垂直耦合型微环谐振器的时候，在直波导与环结构之间留一层比较薄的材料，可以减小上下层面对不准的误差。

图 35.6 所示为我们用电子束光刻做的一阶、二阶和三阶滤波器。我们用跑道型微环结构增加耦合区的长度，发现二阶滤波器的滤波效果明显比一阶滤波器好，且边带陡峭，通带平坦。三阶滤波器边带也很陡，通带平坦，但是损耗很高。

 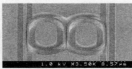 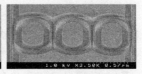

图 35.6　利用微环谐振器实现的一阶、二阶、三阶滤波器

图 35.7 是复用/解复用器的图形及光谱图。光从上下通路的直波导耦合进入左上方的环，然后光从上方的环耦合到右下方的环，再从右下方的环耦合进入左右通路的直波导。这个单个结构有两个环，共有四组，八个环，输入进去很多波长的光，共振的光就可以输出，从而实现解复用的功能。

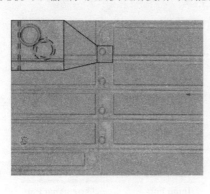

(a)

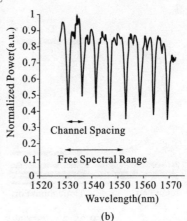

(b)

图 35.7　复用/解复用器图形以及光谱图

（a）复用/解复用器图形；（b）复用/解复用器光谱图

图 35.8 是马赫曾德干涉仪图形及光谱图。输入的光分两路进入然后再重合，上路引入这个微环，光在环里共振的时候引起 180°相位差。

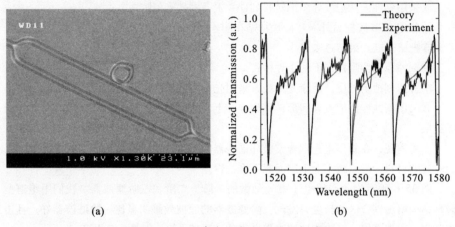

(a)   (b)

图 35.8　马赫曾德干涉仪图形及光谱图

(a) 马赫曾德干涉仪图形；(b) 马赫曾德干涉仪光谱图

微环是天生做四波混频的器件。每个光波都被增强精细度 F 倍，所以四波混频过程转换效率增加 F^4 倍。可是环有色散，第四个光波偏离了共振频率，所以效率不是很理想。我们在器件上方加了一个波导（如图 35.9 所示），是为了便于做分析。当光波没有发生共振时，光波从下方的直波导输出，这是一根很长的半导体波导，因为面积很小，所以波导本身也有一点四波混频效应。用这个来做标准，对比衡量微环里的频率转换效率，光波在微环里发生共振的时候，就有三个频率的光波从上方的直波导输出。从图 35.10 可以看出，400 μm 的直波导的转换效率还不如 44 μm 的微环转换效率高。

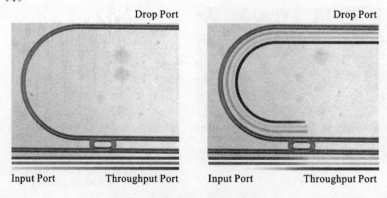

图 35.9　微环谐振器中的四波混频效应

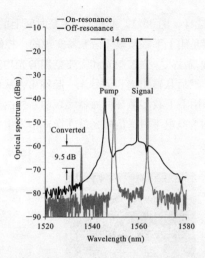

图 35.10 直波导与微环中四波混频的转换效率对比图

利用微环里面的非线性效应也可以实现光开关。我们利用非线性效应改变微环的折射率，后来实验发现器件所需的功率比我们计算的要大很多，这是因为有双光子吸收 TPA。双光子吸收 TPA 引起的自由载流子也会改变折射率，与之前的非线性效应引起的折射率变化刚好抵消。图 35.11 所示是一个全通型微环谐振器实现的光开关。当没有控制光注入时，信号光可以共振输出；当有控制光注入时，微环内光功率上升，引起折射率的改变，共振频率也改变了，信号光无法输出，从而实现光开关的功能。

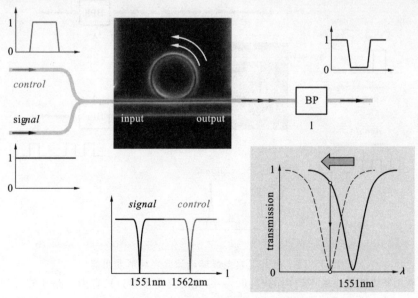

图 35.11 用全通型微环谐振器实现光开关

图 35.7 是频率上的选择，图 35.12 和图 35.13 是时间上的选择，即复用/解复用器。图 35.12 中的复用器是用上下载型微环谐振器实现的。控制光和信号光从输入端注入，另外一路光从上载端注入，当控制光和需要复用的光均为高电平时，需要复用的光就在环里发生共振，然后从输出端和信号光一起输出，从而实现信号的复用。图 35.13 中的解复用器也是用上下载型微环谐振器实现的。控制光和信号光从输入端注入，当控制光和信号光均为高电平时，信号光就在微环中发生共振，然后从下载端输出，从而实现信号的解复用。

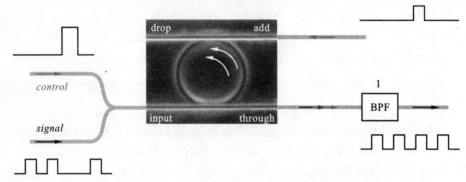

图 35.12　用上下载型微环谐振器实现复用器

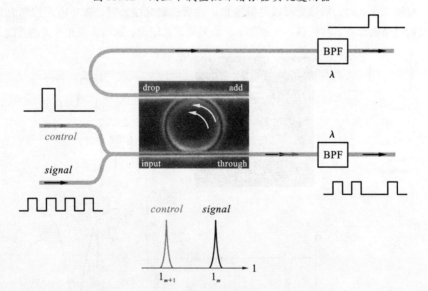

图 35.13　用上下载型微环谐振器实现解复用器

利用非线性效应做逻辑门的时候，一路光的强度不够，只有用两路才够（如图 35.14 所示）。将探测光调在共振频率，则只有两路光重合的时候才有输出，即实现"与"门；如果将探测光调离共振频率，则实现"与非"门。

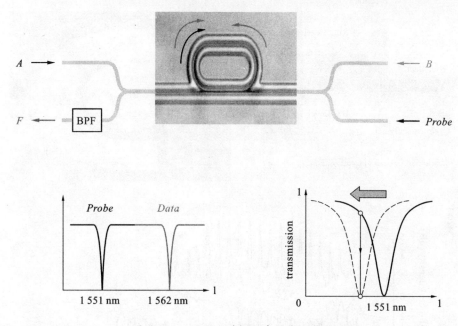

图 35.14　用微环谐振器实现光逻辑门

　　在利用微环中的非线性效应时，双光子吸收 TPA 引起的折射率的变化是负的，和本身微环的非线性效应引起的折射率变化会抵消。双光子吸收引起的自由载流子可以存在很久，恢复需要很长时间，要是材料比较好恢复时间就可以短一些，一般都是采用外加电场加速载流子恢复的。

　　现在很多研究者在硅基上做光源，实际上光源不是大问题，大问题是放大器。做系统的人都知道，系统中需要加入放大器而不是光源。光源容易做，只要有一个振腔，有 2 dB 的增益就可以了，但是放大器没有 10 dB 的增益是没用的。所以制作放大器的过程会遇到很多困难。

　　我们做的放大器是基于垂直耦合型微环谐振器的，耦合效率很强，有 56%，不能让共振发生，不然就不是放大器了，增益还是很低。我们用的 BCB 胶是世界上隔热最好的材料，热量没地方散就会影响器件的性能。为了解决这个问题，需要改变材料，我们的放大器增益大概是 8 dB。

　　如图 35.15 所示，电流低的时候，增益小，因为有损耗，所以表现出损耗性质；临界耦合的时候，增益和损耗抵消掉，变得透明，即没有增益也没有损耗；再增强电流的时候，增益大于损耗，表现出放大特性。

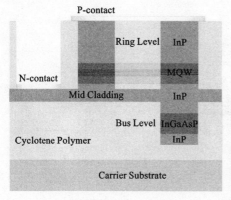

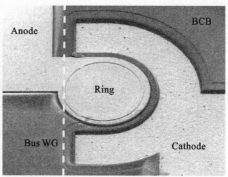

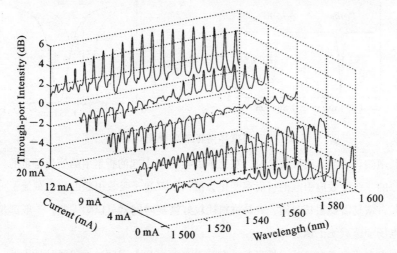

图 35.15　基于 InGaAs/InP 微环谐振器实现的有源器件

　　我们在实验中也制作了一些微盘谐振器，理论设计的时候想解决微盘谐振器里面存在高阶模式的问题，于是就在微盘旁边开一个洞，希望耦合进去的时候只能耦合进去基模。理论计算都是很好的，但是事实却不是这样的，实验中我们发现高阶模式根本不存在。

　　图 35.16（a）所示这种结构存在问题，当其中一个环出现问题，整个器件就没办法正常工作。图 35.16（b）是我们提出的结构，环之间是平行的，当一个环出现问题，还有下面的环补救。

　　很多研究者都利用微环阵列实现延迟、高阶滤波器，等等。当线性的阵列中有 N 个环，延迟也是 N 个循环时间，因此可以在小环的外面加一个大环，循环利用，使得延时增加 F 倍，具体如图 35.17 所示。

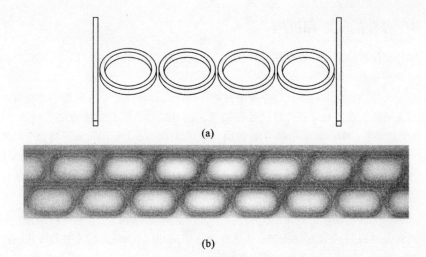

(a)

(b)

图 35.16 跑道型微环阵列

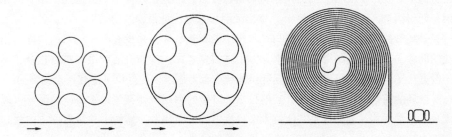

图 35.17 利用微环谐振器实现延时器件

用多光子吸收方法可以制作三维结构的高分子材料器件，器件可以做得非常小，如图 35.18 所示为三维螺旋结构的器件。

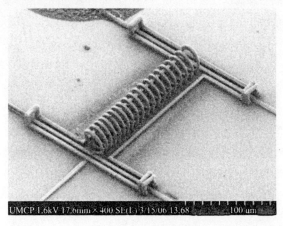

图 35.18 用多光子吸收方法制作的三维螺旋结构器件

4　存在的问题和挑战

微环谐振器的实用化还存在一些挑战。加工的精准性和可重复性，以及材料的稳定性等问题是亟须解决的问题。

不管采用什么加工技术，误差是绝对的，而且随着器件尺寸越来越小，相对误差就会越来越大，所以如果器件对尺寸很敏感，相对误差的问题就很重要。例如，1.5 μm 处的滤波器，中心频率在 10 GHz 以内，单环结构，尺寸为 100 μm，其容忍的绝对误差尺寸就要小于 5 nm；之前介绍过的马赫曾德干涉仪，两臂的长度相差 0.1 ~ 0.2 μm，结果就不对称；康奈尔大学做的 4 个微环级联，每个环与环之间的半径差目标为 0.2 μm，不算太小，但共振差跟预期的 3.6 nm 相差很大。

我们很早就做过一个实验：在同一个片子上，在 A 区做 17 个微环谐振器，在 B 区同时操作得到 14 个微环谐振器，A 区和 B 区之间相距 5 mm，A 区中微环共振波长为 1592.85 ± 0.64 mn，带宽为 1.37 ± 0.062 nm，B 区中共振波长为 1595.43 ± 0.49 nm，带宽为 1.75 ± 0.095 nm。对比两组数据可以发现，带宽相差很大，引起这个结果的原因是两组耦合区缝隙相差 7.5 nm，事实证明可重复性是很难做到的。

微环谐振器只是增加了光波与材料作用的有效长度，并没有改变材料的性能，损耗的问题在介质里不必考虑，在半导体中则需要考虑。例如全通型微环都有损耗，不然没办法实现调制。可以想到的损耗机能我们都考虑了，但是也可能有还没找到的。

微环的前景是可以预见的，其他技术可以做的利用微环都可以做，但是微环可以大规模地集成在一起，这是其他技术不可比拟的。微环谐振器的下一步发展方向就是实现多功能的集成。大规模集成光学是必然的趋势。Intel 公司在北京已经展示过一种计算机，速度为 1.8 Tb/s，信号为 2.9 Tb/s，这种计算机中信号的进出不可能使用电路实现，只能采用集成光学的办法。波分复用需要利用波长敏感的器件，微环谐振器可以应用于此，同时微环谐振器也可以被应用于非线性器件。由此看来，微环谐振器的前途是不可估量的。

（记录人：张新亮　徐亚萌）

李儒新　现任中科院上海光学精密机械研究所所长，强场激光物理国家重点实验室主任。1990 年毕业于天津大学精仪系激光专业，获得学士学位；1995 年毕业于中科院上海光学精密机械研究所，获得理学光学博士学位。李儒新教授自 1991 年起一直从事强场超快激光及其前沿应用研究，取得系列重要创新成果。例如，最近提出并实验证实利用驱动激光场控制的色散特性来补偿阿秒脉冲固有啁啾的新方法，这种不同于以往利用介质静态色散特性的方法是一种动态补偿啁啾的新方法，基于该新方法首次实验上实现了对阿秒脉冲负啁啾的补偿并获得了近变换极限的阿秒脉冲，国际同行高度评价该成果"为阿秒相干控制创造了新机遇"及"在实现阿秒光源完全控制的道路上前进了一步"。

李儒新教授在影响因子 2.0 以上的所属学科领域重要 SCI 刊物上发表了 100 余篇学术论文。近年来数十次应邀在重要国际学术会议上发表大会综述或特邀报告。2006 年应邀为著名的德国 Springer 综述丛书《Progress in Ultrafast Intense Laser Science》第一卷撰写一章，2008 年与国际著名同行学者共同主编 Springer 综述丛书《Progress in Ultrafast Intense Laser Science》第四卷。李儒新曾应邀担任第一届亚洲高次谐波相干辐射讨论会（韩国，2005 年），第五届国际超快强激光科学会议（中国，2006 年）和第二届亚洲相干 XUV 和 X 射线辐射的产生与应用讨论会（日本，2007 年）等的共同主席。1998 年入选中科院百人计划，1999 年获得国家杰出青年科学基金。曾获得 1999 年首届全国优秀博士学位论文，2001 年中国科学院青年科学家奖，2005 年第十二届"上海十大杰出青年"，2009 年第十一届中国青年科技奖等荣誉称号。还获得 2001 年度国家自然科学奖二等奖和 2004 年度国家科技进步奖一等奖。

第36期

Electron Acceleration and Its Trajectory Control in Sub-atom Regime and Attosecond Pulse Generation

Keywords：high-order harmonic generation，chirp，attosecond pulse

第 36 期

原子级时间与空间尺度的电子加速、轨道操控与阿秒脉冲产生

李儒新

1 引言

阿秒脉冲的产生对于超快科学的发展具有非要重要的意义，作为一种具有极高分辨率的工具，它可用于观察和控制原子内部电子的动力学行为，比如内壳层电子的弛豫和隧道电离过程等。由于高次谐波具有覆盖了从红外到极紫外甚至软 X 射线的谱宽，于是很快便成为了突破飞秒极限，实现阿秒（attosecond，as）脉冲产生的首选方案[1-4]，也是目前唯一能在实验上得到阿秒脉冲的方案。高次谐波可以用三步模型来解释[5]：基态的电子通过多光子电离或者隧道电离进入到连续态，连续态的电子在激光场的作用下运动并获得能量，其中的一部分电子在激光场的驱动下又返回原子核附近并回到基态，同时辐射出高能光子截止频率为 $I_p + 3.17U_p$，其中 I_p 为电离能，$U_p = E^2/4\omega^2$ 为激光场的有质动力能。从实际应用的角度而言，要将阿秒链用于探测是十分困难的，因此如何产生单个的阿秒脉冲就成为了研究的焦点。2001 年，Hentschel 等人首次在实验室利用周期量级的驱动光，在谐波截止区附近合成了 650as 的单个阿秒脉冲的输出[1]。Corkum 等人采用"偏振态门"的方法，即偏振态随时间变化，也可以得到单个阿秒脉冲的输出。2006 年，Sanson 等人将这种偏振态门技术在几个光周期的脉冲上，同时采用啁啾补偿技术，得到了脉宽为 130as 的单阿秒脉冲[6]。2008 年，低于 100as 的单阿秒脉冲首次在实验中得到了[7]。

随着理论的成熟和激光技术的发展，该领域的发展也面临着一些挑战。第一，如何得到更短时间宽度的阿秒脉冲，研究者们在实验和理论中提出了很多方法，如周期量级的中红外激光脉冲、"偏振态门"方法、双色场方法或是双光门方法等；第二，如何得到更短波长的阿秒脉冲，目前利用中红外激光场和准相位匹配技术可以得到千电子伏特和亚千电子伏特能谱段的阿秒脉冲；第三，如何得到更高强度的阿秒脉冲以及如何利用激光场整形在阿秒和亚光周期尺度里进行超快相干控制；第四，阿秒脉冲的应用，主要是在分子领域和材料物理学中的研究。

2 整形激光场中电子动力学及阿秒脉冲产生的相干控制

近年来，人们为了追求更短的、性噪比更高的阿秒脉冲，发展了很多方法，比如"电离门"（控制"三步模型"中的电离）、"加速门"（控制"三步模型"中的加速过程）和"偏振态门"（控制"三步模型"中的回复过程）等。本次报告将重点讨论通过激光场整形来控制电子的加速过程。在双色场机制中，对激光脉冲进行整形是获得单阿秒脉冲的有效方法。

2.1 量子轨道选择

在双色场机制中，通过调节两个激光脉冲之间的延时，合成场可以获得不同的整形，通过脉冲整形可以进行量子轨道的选择，而且可以获得单阿秒脉冲。如图 36.1 所示[8]，虚线的脉冲和实线的脉冲分别代表不同频率的波长，适当地调节两个脉冲之间的延时，可以得到不同的合成场。

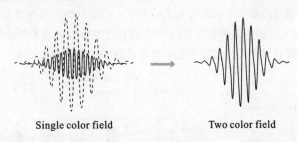

Single color field   Two color field

图 36.1 激光场的整形

如图 36.2 所示，曲线 III 表示在合成激光场下的高次谐波，曲线 II 和曲线 I 分别表示单色激光场下的高次谐波。从这个图就可以看出，在双色场机制下，量子轨道可以得到有效的控制，从而获得宽带超连续谱。

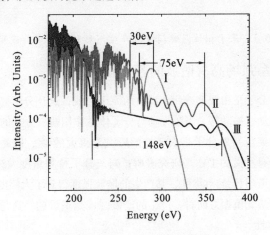

图 36.2 三种激光场得到的谐波

2.2 啁啾补偿

阿秒脉冲宽度受到高次谐波辐射固有啁啾的根本限制，最近我们首次提出了利用驱动激光场控制色散特性来补偿阿秒脉冲固有啁啾的新方法[9]。我们在 HHG 的驱动基频激光场上叠加一个弱的倍频场，通过调节双色场之间的相对延迟可使啁啾的补偿实现从负到正的连续变化。我们首次在实验上实现了对阿秒脉冲负啁啾的补偿并获得了近变换极限的阿秒脉冲。我们将这种不同于以往利用介质静态色散特性的方法称为啁啾的动态补偿方法。这种新方法的提出及其在实验上的成功实现显然对变换极限阿秒脉冲的产生，对超快电子动力学的研究和 XUV 波段频率梳的实现都具有极其重要的意义。

3 实用化阿秒脉冲激光器之路——相位匹配门技术

除了对激光场进行脉冲整形外，控制高次谐波传输过程中的电子密度也可以获得单阿秒脉冲。可通过改变气压或改变激光场强度来控制电离，从而改变最终的电子密度。如图 36.3 所示，用一束脉宽为 7fs、中心波长为 800nm 的激光脉冲与稀有气体 Ar 相互作用，通过控制激光传播过程中电子密度来进行量子轨道的选择。

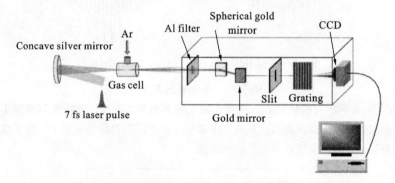

图 36.3　基于相位匹配门技术产生阿秒脉冲的实验装置图

4 分子体系强场高次谐波的若干新现象

与原子相比，分子是由两个或两个以上的原子构成，这让分子高次谐波附加了几个自由度，比如转动、振动等。当激光场与分子体系作用时，分子的取向（即分子轴与激光偏振方向的夹角）对分子高次谐波的影响是很大的[10]，因此研究取向分子产生高次谐波是十分有意义的工作。研究表明：当氧分子排列角度大约为 45°时，由于氧分子最高占据轨道的 $\prod_g$ 的对称性，其产生的谐波强度得到了大幅度的提高；而当氮分子排列方向沿着激光偏振方向时，产生的谐波强度是最强的，这是由于氮分子最高占据轨道的 σ_g 对称性。

由于分子由多原子组成，所以能发生一些原子没有的现象，比如双中心干涉效应。改变激光场的椭偏率能有效地控制双中心干涉效应。最近 A. T. Le 等人理论证明了改变激光场强度，使得高次谐波有倒置现象，这可能解释了不同次数的谐波的倒置现象。为了用实验证明 A. T. Le 等人提出的理论的正确性，相关的实验工作也已经开展了[11,12]，而得到的结果和理论预测一致。

另外，用可调谐红外激光驱动分子和原子，可以发现分子高次谐波有一种波长效应[13]。已有实验证明了这个效应，用波长为 800 nm，脉宽为 40 fs，单脉冲能量为 8 mJ 的飞秒激光器，经过 OPA 后，可以将波长调谐到 1500 ~ 1900 nm，将参量放大后的激光脉冲分别与甲烷和氩气作用，可以发现，当激光波长调谐到某一个值时，甲烷分子产生的高次谐波得到了极大的增强，而氩气产生的谐波则没有这个效应。

5　总结

本次报告提出了广场开关效应，利用双色激光组合场驱动产生极短脉宽的阿秒脉冲方案，并利用实验证明了该方案的可行性；理论上提出了基于精确控制波包位相技术的阿秒脉冲固有啁啾补偿的动态方案，并在实验上证明了该方案的可行性；讨论了基于位相匹配效应，利用较长的单脉冲驱动产生亚阿秒脉冲的新方案；发现双中心分子高次谐波产生中量子干涉显现得驱动激光强度依赖关系，并利用红外波段驱动激光发现高次谐波的共振现象。

（记录人：王少义）

参考文献

［1］　Hentschel M , Kienberger R, Spielmann C, Reider G A, Milosevic N, Brabec T, Corkum P B, Heinzmann U, Drescher M, Krausz F. Nature, 2001, 414：509 –513.

［2］　Drescher M, Hentschel M, Kienberger R, Tempea G, Spielmann C, Reider G A, Corkum P B, Krausz F. Science , 2001, 291：1923 – 1927.

［3］　Paul P M, Toma E S, Breger P, Mullot G, Auge F, Balcou Ph, Muller H G, Agostini P. Science, 2001, 292：1689 –1692.

［4］　曾志男，李儒新，谢新华，徐至展.《物理学报》，2004, 53：2316.

［5］　Corkum P. *Physical Review Letters*, 1993, 71：1994.

［6］　Sansone G, Benedetti E, Calegari F, Vozzi C, Avaldi L, Flammini R, Poletto L, Villoresi P, Altucci C, Velotta R, Stagira S, Silvestri S D, Nisoli M. Science, 2006, 314：443 –446.

［7］　Goulielamkis E, Schultze M, Hofsterrer M, Yakovlev V S, Gagnon J, Uiberacker M, Aquila A L, Gulikson E M, Attwood D T, Kienberger R, Krausz F and kleineberg U. Science, 2008, 320：1614 – 1617.

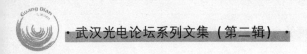
［8］　Zeng Z, Cheng Y, Song X, Li R and Xu Z. Physical Review Lettters, 2007, 98：203901.

［9］　Zheng Y, Zeng Z, Zou P, Zhang L, Li X, Liu P, Li R and Xu Z. Physical Review Letters, 2009, 103：043904.

［10］　Kanai T, Minemoto S and Sakai H. Nature, 2005, 435：470 － 474.

［11］　Liu P, Yu P, Zeng Z, Xiong H, Ge X Li R and Xu Z. Physical Review A, 2008, 78：018502.

［12］　Wei P, Liu P, chen J, Zeng Z, Guo X, Ge X, Li R and Xu Z. Physical Review A, 2009, 79：053814.

［13］　Wei P, Zhang C, Liu C, Huang Y, Leng Y, Liu P, Zheng Y, Zeng Z, Li R and Xu Z. Optics Express, 2009, 17：15061 － 15067.

江泓 美国内布拉斯加大学林肯分校计算机科学与工程系教授（终身职），华中科技大学特聘教授。1982年在华中理工大学计算机工程系（硬件专业）获学士学位，1987年在加拿大多伦多大学计算机工程系获硕士学位，1991年在美国德州农工大学（Texas A & M）计算机科学系获博士学位。

江教授的研究工作涉及计算机体系结构、存储系统、并行分布式计算、高性能计算以及算法语言等领域。在包括上述领域的顶级国际会议和核心刊物上发表160余篇学术论文，如 ISCA、HPDC、SC、ICS、ICDCS、ICPP、FAST、OOPSLA、ECOOP、MM、CCGrid、MSST、IPDPS 等会议，以及《IEEE Transactions on Computers》《 IEEE Transactions on Parallel and Distributed Systems》《Journal of Parallel and Distributed Computing》《Supercomputing》等刊物。目前担任国际顶级学术刊物《IEEE Transactions on Parallel and Distributed Systems》的编委（associate editor）。历任若干国际会议的评委、程序委员会主席和会议主席，协作开创了两个很成功并有影响的国际学术系列会议 SNAPI 和 NAS。多次被美国国家自然科学基金聘请为专家评委，同时也是 ACM、IEEE 和 USENIX 专业协会会员。培养的10名博士均就业于美国研究型大学或著名信息技术企业。

第37期

Today and Tomorrow of Computer Memory and Storage System

Keywords：storage system, memory system, transactional memory, cache, chip multi-processors

第 37 期

计算机存储系统的研究现状和发展趋势

江　泓

非常荣幸能够回到母校，再次和老师同学们一起讨论关于计算机存储系统的研究现状和发展趋势。我将首先简单介绍一下计算机存储系统，着重讨论多核处理器的缓存技术以及主存子系统，最后介绍大规模存储系统。

1　计算机存储系统结构

存储系统从现代计算机的诞生之日起就一直是计算机系统非常重要的组成部分。现代计算机的体系结构是基于冯·诺依曼提出的基本思想，就是基于存储程序的概念。如果以我们人体为喻的话，大脑就相当于是 CPU，流动的血液则是数据，心脏和肝脏则是产生数据并使数据在体内流动的机制，面孔、四肢等则相当于外部设备。在普遍的计算机应用中，CPU 有 70% 的时间花费在内存上“晃荡”，可见计算机存储系统的性能对计算机整体的性能有着至关重要的影响。

当今的日常生活中，很多应用环境都对计算机的存储系统提出了很大的挑战，如信息处理、图像处理、数据库等。数据量的增加非常迅猛，远远超过摩尔定律，摩尔定律是每一年翻一番，而计算机数据量的增长远远大于这个速度。

计算机的存储系统通常以多级结构组成。由于计算机 CPU 的速度远远高于现在的主存，为了让 CPU“吃饱”，必须要组成一个存储系统，给 CPU 制造一个幻觉：存储设备足够快，容量足够大。

于是就得到多层次存储体系，形成了一个金字塔。计算机系统的多级金字塔中最顶端的部件是 CPU，中间则是临时存储区，一旦掉电，临时存储的数据就会丢失，底层则是永久存储区，无论是否掉电，这里的数据都会永久保存。临时存储区又分为高速缓存和主存。今天我们主要讨论多核处理器的缓存技术、主存子系统和外部存储系统。

华中科技大学的存储研究在国内首屈一指，最近几年在国际的顶级会议上屡屡看见我校存储实验室的身影，值得我们骄傲。然而他们主要的关注点是在外部存储系统上，不过现在也开始逐渐向上关注到主存系统，如多核环境下的主存系统研究。

2　多核处理器中的缓存研究

我们要讨论多核环境下的缓存，就首先要谈论多核处理器。

计算机自诞生开始，已经历了很多代：第一代电子管、第二代晶体管、第三代集成电路。以 20 世纪 70 年代大规模集成电路的出现为标志，我们又进入了一个崭新的时代。随之产生的摩尔定律描述了这一变化：单片上的晶体管数目每 18 个月翻一番。能够翻一番是因为芯片的工艺尺寸能够持续地以 70% 的速度降低，加之工艺的革新，才能够保持这一增长速度。现在，片上的晶体管数目不断增加，达到一百万、一亿、十亿，以后还会继续增加。

从 20 世纪 80 年代开始，计算机体系结构的研究围绕如何充分利用片上资源展开，从 90 年代开始研究利用指令的并行度提高单核的速度。历经 20 年的发展，指令集并行度的潜力已经被挖掘殆尽。

到 2000 年，晶体管的数目不断增加，人们开始追求并行度——不是指令的并行度，而是线程的并行度。因为研究发现，为了增加单核的性能，当片上资源加倍，其性能只能提升 20%，这一比例不容乐观。而且，指令并行的许多新技术给芯片能耗带来很大的压力。这么小的一个芯片，能耗却达到几百瓦，比白炽灯泡的发热量更急剧，于是能耗成为一个很大的制约。如果将核的复杂度降低，能耗则呈指数级地降低。这种情况下，如果我们需要很多的计算资源，可以把很多简单的核加起来，令成百上千的核计算能力叠加。如果能够充分利用线程的并行度，假设有 100 个核，理论上其性能可提升至单核的 100 倍，而且耗能相比较也会大大降低，于是多核技术由此产生。

从 2004 年开始，所有芯片厂家停止了单核的研发和生产，这一趋势带来多核的飞速发展，也给摩尔定律带来了新的解释：每个芯片上，核的数量每 18 个月翻一番。现在的芯片 8 核已经很常见，如 IBM power7、Intel 80 核的产品已经面世，Tilera 100 个核的微处理器样品也已经出现了，再过几年，一千个核的芯片也会成为现实。现在的体系结构面临着如何让上千个核高效运转的问题，这是一个很大的挑战。

多核处理器领域中的热点研究包括：存储系统、片上网络、可靠性、编译技术、操作系统的支持等。

多级存储系统中，它们的存储介质是什么，相对速度又怎样呢？

要实现高速、海量的"假象"，越靠近处理器，存储系统的速度越高，器件越贵，密度越低，容量越小；越远离处理器，存储系统的容量越大，速度越低。

目前的存储媒体中，寄存器和 L1 Cache 使用 SRAM，即静态 RAM，而 L2 和 L3 为嵌入式动态存储，再往下，主存是动态存储器件 DRAM。

随着新技术不断涌现，DRAM 可能会被逐步取代。作为新技术，PCM 的数据是不会丢失的，但是性能上会差一些。惠普也提出了 Memristor 技术，它采用半导体材料，并声称比 PCM 密度更高，性能更好。PCM 要相变，需要对晶体加热，这个速度很难控制，其翻转的速度受限于工艺尺寸。闪存的特征尺寸也在不断地降低，当它达到 20 nm 时，其物理特性会发生变化，这是一个物理的极限。所以它的密度同样会有一个极限，相应也会影响到容量。如果惠普的 Memristor 技术能够达到宣称的性能，则很有可能取代 PCM。

存储器内部的高速缓存用于弥补 CPU 和主存之间的速度差距和带宽差距。CPU 的速度很高，需要的带宽很大，而主存的速度和 CPU 的差异达到 1 ~ 2 个数量级，高速缓存正是为了缩短这个鸿沟，建立一个桥梁，来缓解速度的差异和带宽的差异。

高速缓存能够生效主要得益于使用了"数据访问的局部性"和"加快经常性事件"的原理，数据访问的局部性包括时间局部性和空间局部性。

以最新的 Intel Xeon 和 IBM Power7 的高速缓存架构为例，我们来看看三级缓存的层次关系。L1 是指令和数据 Cache，指令和数据在 Cache 中分别存储，CPU 访问两者的方式是不一样的，有利于发挥高速缓存的效率。L2 级中指令和数据是合并的，Cache 是每个核独占的，L3 级则是共享的。三级层次容量有别，速度差异明显。

对于多核处理器的高速缓存，目前的研究热点为最后一级高速缓存的有效利用。对于单核处理器，片上资源的 70% 用于做最后一级 Cache。自多核以后，用于做 Cache 的片上资源越来越少，现在已经低于 50%，同时，核的数目是在不断增加，所以平均每一个核得到的最后一级 Cache 将越来越少。然而最后一级高速缓存非常重要，因为它是片上的最后一道警戒线，一旦 L3 Cache 失守，离片以后的访问延迟就会高几个数量级，带宽也会剧烈地降低。只有将数据最大限度地留在片内，才能使处理器的性能大大增加。但这样的设计带来两个矛盾：每个核心能否获得足够大的缓存空间保存其数据；每个核心能否在足够短的时间内访问到缓存中的数据。

最后一级高速缓存有两种组织形式：公有型和私有型，犹如经济领域的公有制和私有制。单纯的公有制经济有它的弊病，过去被证明是行不通的。但是完全的私有制也有它的问题，这次的经济危机也是由于华尔街的过分私有，缺乏管理及失去控制造成的。通过这次经济危机，大家发现，任何一种体制都需要一种控制，要有一种规则管理。这是一个辩证的关系，而公有型和私有型的高速缓存也是同一个道理。

在公有型的最后一级高速缓存中，L2 Cache 被所有的核共享，其地址空间映射到了所有的核上。存在的问题是：如果数据存放在本核的 L2 Cache 上，访问速度就会很快；如果数据不在本地而在其他的核上，访问就需要通过片上网络完成，加上可能存在的竞争，访问速度就会变慢很多。

在私有型的高速缓存中，每个核有自己独立的最后一级高速缓存。它的地址空间就限制在自己的 Cache 中，如果它能够保证所需的数据都存放在自己的 Cache 中，那它的速度就很快。问题在于，每个核拥有的存储空间仅为整个 L2 Cache 的 N 分之一，这个 Cache 存储空间相比而言就很小了。

针对以上公有型和私有型的高速缓存存在的问题，目前的研究有以下几个方面。

第一，对公有型的高速缓存，如何有效地缩短高频访问数据的延时问题。

在 2005 年的 ISCA 会议中，有学者提出用数据的冗余来换取执行效率，这是一个空间换时间的问题，这个是《孙子兵法》早就提出的。如果有的数据不在本核，那么访问的时间会很长，那我就将数据保存一个副本在本地的 Cache 中，再次访问就会快很多。当然，这样占用了本地的空间，也带来了空间分配的问题。

第二，就是缓存空间的分配问题。

目前的分配方式相当于社会主义的按劳分配原则。由于多核处理器是同构的，每个核在设计之初希望它们进行相同的工作，所以分配的资源也是相同的，就像同工同酬。但是，如果说有两个核，一个处理流媒体，另一个处理科学计算，同工同酬中的按劳分配原则就是按照使用频率进行分配的，使用越多的核占用资源越多，则处理科学计算的 I/O 访问率低，占用的存储资源就少，处理流媒体的核因为 I/O 访问率非常高，就会分配给它很多的资源，从而占用大量的 Cache 空间。这显然不符合资源利用的方案，因为流媒体的特点是数据没有重用性，这和高速缓存设计的初衷相悖，高速缓存希望多存放可以重用的数据以提高性能。于是产生了按需分配的方式。这样，流媒体占用的空间就会被分配得很少，大量的存储空间被分配给科学计算。

对于私有型的高速缓存，因为分配给每一个核的资源是有限的，那么当一个核的资源不够时该怎么处理？通常的情况是，当存储需求高于能给予的存储单元数目时，多余的数据将会被挤出片外，移到主存。如果下次再用到这些数据，系统性能就会产生较大的影响。如果可以和邻居商量一下，把要替换下的数据存放在相邻的 L2 缓存中，就会解决一些问题，当然这样占用了邻居的资源，缓存协议就要做相应的调整。

下一项研究是导向协作型缓存。刚才我们将数据放在邻居，没有考虑邻居家有没有空间，这样会对邻居带来影响。导向型的协作将数据从高缓存需求的核向低缓存需求的核单向输送，通过对业务程序的负载的分析和实时测试，可以很快地找到理想的目的地用来存放数据。

我们将资源少于需求的核称之为 Taker，它们通常从其他核那里获取存储资源；将资源多于需求的核称之为 Giver，Giver 共享自己的存储资源给 Taker 使用。通过两者协调以解决资源调度的问题。

刚才的问题，实际上是应用程序的层次上找到的。而我们的课题研究则是从 Cache 的 Set 级寻找需求的不一致。部分程序虽然在宏观上呈现出大于缓存容量的需求，但是微观上其内部不同的 Set 却呈现出有的 Set 空间有多余，有的 Set 需要有更多空间的情形。我们找到相应的 Taker 和 Giver，将其匹配，从而解决了在应用程序层次不能有效解决的问题。

同时，还有许多其他与缓存相关的研究。

（1）片上网络。现在 CPU 有如此多的核，它们公用协议，需要网络、沟通，因此片上网络十分重要。

（2）可靠性。随着核的数目不断增加，特征尺寸越来越小，出现错误的概率也越来越大。如何增加系统的冗余度，使得出错后系统可以自动隔离、自修复，也是一个很严峻的问题。

（3）编译技术。使一千个核高效运作，就需要一千个线程，一千个线程要同时运行、相互独立、互不干扰，这个难度相当大，需要编译器在翻译源程序的时候能够把程序并行化，或者说在多个应用程序同时运行的时候可以运行不产生冲突。

（4）操作系统。操作系统如何调度，使各线程之间充分协调，资源利用率最高。

（5）片上云计算。最近 Intel 组织人马，提出了一个概念——片上云计算，即一个芯片上有成百上千的核。片上的核，相当于云计算中虚拟化的多个核。云计算就是可以虚拟化无限多的核，按照需求任意使用，无限多数目。而片上云计算则是物理上实现多个核，让应用程序可以任意的使用。

（6）3D 集成电路。随着集成度的提高，高速缓存的需求也日益凸显。单片上如何提升高速缓存的容量，有一种可能性，那就是使用三维设计。目前已有对多层芯片折叠方式的研究，即一个芯片专门用于集成核心，一个芯片专门做 Cache 单元，还有一个芯片专门做互联网络及高速网络，如光通信，射频通信等。

3 内存子系统

数据从片上离开以后到达内存，内存中大量的访问操作要解决资源共享的问题。线程越多，对同一数据、资源共享的可能性就越大，竞争发生的可能性就越大。

如何解决竞争？这又是一个严峻的挑战。现在的解决方法是当一个以上的线程同时使用资源时，使用锁将资源锁上，则其他线程就无法访问。但这样出现了串联点，导致线程之间必须串行，线程之间的并行度变得很差。如何避免这种情况呢？可以使用运行支持环境和操作系统来检测或预测竞争的部分，一旦检测或预测到读或者写某个变量，就采用相应的办法将读写时间错开，或者将冲突的位置错开。这是一个有前景的方向。

另一种解决方案就是事务内存，将需要共享的数据打包，使事务具有原子性、隔离性。事务在没有冲突的前提下，系统乐观的处理并发事务；在冲突影响到事务执行的结果时，再采取措施解决事务之间的冲突，使多个线程可以最大化地并行。这样，解决竞争的效率就高了很多。

事务内存的主要研究内容有三个方面：首先是冲突检测，事务一旦打包执行，就必须保证没有冲突，如果发生冲突，就需要将事务倒退回执行之前的版本，这就涉及到版本管理，有了之前的版本，就需要通过版本的适当调用，最终解决冲突。

事务内存技术的发展趋势是更加精确地检测冲突，减少版本管理的开销，主要为了能够回到冲突之前的状态。一旦冲突，要保证可以退回来。冲突的两者中，败者需要退回，其原来的数据要保留，版本管理的开销越小越好。

冲突解决的策略要考虑降低总的能耗，避免冲突。避免冲突需要编译器和操作系统在运行过程中测试。

4 大规模存储系统

大规模存储主要的挑战是呈指数增长的数据量。几年以前，TB 就是很大的数据量了，但现在已经进入 PB 的时代了。冯丹老师、谢长生老师刚刚结束的 973 项目就是研究 PB 级的面向对象的存储系统。再过 5 年，就是 EB 的时代了，之后再过 5 年，会有 ZB 时代、YB 时代等。数据量的增加导致访问的延迟成比例增加，从微秒到秒到分，现在是小时。这将带来两个方面的挑战。

（1）文件的树状管理是系统不可扩展的最主要根源。在 2009 年的 HOTOS 会议上，哈佛大学的学者发表论文《Hierarchical file systems are dead》，宣布了树状文件管理的死刑。4 年前，美国自然科学基金项目指南中，领域的专家就提出了对文件的管理，表明这是很重要的一个问题。华中科技大学存储实验室的华宇老师提出一种新的域名管理方案很新颖，得到了美国自然科学基金的赏识，而且 Super Computing 的 Committee 也很赏识。目前，我们是第一个提出这种思想的，可谓走在了世界的前列。

（2）对文件的描述现在是一维的，片面的文件描述限制了文件和元数据管理。

大规模存储系统的现状是：①非常死板的 I/O 接口；②采用线性检索，缺少语义分析，这在小规模的环境中使用尚可接受（如 Desktop、Laptop 级），但当文件达到 10 亿规模时，这样的线性检索方式就不可以接受了。

在有 10 亿或者更大规模的文件环境中，如果要检索某个或者某些符合条件的文件，如何能尽快找到？我们提出了初步的解决方案，取得了不错的性能表现，这项研究已在 2009 年的 Super Computing 发表。其主要思路是：①寻找元数据，从简单的布隆过滤器进化到布隆过滤阵列，再分组，充分利用语义的局部性提高可扩展性。②传统的用户组织模式采用树状命名管理，导致结构太胖、太高，这样寻找文件带来的延迟非常大。我们提出了一种基于文件相关语义的理论来把文件聚类，在这种前提下，可以根据语义很快地找到需要的文件，同样是查找数据，我们的查询速度和数据库相比提高了 3~4 个数量级，效果可谓非常明显。

我们现在正在提出一种全新的命名管理方式，这是一个比较大的设想，研究成果刚投到了今年的 Super Computing 会议。科学研究就是这样，一旦你做到了某方向的前沿，就可以一直向前走，成为该方向的领头人。

为了向用户提供可靠、高效的存储服务，未来的研究将会集中在元数据组织和存储系统管理两个方面。海量元数据的组织和管理包括：面向语义的数据组织；基于数据内在关联关系的分析；支持多种查询服务的方法；基于用户访问模式的预测和分析等。存储系统管理包括：面向复杂存储系统的自管理机制；提高系统智能性的自识别、自处理、自反馈、自调整的方法；面向应用的智能管理方法来提高存储系统的域名管理；系统恢复及其健壮性等。

（记录人：王晓静　晏志超）

葛墨林 理论物理学家，中国科学院院士。1938 年生于北京，1961 年毕业于兰州大学物理系，1965 年兰州大学理论物理研究生毕业。现任南开大学教授、博士生导师，南开大学数学所副所长，中国科学院数理学部院士、一些国际期刊编委等。物理中群论方法国际大会常委等，教育部科技委副主任，科技委战略委员会委员，学风委员会副主任等。

葛院士早期从事基本粒子理论、广义相对论研究，之后长期集中研究杨-密尔斯场的可积性及其无穷维代数结构、杨-巴克斯特系统、量子群（包括量子代数及 Yangian）及其物理效应以及在量子多体模型、量子信息等领域的应用等，并在数学与物理交叉领域发展理论物理中关注的新方向。发表科学论文 180 余篇，合作专著 4 本，编辑国外书刊 9 部。

曾获奖项目有：第一次全国科学大会重大成果奖（两项），国家自然科学奖三等奖（1982），国家教委科技进步二等奖两项（1986、1988）、一等奖两项（1990、1996），孺子牛金球奖（1996），何梁何利科技进步奖（1997），国家级教学成果二等奖（1997）等。

第38期

Electromagnetic Cloaking and Riemannian Geometry、Compressed Sensing and Matrix Completion

Keywords：electromagnetic cloaking, compressed sensing, matrix completion

电磁斗篷理论与黎曼几何、压缩测量新理论

葛墨林

1 引言

报告开始时，葛墨林院士与现场做技术的学者交流，结合基础研究对促进技术进步谈了看法。葛院士指出，现阶段做理论的学者发表文章较多是好现象，但是多数工作与国家重大需要联系不太密切，而做技术的学者尽管在自己的技术圈里做了很多工作，但是对新原理、新方法的应用了解不太多。这是我国与欧美等国的主要差距。针对这一情况，近年来葛院士做了很多工作，旨在推动做理论的学者和做技术的学者进行交流，促进理论与技术的结合，做到理论为技术服务。

本次报告，葛墨林院士从国际上最新发展的一些理论与方法中的三个方面进行介绍，这三个方面分别为电磁斗篷理论与黎曼几何、压缩传感（compressive sensing）理论以及矩阵填充（matrix completion）理论。

2 电磁斗篷理论与黎曼几何

2.1 研究背景和意义

近年来，以超材料为代表的新型人工电磁材料成为国际上一个研究的热点，这种人工材料具有奇特的电磁特性，包括光子晶体、负折射率介质、人工复合材料等，美国 MIT 华裔学者等研究了电磁波在这类介质中的特性，建议其中文名称为超材料（metamaterials），以突出电磁波在这类介质中传播时所表现出的不同于传统介质的各种奇异特性。

"metamaterial"是本世纪物理学领域出现的一个新的学术词汇，近年来经常出现在各类科学文献中。各种不同的文献上给出的定义也各不相同，但一般文献中都认为 metamaterials 是"具有天然材料所不具备的超常物理性质的人工复合结构或复合材料"。在互联网上颇有影响的维基百科（Wikipedia）上，其对 metamaterial 一词是这样解释的：

"In electromagnetism（covering areas like optics and photonics），a meta material（or metamaterial）is an object that gains its（electromagnetic）material properties from its structure rather than inheriting them directly from the materials it is composed of. This term is particularly used when the resulting material has properties not found in naturally formed substances. "

这一解释可能是迄今对 metamaterials 这一概念给出的最符合科学规范的定义，尽管这一定义从目前的观点来看过于狭隘（该定义似乎只针对电磁领域的材料，而实际上，最新的研究中已经包括一些声学材料）。从这一定义中，我们可以看到 metamaterial 的三个重要特征：

（1）通常是具有新奇人工结构的复合材料；

（2）具有超常的物理性质（往往是自然界的材料中所不具备的）；

（3）其性质往往不主要取决于构成材料的本征性质，而取决于其中的人工结构。

目前人们已经发展出的这类"超材料"包括光子晶体、左手材料以及超磁性材料等。

超材料可以用来实现超级透镜、波束分离器、高定向天线、亚波长谐振腔和隐形材料等。由于其潜在的利用价值和广泛的应用前景，超材料被美国《科学》杂志评为 2003 年度十大科技突破之一。随着超材料研究的不断深入，完美隐形这一天方夜谭有可能变成有物理依据的现实。利用超材料实现完美隐形将成为新一代的隐形技术。隐形技术也称低可探测技术，是通过降低目标的信号特征，使其难以被发现、识别、跟踪和攻击的技术。目前各国的隐身技术主要是使用各种吸波、透波材料实现对雷达的隐形。由于国内外的吸波材料存在频带窄、效率低等缺点，使其应用范围受到一定的限制，传统的隐形技术并不能达到严格意义上的完美隐形。

2006 年，J. B. Pendry 等人指出麦克斯韦方程经过坐标系统变换后能够提供特定空间分布的折射率，并可以实现对电磁波传播方向的控制。随后，隐形斗篷这一概念被提出。D. R. Smith 等人基于超材料思想在微波频段，之后在光波波段，成功地验证了隐形。在实验中，由多层超介质环绕的铜柱在指定频率下具有极小的反射，从而可以不被侦测。超材料思想用于电磁波隐形是目前国际上的研究热点之一。从超材料科学的角度来说，研究让物体对电磁波隐形的新材料在理论上是可行的。目前，基于不同原理的各种隐形斗篷制造方案分别被提出，然而超材料用于宽频段电磁波隐形还停留在理论研究和实验室阶段，离实用恐怕还有一段道路要走。

2.2　电磁斗篷理论

电磁斗篷（又称隐形斗篷）的基本原理是：通过在物体表面包覆一层特殊设计的、具有张量非均匀介电常数和磁导率分布的材料，使入射光（或电磁波）基本没有反射，从而实现隐形。其原理如图 38.1 所示。

2006 年 7 月，J. B. Pendry、D. Schurig 和 D. R. Smith 在《科学》杂志提出，将一个介质的介电常数和磁导率设计成空间的函数，可以控制电磁波光线在介质中近

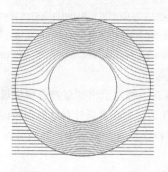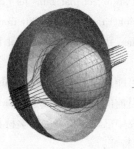

图 38.1　电磁斗篷理论原理图

似的传播路径，即把介质内离中心半径 R_1 做成空腔结构，当电磁波遇到这个介质时，会从介质的空腔周围绕过，而无法进入空腔内部，重要的是使得在介质球面（半径 R_2）上没有反射。同年，D. R. Smith 及 J. B. Pendry 等人基于人工电磁材料设计、制作了二维圆柱形隐形斗篷，并进行了相应的实验验证。至此隐形斗篷不仅从理论上获得支持，在实验上也得到了证实。其后引发了一系列理论和实验研究。

为了简单说明这种隐形的机理，我们从最简单的光线折射、反射定律出发。

在折射定律中，一般折射角小于入射角，即 $\varphi_2 < \varphi_1$，为什么？由于折射率 $n = \sqrt{\varepsilon\mu}$，其中 ε 为介电常数，μ 为磁导率（对非磁性介质 $\mu \sim 1$），设真空中 $\varepsilon = \mu = 1$。由

$$\frac{\sin\varphi_1}{\sin\varphi_2} = \frac{n_2}{n_1}$$

可知，当介质 I 为空气（~近似真空），$n_1 \sim 1$，故

$$\frac{\sin\varphi_1}{\sin\varphi_2} = \sqrt{\varepsilon_2}$$

如果在介质 II 中 $\varepsilon_2 > 1$（如图 38.2 所示），则 $\varphi_1 > \varphi_2$，即折射角小于入射角，属于一般情况。如果在介质 II 中 $0 < \varepsilon_2 < 1$（如图 38.3 所示），则 $\varphi_1 < \varphi_2$，即折射角大于入射角。

图 38.2　折射定律（$\varepsilon_2 > 1$）　　　图 38.3　折射定律（$0 < \varepsilon_2 < 1$）

想象介质 II 分很多层，每一层的介电常数是坐标的函数，那么经过一些层后，折射波将基本靠近"表面"传播，而反射波则可以很微弱。

物理上 $0 < \varepsilon < 1$ 的粒子是等离子体：

$$n^2 = 1 - \frac{\omega_p^2}{\omega^2}$$

其中 ω_p 为截止频率。注意，$n < 1$ 并不意味着光的能流速度大于 C。但它是均匀的色散介质。

电磁斗篷是考虑非均匀张量折射率。如果在同心球（外径 R_2，内径 R_1）中，将 $R_1 < r \le R_2$ 称为区域 C，则在 C 内：

$$\varepsilon_{rr} = \frac{R_2}{R_2 - R_1} \cdot \frac{(r - R_1)^2}{r^2}$$

$$\varepsilon_{\theta\theta} = \frac{R^2}{R_2 - R_1}$$

$$\varepsilon_{\varphi\varphi} = \frac{R_2}{R_2 - R_1}$$

注意：

$$\varepsilon_{rr} = \frac{(1 - \frac{R_1}{r})^2}{1 - \frac{R_1}{R_2}} = \frac{1 - \frac{R_1}{r}}{1 - \frac{R_1}{R_2}} \cdot \left(1 - \frac{R_1}{r}\right)$$

因为 $R_1 < r < R_2$，故 ε_{rr} 由两个小于 1 的因子相乘，故有 $0 < \varepsilon_{rr} < 1$。

这里介电常数为张量，真的材料还不会做，现在可以做人工材料（metamaterials）。

下面我们从电磁场方程出发简要证明电磁斗篷理论在光线近似下可以用黎曼几何描述。

考虑介质环柱截面（Z 轴垂直纸面，如图 38.4 所示），入射波

$$\vec{E} = E_0 e^{ikr\cos\varphi} \vec{e}_z$$

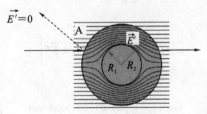

图 38.4　介质环柱截面

在一类张量由 $f(r)$ $\varepsilon = \mu$ 决定的介质中，麦克斯韦方程有严格解：

$$\vec{E}^c = E_0 e^{ikf(r)\cos\varphi} \vec{e}_z$$

其中 $f(r)$ 决定介质的 ε、μ（简单模型设 $\varepsilon = \mu$），$f'(r) = \frac{\mathrm{d}f(r)}{\mathrm{d}r}$。

例如，柱坐标：

$$\varepsilon/\varepsilon_0 = \mu/\mu_0 = \begin{bmatrix} \dfrac{f(r)}{rf'(r)} & & \\ & \dfrac{rf'(r)}{f(r)} & \\ & & \dfrac{f'(r)f(r)}{r} \end{bmatrix}$$

$$\mathrm{d}s^2 = [\,\mathrm{d}f(r)\,]^2 + [\,f(r)\,]^2 \mathrm{d}\varphi^2 + \mathrm{d}z^2$$
$$= (f')^2 \mathrm{d}r^2 + [\,f(r)\,]^2 \mathrm{d}\varphi^2 + \mathrm{d}z^2$$

球坐标：

$$\varepsilon/\varepsilon_0 = \mu/\mu_0 = \begin{bmatrix} \dfrac{f^2(r)}{r^2 f'(r)} & & \\ & f'(r) & \\ & & f'(r) \end{bmatrix}$$

$$\mathrm{d}s^2 = (f')^2 \mathrm{d}r^2 + [\,f(r)\,]^2 \,(\mathrm{d}\theta^2 + \sin^2\theta \mathrm{d}\varphi^2)$$

（1）选则：

$$f(r)_{r=R_2} = R_2$$

使表面无反射 $f(r)_{r=R_1} = 0$

设 $\varepsilon/\varepsilon_0 = \mathrm{diag}\,(a,\ d,\ d)$ 由 $f(r)$ 决定，表面无反射条件由以下公式决定。

入射波：

$$\vec{E} = \vec{E}_0 e^{i(\vec{K}\cdot\vec{r} - wt)}$$

反射波：

$$\vec{E}' = \vec{E'}_0 e^{i(\vec{K'}\cdot\vec{r} - wt)}$$

折射波：

$$\vec{E}'' = \vec{E''}_0 e^{i(\vec{K''}\cdot\vec{r} - wt)}$$

边界条件：

$$\vec{n} \times (\vec{E} + \vec{E}')\,\Big|_{z=0} = \vec{n} \times \vec{E}''\,\Big|_{z=0}$$

求得：

$$\begin{cases} \dfrac{E'_x}{E_x} = \dfrac{\sin\theta(1 - \dfrac{1}{ad}\sin^2\theta)^{1/2} - \sin\theta\cos\theta}{(1 - \dfrac{1}{ad}\sin^2\theta + \dfrac{1}{a^2}\sin^2\theta)^{1/2}} = -\dfrac{E'_y}{E_y} \\ E'_z = E'_x \tan\theta \end{cases}$$

所以当 $a(\vec{r}) = (d(\vec{r}))^{-1}$ 时，电磁波无反射条件：

$$E'_x = E'_y = E'_z = 0$$

故介质界面处（设为 $r = R_2$）无反射条件：

$$\varepsilon / \varepsilon_0 \big|_{\text{入射边界} R_2} = \begin{bmatrix} a(r=R_2) & & \\ & a^{-1}(r=R_2) & \\ & & a^{-1}(r=R_2) \end{bmatrix}$$

从理论上这种形式在界面上满足无反射条件就是：$a = d^{-1}$。

（2）确定

$$f(r)\sin\varphi = 常$$

是光线（波印廷能流传输速度）方程，即在介质中光线行走的曲线由该条件决定。下面来简单的证明。设介质中波 $\vec{E}^c$ 只能依赖于 (r, φ)，且极化方向 $\vec{e}_z$ 不变，可以证明：$\vec{E}^c = E_0 \vec{e}_z e^{ikf(r)\cos\varphi}$ 就是 Maxwell 方程的严格解，然后证明光线能量传输方向由以下方程决定：

$$f(r)\sin\varphi = 常$$

以柱坐标为例：

$$\nabla \times \vec{E} = i\omega \overset{\leftrightarrow}{\mu} \cdot \vec{H}$$

$$\nabla \times \vec{H} = -i\omega \overset{\leftrightarrow}{\varepsilon} \cdot \vec{E}$$

$$\nabla \times \left[\overset{\leftrightarrow}{\mu}^{-1} \cdot (\nabla \times \vec{E}) \right] = (-\mu_0^{-1} \vec{e}_z) \left\{ \frac{1}{r} \frac{\partial}{\partial r} \left(\frac{f}{f'} \frac{\partial E_z}{\partial r} \right) + \frac{ff'}{r} \frac{\partial^2 E_z}{\partial \varphi^2} \right\}$$

因为：

$$\frac{\partial}{\partial r} = f' \frac{\partial}{\partial f}$$

所以，上式变为：

$$\frac{1}{f} \frac{\partial}{\partial f} \left(f \frac{\partial E_z}{\partial f} \right) + \frac{1}{f^2} \frac{\partial^2 E_z}{\partial \varphi^2} + k^2 E_z = 0 \quad (其中 k = \frac{\omega}{c})$$

所以，$f(r)$ 为径向变量的亥氏方程，分离变量，在介质环面内可解出：

$$\vec{E} = E_0 e^{ikf(r)\cos\varphi} \vec{e}_z$$

$$\vec{H} = -\frac{E_0}{\mu_0 c} e^{ikf(r)\cos\varphi} \left[f'(r)\sin\varphi \, \vec{e}_r + \frac{f(r)}{r}\cos\varphi \, \vec{e}_\varphi \right]$$

平均能流：

$$\vec{S} = \frac{1}{2}\text{Re}(\vec{E} \times \vec{H}^*) = w \vec{V}$$

$$w = \frac{1}{4}\text{Re}(\vec{E} \times \vec{D}^* + \vec{H} \times \vec{B}^*)$$

在介质内，能量传输速度：

$$\vec{V} = c \left[\frac{\cos\varphi}{f'(r)} \vec{e}_r - \frac{r}{f(r)}\sin\varphi \, \vec{e}_\varphi \right]$$

即：

$$\frac{dr}{d\lambda} = \frac{\cos\varphi}{f'(\lambda)}$$

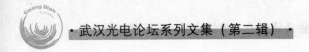

$$\frac{r\mathrm{d}\varphi}{\mathrm{d}\lambda} = -\frac{r}{f(\lambda)}\sin\varphi$$

得到：

$$\frac{f'(\lambda)\mathrm{d}r}{f(\lambda)} = -\frac{\mathrm{d}\sin\varphi}{\sin\varphi}$$

光线方程：

$$f(r)\sin\varphi = 常$$

可以证明 $\vec{V}$ 满足简单黎曼几何的短程线方程。

2.3 展望

　　虽然隐形斗篷已经找到理论支持，但真正研制出隐形斗篷并非易事，因为科学家在技术上还面临一个巨大挑战，即当前技术只能对单频可见光或微波隐形，而不能做到全波段隐形。正如美国印第安纳州珀杜大学电子和计算机工程学院教授弗拉迪米尔·沙拉伊夫所说："创造一种同时适用于各种不同波长可见光的装置，对我们来说是技术上的一个挑战。"

　　电磁斗篷理论的研究意义深远、应用前景广泛。虽然科学家早已研制出可以避开微波探测的隐形衣，但在可见光的宽波段新型隐形斗篷如果研制成功，将首次可以实现物体真正隐形。当然，就算只能改变单一波长光线方向的斗篷仍然拥有诸多用途，例如隐形斗篷能掩护士兵躲避夜视仪，因为夜视仪射出的光线属于窄波段。

　　我国香港、浙大、东南大学、上海交大等单位的学者们在电磁隐形方面做出了很好的工作。

3 压缩传感理论

3.1 压缩传感（compressive sensing）

　　这是一个典型的基础理论研究应用于科学技术，并在方法上实现创新的实例。我们知道，任何测量都要经过对信号的采样、数据处理和成像的过程。假设对信号性质一无所知，那么如果将信号分成 N 份，就应当采 N 个样，通常 N 很大。如果信号稀疏（sparse），例如，CT 检查病变部分，病变部分占的百分比很少，但是由于不知道病变在哪里，通常是全部扫描一遍。这种情况下，在理论上可以证明只需随机采样 $M \propto \log N$ 个数据，就可在最大几率意义上恢复出原信号，而且分辨率还有所提高。这就是最近几年来蓬勃兴起的一个信息和图像采集及处理方法——压缩传感理论。例如在福氏表象中，对稀疏信号随机采样，不需要采 N 个数据，只要采 $M \approx K\log(N/K)$ 个数据，就可以在最大几率意义下恢复原来所有的 N 个信息（K 为信号的稀疏度，一般小于 10），并在数学上提出了唯一重构原信号的方法。该方法在不影响信息质量获取的前提下，大大降低了工作量，大幅度提高了信息采样的速度，将目前采样、压缩过程一步完成。

这个由 David Donoho、Emmanuel Candes、Justin Romberg 和 Terence Tao 于 2005 年建立起来的新兴理论源于信息理论，它建立在数学的基础上，是对传统采样理论的重大变革，一经提出就展现出极强的生命力，并在一系列应用研究中取得了成果。由于其巨大的国防和商业应用价值，目前美国、英国、德国、法国、瑞士、以色列等许多国家的知名大学（例如，麻省理工学院、斯坦福大学、普林斯顿大学、莱斯大学、杜克大学、慕尼黑工业大学、爱丁堡大学，等等）都成立了专门课题组对压缩传感进行研究。2008 年，西雅图 Intel、贝尔实验室、Google 等知名公司也开始组织研究压缩传感。近年来，美国空军实验室和杜克大学联合召开 CS 研讨会，与会报告的有小波专家 R. Coifman 教授，信号处理专家 James McClellan 教授，微波遥感专家 Jian Li 教授，理论数学专家 R. DeVore 教授，以及美国国防先期研究计划署（DARPA）和美国国家地理空间情报局（NGA）等政府部门成员，等等。在美国，这种新型采样理论已经被部分公司采纳并正在用于心脏 CT 扫描成像的新装置研制技术中，而对数码相机和摄像机的改进也正在进行中，有资料显示美国正在将该新型采样理论引入雷达以及其他领域。压缩传感理论从提出到成功地应用于 CT、数码相机等图像处理领域仅仅用了不到三年的时间，以目前的发展势头，可以预见在今后十到十五年内，它将是图像和信号处理领域中最前沿、最引人注目、最具活力的方向之一。

　　我们知道任何测量首先要采样，然后经过存储、传输、反演再恢复出原始图像。由于采样是分立的，针对图像，要有多少采样个数才能准确地恢复出原始图像呢？我们熟悉的香农-奈奎斯特（S－N）采样定理告诉我们：采样个数大体是图像带宽的两倍时，就可以准确地恢复出图像。而通常采样的数目 N 是很大的。但是 S－N 定理是针对任意信息的，也就是说假设我们对信息的性质一无所知。如果所测量的"有用"信号只占全部信息量的很小部分，也就是说如果信号是稀疏的，那么是不是还需要测这么多数据呢？也就是说，信号先验的知识能否帮助减少采样个数，同时还能恢复原来信号呢？这就是压缩传感要解决的问题。

3.2　压缩传感的原理

　　根据压缩传感理论，如果我们对需要得到的信号有一个先验知识，即需要得到的信号是稀疏的，那么用解优化问题的方法，就可以得到线性方程组唯一的稀疏解。

　　对于稀疏信号，只需要测量 $M \propto \log N$ 个数据，并借用其给出的一套恢复信号的方法，就可以以最大概率唯一恢复出原信号。

　　例如有付氏变换 $Y(w) = \int e^{iwt} X(t)\,\mathrm{d}t$ ，将其离散化后得

$$Y_m(w) = \sum_n e^{iw_n t_n} X_m = \sum_m A_{nm} X_m$$

即
$$Y = AX$$

　　其中，Y 是测量数据（已知），A 是测量矩阵（已知），X 是未知信号。因为 A 为 $N \times N$ 方阵，已知 Y，只需通过 $A^{-1}Y = X$ 即可求得 X。但如果 $Y_k = \sum_{m=1}^{N} A_{km} X_m$ 　（$k = 1,$

$2, \cdots, m, m < N$），这里 A 是长方阵（没有逆），那么如何确定原信号 X 呢？

从物理的角度理解压缩传感理论。设 k 种波的光强为 X_k，它实际就是光子数，通常物理上都是假设这 k 种波的信号满足 Poisson 分布即：$P(k) = e^{-C_k |X_k|}$。如它们不相干，则整个信号 $X = (X_1, X_2, X_3, \cdots, X_N)^T$ 的几率为：

$$P = \prod_k P(k) = e^{-\sum_{k=1}^N C_k |X_k|}$$

进一步，如果所有分量平等，即 $C_1 = C_2 = C_3 = \cdots = C_k = C$，则：

$$P = e^{-C\sum_{k=1}^N |X_k|}$$

其中，$\sum_{k=1}^N |X_k|$ 是 L_1 范数。

如要求不同模式的光子数（信号强度）分布使得概率极大，需要取 $\sum_{k=1}^N |X_k|$ 为极小，即 $\min \sum_{k=1}^N |X_k|$，同时还要满足测得数据 $Y = AX$，其中 A 为 $m \times N$ 长方阵，此时就可以得到 X 的唯一解。

3.3 压缩传感的应用

虽然压缩传感理论开始只是一种漂亮的数学理论，但是很快就被应用于 CT、单像素数码相机、雷达及弱光成像等领域。

（1）磁共振成像（MRI）。在医学上，磁共振的工作原理是做许多次（但次数仍是有限的）测量，再对数据进行加工来生成图像。由于测量次数必须很多，导致整个过程对患者来说太过漫长。压缩传感技术可以显著减少测量次数，加快成像（甚至有可能做到实时成像，也就是核磁共振的视频而非静态图像）。此外，我们还可以以测量次数换图像质量，用与原来一样的测量次数可以得到好得多的图像分辨率。

（2）天文学。许多天文现象（如脉冲星）具有多种频率振荡特性，使其在频域上是高度稀疏也就是可压缩的。压缩传感技术将使我们能够在时域内测量这些现象（即记录望远镜数据）并能够精确重建原始信号，即使原始数据不完整或者干扰严重（原因可能是天气不佳、上机时间不够或者就是因为地球自传使我们得不到全时序的数据）。

（3）线性编码。压缩传感技术提供了一个简单的方法，让多个传送者可以将其信号带纠错地合并传送，这样即使输出信号的一大部分丢失或毁坏，仍然可以恢复出原始信号。例如，可以用任意一种线性编码把 1000 比特信息编码进一个 3000 比特的流，那么，即使其中 300 位被（恶意）毁坏，原始信息也能无损失地完美重建。这是因为压缩传感技术可以把破坏动作本身看做一个稀疏的信号。

压缩传感已经在很多领域表现出了应用的优势，但在理论方面仍有许多问题需要进一步发展。在测量矩阵的设计方面，怎样设计测量矩阵使得原始信号稀疏，将不稀疏的信号变为稀疏，并能以最大概率精确重构原始信号？不满足 RIP 条件的，如何仍可以用压缩传感处理？在叠代算法的优化方面，如何减少计算量，提高重建速度等。当然更重要的是进一步拓宽其应用领域。

4　矩阵填充（matrix completion）

4.1　矩阵填充的研究对象

矩阵填充是近年来最新完成的一个理论，来自于 Donoho、Candes、Tao 等一大批数学家的研究。它的主要研究对象是一个维数很大但秩很小的矩阵。它解决的问题是，通过测量尽可能少的矩阵元，就可以恢复出所有的矩阵元，而且能够估计其误差。

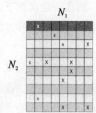

图 38.5　矩阵元相关时
的矩阵填充

如图 38.5 所示，$N_1 \times N_2$ 矩阵有 $N_1 \cdot N_2$ 个元素，当矩阵元相关时，用秩 r 描述，当 r 不大时，随机给定一些矩阵元就可以把所有矩阵元在一定误差下估计出来。

假设有 N_1 个输入信号，经过一个变换系统后输出 N_2 个信号，如果系统是线性的，那么必定有一个 $N_1 \times N_2$ 的矩阵将输入和输出信号联系起来。当 N_1、N_2 数目很大时，要测量的矩阵元的数量也是很大的。如果该变换系统遵从某些规律，那么矩阵元之间将相关，但是这些规律常常是很复杂的，在实际中无法从给定的矩阵元解出其他的矩阵元。但是可以用一个笼统的参数 r——矩阵的秩，来粗略描述这些矩阵元的相关性。

随机给定一些矩阵元（数目尽量少），对维数大但秩小的矩阵估计出其他的矩阵元，就可以估计出误差并在合理的计算时间内给出需要的结果。下面用一些例子说明为什么会出现矩阵填充。

在物理上，到处存在矩阵填充。以量子力学为例，任何跃迁矩阵元可以写为：

$$_{out} < j_1 j_2 \cdots j_{n_1} \mid i_1 i_2 \cdots i_{n_2} >_{in} = \sum_{m=1}^{r} {}_{out} < j_1 j_2 \cdots j_{n_2} \mid m > < m \mid i_1 i_2 \cdots i_{n_1} >_{in}$$

它表示从 i_1，i_2，$\cdots$，i_{n_1} 这些初态，跃迁到 j_1，j_2，$\cdots$，j_{n_2} 这些末态，其中初态为量子场论中的 in 态，末态为 out 态。如果初、末态数目很大，则需要测量的数量是很大的。一般来说，物理上的简化是引入中间态（例如共振态，近似正交、完备以及归一等）。如果在一定的物理近似下，中间态 m 的取值只有 r 个，且 r 的值远小于初态和末态的个数，也就是说 i_1，i_2，$\cdots$，i_{n_1} 这些初态通过 r 个通道得到 j_1，j_2，$\cdots$，j_{n_2} 这些末态。过程用图形表示如下。

$$M_{n_1 n_2} = M_{n_1 r} \cdot M_{r n_2} = n_1 \boxed{r} \quad r\boxed{}^{n_2} = n_1 \boxed{}^{n_2}$$

上式右端相应的矩阵可表达为

$$M_{n_1r} \cdot M_{rn_2} = M_{n_1n_2} \qquad (r \ll n_1, \ n_2)$$

对矩阵 $M_{n_1n_2}$ 来说，其维数很大，但是根据矩阵论的相关知识可知，其秩就是 r，此时就可以将问题归结为：通过测量尽可能少的矩阵元来恢复出所有的矩阵元。

4.2 矩阵填充中矩阵元个数的取值

对于维数高而秩很小的矩阵，矩阵的元素当然是不独立。当 N_1、N_2 很大时，要解这些高维代数方程是不可能的。但是矩阵填充理论告诉我们，只要随机给出 M 个矩阵元，则在一定误差下，就可以定出 N_1N_2 个矩阵元来。对于大小为 $N_1 \times N_2$ 且秩为 r 的矩阵来说，其最低的独立矩阵元个数为

$$d_r = r(N_1 + N_2 - r)$$

但是如果就测量 d_r 个矩阵元来决定出其他所有矩阵元，其计算量极大，是不现实的。现在的问题是，我们希望通过测量尽可能少的矩阵元来恢复出所有的矩阵元，同时保证一定误差范围，还要有短的计算时间。这就需要在给定的矩阵元个数和收敛速度之间进行协调。在 Cai、Shen 和 Cades（C-S-C）的文章中指出，一般取（5～10）d_r 个矩阵元比较合适（当然还有别的估计方式），此时收敛度好，误差约为万分之一。

5 结语

随着时代的发展，我们需要研究的问题将会越来越复杂，需要得到的结果将会越来越精确，所以就需很好地将理论方法及原理与实际应用相结合，将新的理论与方法应用到解决实际问题中去，做到理论与方法为实际的应用服务。

本次报告，葛墨林院士用深入浅出的语言给我们介绍了电磁斗篷理论与黎曼几何、压缩传感理论及矩阵填充理论相关的理论以及这些理论应用的领域，让我们对这些理论有了深刻的认识。

首先，葛墨林院士介绍了物理基础理论的应用：电磁斗篷理论。他说，人之所以能看到各种各样的东西，是因为光射到这些东西上后，被它阻挡并反射到人的眼睛。他谈到，对于如何隐形，传统的方法有很多，例如增强吸收、负折射率、等离子包围等，在各向异性的非均匀介质（如人工特异材料 metamaterial）中，也能够产生新型的隐形技术。电磁波在各向异性的非均匀介质中传播，行为类似在弯曲空间运动。因此如果选择合适的人工特异材料，它就会沿设计方向前进，很少反射，从而形成隐身。这项技术还可以模拟一些广义相对论效应，如模拟黑洞等。当前，隐形技术只能实现在某一个频率上隐形。电磁波从频率上可以分为许多波段，其中某一段可以被肉眼看到，就是光波。肉眼见不到的隐身衣虽然在光波频率范围内能够实现隐形，但是用其他频段的电磁波还是可以探测到，因此需要进一步改进。

随后，在"压缩测量新理论"专题中，葛墨林院士介绍了当前国际上关于稀疏信号数据采样和处理的一种新理论。该理论目前在应用于心脏 CT、数码相机等技术方面已取得重要进展，并有望用于不同领域的科学数据处理中，以尽可能小的数据样本获

取满足要求的信号，实现数据处理方面的一个新的突破。

最后，葛墨林院士介绍了当前国际上最新完成的矩阵填充理论。他首先从两个例子入手，指出了矩阵填充的研究对象，以及它从较少的已知矩阵元来恢复出所有矩阵元的巨大作用。葛墨林院士介绍，在物理上，到处存在矩阵填充，并且在其他很多领域矩阵填充也将有很强的应用。

（记录人：李家华　李靖）

李宝军 先后毕业于西北师范大学（本科）、兰州大学（硕士）、西安交通大学（博士），之后工作于复旦大学（博士后）、新加坡国立大学与美国麻省理工学院学术联盟（博士后）、新加坡材料与工程研究院（research fellow）、中山大学（教授、博士生导师）、英国牛津大学（高级研究学者），目前任中山大学长江学者特聘教授。主要从事光电子器件及集成、纳米光子学及技术、能源光子学及应用等研究。近年在《Nano Letters》《ACS Nano》《Optics Letters》《Optics Express》《Applied Physics Letters》等国际学术刊物上发表第一作者或通讯作者 SCI 论文 50 多篇。应邀在国际学术会议上做主旨发言（keynote speech）、大会报告（plenary talk）、邀请报告（invited talk）等 20 余次。应邀作为主编撰写英文专著二部，分别由英国剑桥 Woodhead 出版社和美国 Nova 出版社于 2010 年和 2011 年出版发行。为奥地利 In-Tech 出版社 2010 年出版的英文专著撰写了 1 章内容。先后入选中山大学百人计划（2002），教育部新世纪优秀人才支持计划（2004），获国家杰出青年科学基金（2006），入选广东省高等学校"千百十工程"国家级培养对象（2008），获国务院颁发的政府特殊津贴（2008），被聘为教育部"长江学者奖励计划"特聘教授（2008），获中山大学卓越人才资助计划高层次人才特别资助（2010）等。

第39期

Polymer Nanowire Drawing and Nanophotonic Device Assembly

Keywords：nanowire, nanodevice, nanophotonics, polymer, device assembly

第 ③⑨ 期

聚合物纳米线制作和纳米光子器件组装

李宝军

纳米线是纳米技术领域中令人兴奋的新兴高科技前沿研究课题，是现代科学和现代技术相结合的产物。纳米线制作技术及其发展水平是支撑纳米科技走向应用的基础。《自然》杂志刊登的文章中，有学者将纳米线列为当今物理学五大前沿研究热点的第二位[1]。

目前，基于有机和无机等各种材料的纳米线及其纳米光子器件组装的研究非常热门。无机材料的纳米线主要以半导体（如 SiO_2、SnO_2、In_2O_3、ZnO、CuO、$CdTe$、Si 等）为主，有机材料的纳米线主要以聚合物为主。人们已用光刻技术制作出基于金属材料的表面等离子纳米波导、基于平面介质材料的纳米线波导、光子晶体波导等。通过自组装方法制作出基于半导体等材料的纳米结构。与半导体纳米线相比，聚合物纳米线由于具有良好的机械性能，尤其是其弹性和柔韧性很好，而且可以通过化学设计改变其材料的特性，使之成为构筑超紧凑光子学器件和微型化集成光路的首选之一。

聚合物纳米线可以通过化学合成法、激光烧蚀法、静电纺丝法、微纳吸管法、近场探针拉制法、尖端阵列法等制作。图 39.1 是人们通过剪裁改性的聚合物制作的、能发不同颜色光的柔性纳米纤维。图 39.2 是人们利用尖端阵列法制作的长度约几百微米的聚合物纳米纤维。

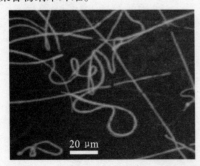 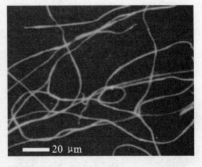

图 39.1　发不同颜色光的改性聚合物纳米纤维

（图片依次为蓝、绿、黄、红色的荧光显微图片[2]）

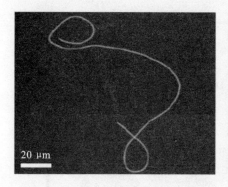
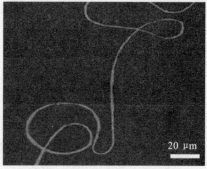

续图 39.1

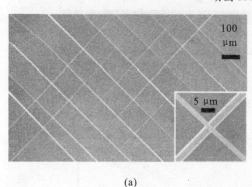
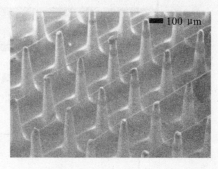

(a) (b)

图 39.2　利用尖端阵列法制作的聚合物纤维

（a）通过微尖端方法拉制形成的聚合物纤维网络；

（b）通过尖端阵列方法拉制形成的聚合物纤维阵列[3]

　　我们在中山大学光电材料与技术国家重点实验室将用于地毯和服装的新型 PTT 聚合物材料用于纳米光子学研究中，通过加热使其呈熔融态后，经简单、快速、价格低廉的直接拉制方法，制作出直径小至 60 nm、长度超过 50 cm、表面光滑、直径均匀的纳米线。图 39.3 是其实验装置和制作示意图，包括以下主要步骤：（Ⅰ）将聚合物材料加热至熔融态（或者溶解在溶剂中），其中熔融态的聚合物材料是通过加热板加热形成的，在纳米线制作过程中保持加热板的温度稳定；（Ⅱ）将直径为微米尺度的 SiO_2 棒或铁棒的末端靠近并浸入熔融态的聚合物（或者聚合物溶液）中；（Ⅲ）将 SiO_2 棒或铁棒以 0.1～1 m/s 的速度垂直上提，从而在棒的末端与熔融态聚合物（或者聚合物溶液）之间形成延伸的聚合物纤维；（Ⅳ）在空气中迅速固化形成一条聚合物纳米线。其拉伸的方向也可以与水平面成任意的角度，如图 39.4 所示。

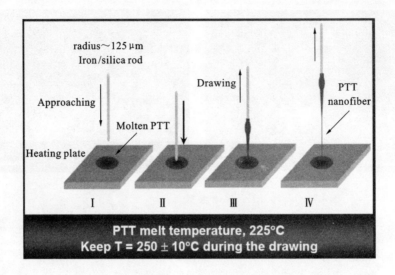

图 39.3　PTT 聚合物纳米线的实验装置和制作流程图
（箭头表示 SiO_2 或铁棒的拉伸方向）[4]

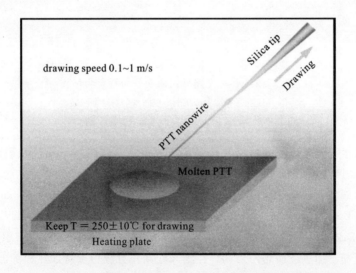

图 39.4　沿任意方向拉制 PTT 聚合物纳米线的实验装置和制作示意图
（箭头表示 SiO_2 或铁尖锥的拉伸方向）[5]

图 39.5 给出了我们借助显微操作技术组装成功的几种纳米光子器件的扫描电子
显微镜图片（图 39.5（a）～（c））或其通光的显微镜图片（图 39.5（d）～（f））。

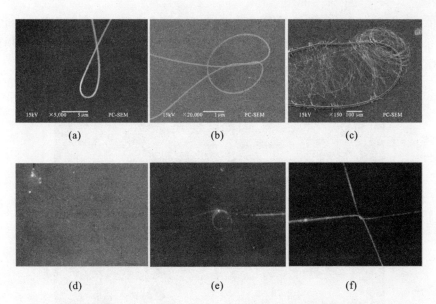

图 39.5　用聚合物纳米线组装的一些纳米光子器件及可见光在其中的传输图

（a）纳米镊子（直径 340 nm）；（b）纳米剪刀（直径 70 nm）；（c）纳米鸟巢（平均直径 280 nm）；

（d）纳米弹簧或纳米螺丝起子（蓝光）；（e）纳米环（红光）；（f）纳米耦合器（绿光）

　　借助显微操作和扭缠技术，将机械性能优良的 PTT 纳米线紧密地缠绕在一起形成"蝴蝶"形状，可得到一系列结构超紧凑、具有多个输入/输出分支的光耦合分束器。图 39.6 是以两根纳米线为例说明其组装过程的示意图。首先，将一步拉制法得到的 PTT 纳米线截成等长的两段，分别将每条纳米线的两端固定在左右两个微型支架上，其中左边的微型支架固定不动，右边的微型支架可以绕中心轴顺时针或逆时针旋转。然后，旋转右边的微型支架，两根 PTT 纳米线的中间部分扭缠在一起。最后，形成一个扭缠的 2 × 2 结构。

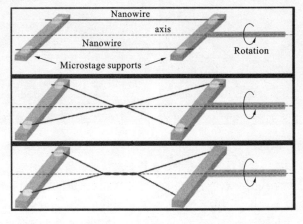

图 39.6　PTT 纳米线扭缠结构的制作过程示意图

图 39.7 所示是将 6 根 PTT 纳米线缠绕在一起组装成的 6×6 光耦合分束器。图中纳米线的直径为 360~540 nm。图 39.7（a）为其扫描电子显微镜图，图 39.7（b）~（d）依次为通入红光、绿光、蓝光的传输图。

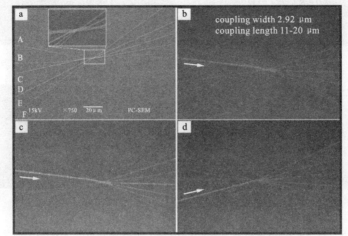

diameters are 520,540,540,540,420,and 360 nm for branches A to F

图 39.7　用 PTT 聚合物纳米线组装的 6×6 光耦合

分束器及红、绿、蓝三色光在其中的传输图

图 39.8 为用 PTT 聚合物纳米线组装成功的一种基于耦合原理的动态可调折射率传感器。实验测得其最大探测灵敏度达到 26.96 mW/RIU（refractive index unit），折射率探测限度为 1.85×10^{-7}，缠绕圈数每变化一圈的动态可调度为 1.2 mW/RIU，纳米线交叉角每变化 5° 的可调度为 1.8 mW/RIU。

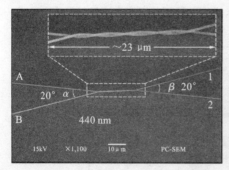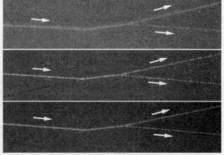

图 39.8　具有 2×2 耦合结构的动态可调折射率传感器扫描电镜和红、

绿、蓝光路图（图中白色箭头表示光传播方向）[6]

对任何基于纳米线的纳米光子器件，一个不可避免的问题是如何将各种不同波长的光信号耦合到纳米线中。当进入纳米尺度后，常规的耦合方法和技术因耦合效率极低而不能适用，于是倏逝波（evanescent wave）就成了纳米线光耦合测试的首选方法。

然而，倏逝波耦合效率与被耦合的光信号波长、纳米线之间的交叉角、纳米线的直径等有非常强的依赖关系。由于测试上的难度，目前还没法从实验上对纳米线耦合效率与光信号波长、纳米线交叉角、纳米线直径等的依赖关系进行论证。针对这一问题，我们设计了一个如图 39.9 所示的可精确控制和转动的测试装置，从实验上给出了它们之间的依赖关系。作为示例，图 39.10 给出了利用直径为 800 nm 的锥形光纤将波长为 532 nm 的绿色光耦合到直径为 640 nm 的 PTT 聚合物纳米线的实验图片。图中水平方向为锥形光纤，竖直方向变化的为纳米线，它们之间的交叉角变化范围为 0°到 90°，变化量为 5°。最后一个插图为实验用 PTT 聚合物纳米线的扫描电镜图。

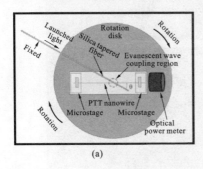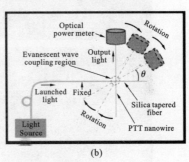

图 39.9　光耦合实验装置示意图

（a）俯视图；（b）交叉角变化示意图

图 39.10　通过直径为 800 nm 的锥形光纤将波长为 532 nm 的绿色光
耦合到直径为 640 nm 的聚合物纳米线的实验图

在上述研究的基础上，我们进一步组装出了基于该纳米线的全光彩色显示。图39.11为通入两种不同波长的可见光所形成的彩色光斑。若用三根纳米线分别输入红、绿、蓝光还可以合成白光。

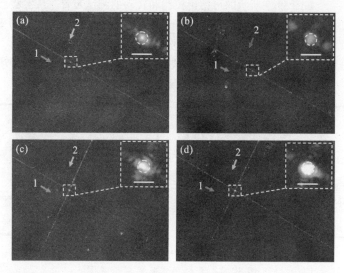

图39.11　利用不同直径的纳米线，通过输入不同波长的可见光合成的彩色显示光斑

实验证明，这种用于地毯和服装的新型 PTT 聚合物材料也是一种很好的光子学材料。借助热辅助拉制方法和显微操作技术，可以组装多种结构可控的纳米光子器件。这种新型的 PTT 聚合物纳米线和纳米器件将在纳米集成、纳米网络、光信号纳米互连、纳米生物传感、微纳物理学、生物化学等领域有重要的应用前景。

（记录人：武汉光电国家实验室（筹）纳米能源技术与功能纳米器件研究团队、现代显微光学成像研究团队）

参考文献

［1］　J. Giles. Nature，2006，441：265.

［2］　F. D. Benedetto et al. Nature Nanotechnology，2008，3：614-619.

［3］　S. A. Harfenist et al. Nano Letters，2004，4：1931-1937.

［4］　X. Xing et al. Optics Express，2008，16：10815-10822.

［5］　X. Xing et al. Nano Letters，2008，8：2839-2843.

［6］　H. Zhu et al. ACS Nano，2009，3（10）：3110-3114.

陈锦泰　香港大学电机工程专业毕业，获学士学位，在前往美国继续深造前从事工程师工作。1986 年春天从康奈尔大学应用物理系毕业，获博士学位，研究方向是 GaAs/InP 材料的 MOCVD 的生长及光电器件的加工。在康奈尔大学简短的博士后工作之后，他于 1986 年加入了位于加州圣罗莎的惠普公司。在那里，他主要研究 GaAs/GaInAs 的 MBE 生长和 HEMT 器件。他于 1992 年返回香港，并开始于香港中文大学任教。现在他是香港中文大学电子工程系教授、生物医学工程学系主任、光电子研究中心主任。此前他的研究领域主要是 GaAs 波导、调制器、光纤激光器、高重复率超快激光、全光转换、光 CDMA 及基于光纤的量子密钥分配。现在他的研究领域主要是：飞秒脉冲作用于掺杂 GaAs 材料产生 THz 波，在 THz 波段的等离子体器件，飞秒光致细胞转基因和细胞融合。他希望在下一阶段的研究中集中于生物光子学和 THz 等离子体的交叉领域。

第40期

Experimental Interactions of Femtosecond Laser with Cells

Keywords：femtosecond laser, cell fusion, reactive oxygen species, apoptosis

第 ㊵ 期

飞秒激光与细胞的相互作用

陈锦泰

1 生物光子学概念简介

生物光子学是由光学和生物学交叉而成的新兴领域，它不仅研究生物样本与光之间的相互作用，更是涵盖了用光学的方法去解决传统生物学问题的技术，以及用光学手段去研究基础生物问题的科学。到了 20 世纪 80 年代和 90 年代，随着钛宝石超短脉冲激光器、高速光电雪崩二极管以及光镊技术的诞生，生物光子学领域取得了一系列重大成果，引起全世界科学界的重视。至今，生物光子学作为一门独立学科已经发展出了许多重要的研究分支，在生物学基础研究、分子生物学、细胞生物学、基因技术、生物医学工程、组织工程、癌症检测及治疗等领域得到了广泛应用，占据了越来越重要的地位。

生物光子学大概可以分为两大方向：生物成像和操控。成像主要包括显微技术、生物传感技术、病理诊断、流式细胞仪、光相干层析以及组织成像。操控则包括光镊技术、转基因、细胞融合、细胞微手术以及光动力治疗。由于激光技术的发展，较之于传统的生化研究工具，光学方法没有引入任何机械、化学和生物接触，因此对于细胞而言具有非侵入、无污染、安全、精确、可控和高效等优点。不同的研究可以选用不同的激光器。当前常用的激光器覆盖了从紫外（260 nm）到红外（1600 nm）的波段，并且分为连续光和脉冲光两种类型。脉冲激光器根据其脉冲宽度又可分为微秒、纳秒等长脉冲激光器，以及皮秒、飞秒等短脉冲激光器，现在甚至已经出现了亚飞秒的阿秒超快激光器，不过尚未应用于研究中。飞秒激光器具有超高峰值、超短脉冲的性质，因此具有超高的空间和时间分辨率，并且可以产生高非线性过程。而相对来说，脉冲宽度远远小于脉冲之间的间隔，因此细胞承受的伤害远远小于同功率下连续光造成的伤害。目前常用的飞秒激光器可分为空间的钛宝石锁模激光器和掺铒/钇光纤激光器。

飞秒激光器的引入使得生物光子学产生了雪崩式的革命性发展，生物光子学取得了一系列里程碑式的结果。非线性多光子成像的远场光学分辨率可以轻易地突破光学极限，人们可以在亚光学极限的空间尺度和亚皮秒的时间尺度上研究物质的行为，生物单分子成像开始成为研究热潮。各种非线性过程，如二次谐波产生（second harmonic generation，SHG）和双光子荧光（two photon fluorescence，TPF）使得人们可以对生物样品进行靶向标定的非线性成像。飞秒激光与各种成像系统结合，非线性的 FLIM 和 FCS 成像方法在生物单分子研究中取得了很多突破性的成果，至今依然是一个突出的研究热点，MIT 的 Peter So 小组和台湾大学的孙启光小组在这些方向上做了很多重要工作。而相干反斯托克斯拉曼成像（coherent anti-Stokes Raman scattering，CARS）则在活体细胞的单分子研究和癌症诊断中凸现出独特的重要作用。哈佛大学的 Xiaoliang Xie 小组是国际上当前从事 CARS 研究的著名小组之一，他们在单分子水平上研究活体细胞的单分子酶和核酸以及核酸 – 蛋白质相互作用，取得了很多突破性成果。德国马克斯·普朗克研究所的 Stefan Hell 小组提出的受激辐射耗尽显微成像（stimulated emission depletion microscopy，STED）和哈佛大学 Xiaowei Zhuang 小组的随机光重建显微成像（stochastic optical reconstruction microscopy，STORM）是当前最著名的两种远场纳米量级的高分辨率荧光成像方法。这些方法实现了远场光学分辨率上的极限突破，它们对于研究活体细胞内的生物过程和单分子动态具有非常重要的地位和意义。

2　光学转基因技术

转基因是指把细胞外的基因段转送到细胞内，并表达出相应的蛋白质。由于细胞膜是一种选择透过性膜，基因分子并不能直接进入细胞内。传统的转送基因的生物学方法有病毒转送、磷脂球转送和蛋白质载体等方式，它们最大的缺陷在于引入了相当于污染的第三方生物化学分子，并且效率较低。聚焦的激光可以打开细胞膜。由于连续或长脉冲激光对细胞伤害较大，传统的光学转基因技术长期以来并未引起人们的重视。随着大功率飞秒激光器（> 100 mW）的发展，光学转基因技术也同样得到了突破性进展。德国的 K. Konig 小组在 2002 年首次用高能量的钛宝石激光脉冲无创地打开细胞膜，让绿色荧光蛋白基因在细胞中顺利表达，实现了超高效率的光学转基因。英国的 Kishan Dholakia 小组在随后的工作中详细分析了不同光束对于细胞膜和转基因效率的影响。

不过，飞秒脉冲与生物样本相互作用的原理并不清楚，人们用模糊的"多光子吸收"或"非线性效应"来解释以上一系列的工作。直到 2005 年左右，A. Vogel 用水分子作为模型来模拟生物样本，首次系统地从理论和实验上提出了一个详细的体系，描述了飞秒脉冲对于水分子电子的泵浦电离过程，并提出了"低浓度自由电子等离子体（low-density electron plasma）"的概念以解释飞秒脉冲打开细胞膜这一现象，即在飞秒激光聚焦的地方，细胞膜中的磷脂及其他相应分子都可以被多光子电离而被解体。现在，飞秒脉冲与细胞和病毒等生物样本之间相互作用的机理依然是一个重要的尚待完成的研究课题。

不同于之前的工作，我们采用了通信波段的掺铒光纤激光器来实现转基因，细胞对这个波长的飞秒激光的曝光时间容忍度可达 10 s，不需要进行严格的曝光控制。我们的研究结果表明，这种飞秒激光可以在细胞膜上开孔，而细胞膜也可以在曝光后 1 s 之内再次恢复。我们通过对线粒体的膜电压的测量来决定安全的曝光时间。此外，我们成功地把绿色荧光蛋白 GFP 的 DNA 转基因到人体肝癌细胞 HepG2 中，并在曝光 24 小时后检测到了 GFP 的表达，转基因的效率达到了 77.3%。我们也观测到了转基因细胞在 48 小时后的繁殖。

3   光学细胞融合

细胞融合是生物研究领域中重要的技术，指的是把两个细胞融合成一个混合细胞。细胞融合的概念在生物上很复杂，根据最终核分布和繁殖的情况可以细分为很多种融合方式，这里我们把细胞融合简化为使若干独立的细胞融合在一起，共用一个细胞膜。细胞融合是分析基因表达、染色体定位、单克隆抗体生成和癌症免疫治疗的有力工具。体外细胞融合的一个难点是如何提高融合效率，且同时不引入多余的化学药物，并保持细胞活性和健康。

在 20 世纪 80 年代末和 90 年代初，E. Schierenberg 和 M. W. Berns 分别使用了紫外调 Q 脉冲激光器实现了光学细胞融合。遗憾的是，由于紫外光对生物样品的巨大伤害，这种融合效率非常低，因此并没有引起人们的关注。之后，天津大学的王清月小组首次使用飞秒激光和聚乙二醇（PEG）实现了酵母细胞融合。我们发现，人体癌症细胞可以被光镊自由挑选移动，然后被波长为 1554 nm 的飞秒激光融合，融合效率相对较高。我们的结果表明，人体细胞可以仅由飞秒激光来产生融合，而这也是人体细胞第一次由全光技术融合。我们还观察到了融合之后细胞的细胞质之间的混合。此外，我们也做到了不同细胞株之间的交叉融合。在此基础上，我们系统地做出了全光细胞融合的方法。这些结果对于解释目前生物界尚不清楚的细胞融合的机理具有重要意义。

4   细胞凋亡过程的研究

细胞凋亡的失败是癌症和自免疫疾病的主要原因之一。飞秒激光脉冲可以激发细胞内一系列生物化学反应，而较长时间的曝光则可引起细胞进入凋亡。Mohanty S. K. 和 K. Konig 小组等首次公布了用光学手段初步发现细胞内活性氧化因子（reactive oxygen species，ROS）的产生量随着光照能量和时间变化的简单关系。ROS 的产生是细胞对激光最重要最直接的生化反应之一。我们使用飞秒激光作为一种激发细胞凋亡并在小于细胞的尺度上观测细胞凋亡变化动态的新方法。我们测量了飞秒激光在被曝光的细胞中产生 ROS 的效果，而 ROS 可以触发细胞凋亡。通过控制线粒体的电子传输链，我们研究了飞秒激光产生 ROS 的机理，包括热效应和直接产生自由电子。

细胞在凋亡过程中会产生形态和结构上的变化。M. Fricker 小组在 1997 年首次发现细胞核的核膜在凋亡过程中会形成一些向内凹陷的管状结构。S. K. Kong 小组在此基础上做了很多细致的工作。然而，传统的激发细胞凋亡的化学手段具有三个重要的缺陷：一是化学处理时间较长，需要 6 到 24 小时；二是凋亡效率较低，一般在维持细胞完整性的前提下，凋亡效率往往只有 20%；三是不可控性，即对于一个特定的细胞来说，它是否进入凋亡过程以及何时进入凋亡过程是不可控的。

我们首次用长时间的飞秒激光对目标细胞的曝光来触发细胞凋亡，发现细胞核的核膜在细胞核内形成了管状或通道状结构。在激光处理过的细胞中，核管的平均数量显著高于未被处理的对照组。此外，核管的动态发展过程也被观测到，并且记录了它与另一个核管融合而形成一个更大核管的过程。同时，线粒体和微管蛋白也在核管中被发现。而核管的形成过程总是在细胞内钙离子浓度显著上升之后。在核管周围的区域里，更多的 DNA 碎片也被发现。在这些实验结果的基础上，我们提出核管是在凋亡过程中形成，线粒体会通过核管迁移到细胞核中来释放 DNA 碎片的信号。

细胞内钙离子是细胞基础研究的一个重要领域。钙离子对于细胞凋亡、细胞核内的基因转录控制等都有重要的调制作用。日本的 S. Kawata 小组首次发现飞秒激光对细胞内的钙离子水平有直接的触发作用，并提出了一种机制来试图解释飞秒激光对钙离子作用的机理。这是对传统生化界一直尚未清楚的细胞钙离子研究的一个重要补充，同时飞秒激光也作为一种独特的亚细胞钙离子触发工具而成为钙离子研究的新方法。华中科技大学的骆清铭小组在这个方向上也做了重要工作，研究了钙离子的扩散问题，特别是神经网络的钙离子传播。在此基础上，Wihelma Echevarr 小组用这种方法研究细胞内钙离子的变化，系统地提出了一套内质网 – 细胞核钙离子信号调制理论。我们使用飞秒激光来触发细胞的钙离子的变化，系统地研究了细胞内钙离子的分布和扩散，首次发现钙离子主要储存于细胞质中，并且在光激发后可以扩散到细胞核中。使用快速共聚焦扫描，我们获得了钙离子扩散的路径。我们的发现提供了一个研究细胞凋亡过程的新方法。

5　生物光子学的发展展望

目前，生物光子学已经在世界范围内得到了高度的关注，研究范围涵盖了所有传统的生物研究领域。在成像方面，应用于活体细胞单分子成像的更高分辨率的远场成像方法将会得到进一步的发展，并且开始作为一种新方法应用于传统的细胞生物学与分子生物学的研究。而刚刚起步的，结合了飞秒激光与近场光学显微镜、原子力显微镜的成像思路，将是一种高分辨率的近场成像方法，很多小组都在开展研究，该方法即将得到快速发展。随着纳米材料技术的发展，生物光子学在一系列纳米材料的辅助下也取得了很多突破性的成果。比较重要的是近年来纳米金棒的广泛应用。如果纳米金棒的共振散射峰匹配于激光波长，那么它在对激光的散射和吸收上会出现放大的性质，人们开始试图用纳米金棒来对传统拉曼成像的弱信号做定向增强，或许这将是组织成像的一个突破口。在操控方面，更加微尺度的光束修饰方法将会产生，与实时单分子成像技术结合，进一步精细地实时操控活体细胞内的单分子，从而对分子生物学和生命科学研究产生突破性进展。光学转基因技术和细胞融合技术将与图像处理技术、微流系统（microfluidic system）相结合，向大批量、高速度、自动化的方向发展，光学手段将成为传统细胞工程中的一个重要组成部分。已经较为成熟的一系列成像诊断方法将开始逐步投入到临床实验中，成为医疗诊断的技术之一。光动力治疗方法随着组织光学的发展，或许将成为一种先进的癌症治疗方法。就基础研究而言，激光技术应用于生物领域，将逐步成为一个更加独特的研究方法，如激光对于一些病毒的杀伤效果，激光对于干细胞分化的诱导控制，等等。可以预见，生物光子学具有巨大的发展潜力，将会对整个生命科学产生重大的革命性改变。

（记录人：贺号）

冯军 毕业于四川大学物理系，在中科院近代物理研究所获博士学位。曾获1996年中国自然科学杰出青年基金，2001年中国国家自然科学奖二等奖，2003年美国加州大学劳伦斯国家实验室杰出成就奖。1995年由中科院特批为研究员，现任美国能源部加州大学劳伦斯国家实验室研究员。主要从事的研究包括：①超高分辨光电发射电子显微镜的研究及应用；②超快条纹像机研制及应用，领导的小组取得了230 fs分辨，并将其用于磁性材料动力学及高热高密度材料动力学研究；③用于新型自由电子激光的新型光阴极材料研制；④X射线光束线站及其应用研究。

第41期

Characteristics and Applications of Advanced Light Source and Novel Photocathode

Keywords：X-ray，streak camera，photocathode，ultrafast science

第 ④1 期

新一代先进光源和新型光阴极材料的特性及应用研究

冯 军

1 引言

原子或分子中电子会在不同能态之间跃迁，当它从较高的激发态向较低的能态跃迁时，能量就会以电磁波的形式辐射。光就是电磁波的一种。自然界中的太阳光是核能激发电子跃迁而辐射的一种电磁波，而电灯等人造光是由电能激发电子跃迁而辐射的电磁波。20 世纪 60 年代诞生了第一台激光器，从而带来了光的革命。这种激光器辐射的光在可见光波段，为 600 nm 左右。20 世纪 70 年代，同步加速辐射光源的出现带来了光的第二次革命。同步辐射光的产生机理是：将光阴极材料发射的光电子加速到接近光速，这些电子将遵循爱因斯坦的相对论，并且能够被束缚得很紧密，形成高密度、高能量的电子束，这些电子束在运动方向改变时就会辐射 X 射线，辐射的 X 射线将在振荡器中得到加强。同步辐射光覆盖 X 射线波段，大约为 0.1～100 nm，具有高亮度、高相干性。X 射线有着极为重要的应用，它可以帮助我们看到极小的东西，而观察极小的东西是十分重要的。例如，了解生命体工作的基本物质——蛋白质的结构，改变电子计算机中磁体单元的结构等。在 X 射线的研究及应用方面，已经产生了 20 个诺贝尔奖。2009 年，美国斯坦福大学的 LCLS 自由电子激光装置出光，标志着光的第三次革命到来——自由电子激光器的出现。和同步辐射光相比，自由电子激光的峰值亮度可提高 10^{10} 倍，而其脉冲宽度在飞秒量级，比同步辐射快 1000 倍。自由电子激光将为超快超小的微观世界的研究带来巨大突破，同时还可用于高端军事武器上。对 X 射线光源孜孜不倦的追求来源于科学研究需要的驱动，例如利用它来观察化学键的形成及断裂的动态过程，在极端的时间尺度上观察化学反应的动力学过程，极高精度地观察原子分子的超快动力学过程，以及激光微纳加工，等等。目前，欧、美、日等多个研究机构已经拥有或者正在建造产生高质量 X 射线的自由电子激光器。劳伦斯伯克利国家实验室也正在建造自由电子激光器，并取名为 NGLS（next generation light source）。和其他自由电子激光装置相比，NGLS 将具有以下特点：①重复频率高且可变，最快可达 1 MHz；②电子枪真空度好，达到 10^{-11}；③光阴极材料多样化，既可用传统的金属光阴极材料，又能用新型的半导体光阴极材料；④电子枪峰值加速电场强，可达 24.1 MV/mm。本报告的第一部分将介绍超快条纹相机的研制和应用，第二部分将介绍用于自由电子激光的新型光阴极材料的研制。

2　超快 X 射线科学

超快、超小过程及现象的研究是当今的科学前沿。我们研究超快及超小过程的目标就是在分子水平上了解并控制化学反应过程及在原子水平上研发新型材料。条纹相机是探测这种超快过程的一个有力工具，它同时具有微米级空间分辨率及飞秒级时间分辨率，它的原理是将超快的时间信息转化为可用探测仪器记录的空间信息。图 41.1 给出了 X 射线条纹相机的示意图。

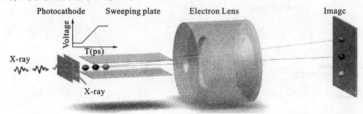

图 41.1　条纹相机示意图

条纹相机有如下几个特点：①有很好的时间分辨率，目前已经达到的为 230 fs；②能够记录整个响应过程；③有很宽的光子能量范围，约为 10 eV ~ 10 keV；④能够同时测量时间及光谱；⑤它是集成的，体积很小，使用方便。

先进光源条纹相机的发展规划有如下三种：第一，透射式条纹相机，它采用薄膜光阴极，具有较高的时间分辨率，可用于如超快磁动力学过程的研究；第二，反射式相机，它采用厚的光阴极，具有较高的光电子发射量子效率和抗辐照能力，可用于同步辐射和自由电子激光引起的不可逆材料动力学研究；第三，双扫描条纹相机，主要用于具有重复频率不同的光源有光的泵浦-探测研究。条纹相机测量的光学布置图如图 41.2 所示。

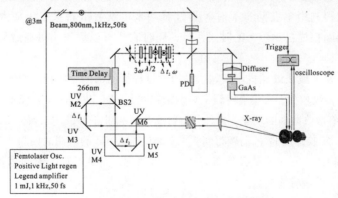

图 41.2　条纹相机测量的光学布置图

通过使用具有均匀加速电场的网格光阴极设计，并采用开放的磁螺旋透镜设计，可以同时提高 X 射线条纹相机的空间分辨率和时间分辨率。在长达 53 ps 的时间窗口中，这种高空间和时间分辨率的性质能够保持。使用此设计时用金作为光电阴极，能够达到的时间分辨率为 233 fs，空间分辨率为 10 μm[1]，如图 41.3 所示。

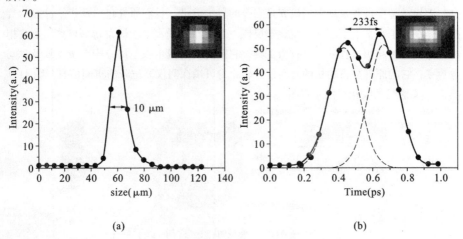

(a)   (b)

图 41.3　条纹相机的空间和时间分辨率

（a）空间分辨率；（b）时间分辨率

通过使用一个随时间变化的加速电场来增加光电子束的长度，能够进一步提高条纹相机的分辨率，改善由于初始能量分布带来的时间离差，并改善空间电荷力带来的一系列效应。通过计算机模拟证实，这种新的方法能够大大提高时间分辨率，有潜力使 X 射线条纹相机的时间分辨率达到 100 fs 以内[2]。

使用入射角为 20°的掠入射方式，用大孔径磁螺旋透镜聚焦光致电子，能够提高条纹相机的量子效率，并实现 600 fs 的时间分辨率以及较高的空间分辨率。这些性质使得利用单发同步辐射 X 射线脉冲来单发射击测量超快动力学成为现实，从而消除扫描抖动带来的时间污点，同时它还可以测量不可逆过程的超快动力学过程[3]。

以下是 X 射线条纹相机用于超快动力学过程探测的两个实例。如图 41.4 所示，利用 X 射线条纹相机，实验观察到了热稠密铜在 L-edge 以下有 X 射线吸收增强，在 L-edge 以上有吸收减弱的现象。另外，X 射线条纹相机还可以用来研究 FeGd 的磁性动力学[4,5]。实验发现 Fe 的消磁时间为 1.9 ± 0.5 ps，Gd 的消磁时间为 2.2 ± 0.6 ps。在这个时间段内，Fe 的自旋及轨道角动量都被热化，而对于 Gd，其轨道角动量在这个消磁过程中并没有被热化。

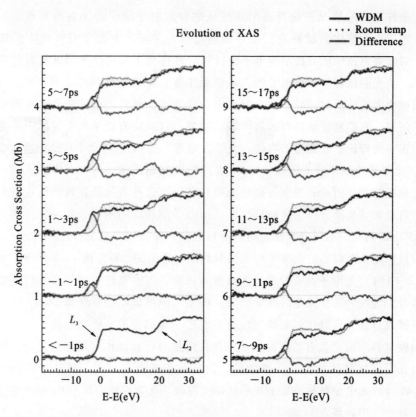

图 41.4 热稠密及室温稠密材料对 X 射线的吸收谱

3 用于新型自由电子激光的新型光阴极材料研制

光阴极被广泛应用于学术和工业的各个领域，如光注入器、条纹相机、光电倍增管、光电管等。光阴极材料释放电子的三步模型包括：电子激发、电子向材料表面渡越，以及电子从表面逃逸。图 41.5 为此三步模型的示意图，其中包括了激光反射、激发电子的能量分布、电子-电子的散射、渡越方向，以及表面逸出功等影响电子释放效率的具体因素。激光的反射直接影响到材料光的吸收效率；被激发电子的能量分布直接体现了有多大比例的电子可能脱离材料表面成为光电子；电子－电子之间的散射可能改变电子的能量和运动方向，这都直接影响电子能否发射，因为向材料内部运动的电子是肯定不会电离成为光电子的，同样，能量不足以克服材料逸出功的激发电子也不可能成为光电子，所以电子之间的散射对电子的发射有很大的影响；另外一个影响阴极材料电子发射的重要因素就是材料的逸出功，逸出功越低的材料，电子就越容易发射，所

以在条件允许的情况下选择逸出功较低的材料对于电子的发射极其有利，当
然，对于一种选定的材料我们也可以通过运用外场的方法来有效地降低逸出
功。对能够逃逸的所有能量的电子进行积分就得到了相应的光阴极材料的量子
效率。从光阴极材料释放电子的三步模型来看，要提高材料的量子效率，可以
使用减小激光的反射、减小材料的逸出功等方法。对自由电子激光器光阴极材
料的研究，我们发现绝热释放高于理论结果，这可能有以下几个原因：不完善
或不正确的理论；表面过于粗糙；光学像差等。图 41.6 显示了从斯坦福大学的
LCLS 电子枪中取出的光阴极材料 Cu 表面的 X 衍射成像，可以看出真实的金属
表面是粗糙的，表面有很多谷粒状的颗粒结构，这种表面的颗粒结构在纳米尺
度下是清晰可见的，每个颗粒具有自己的电子结构、功函数、光学特性等。对
于 257 nm 的光，不同的颗粒之间电子释放的产量差可以高达 36 个数量级，所
以应该用福勒加权的方法来考虑表面颗粒部分带来的影响。图 41.7 给出了单晶
体 Cu（111）光电子释放对激光入射角的依赖，图中黑线和浅红线是实验结果
的拟合，红线为三步模型的模拟结果，可见三步模型不能够解释 Cu（111）光
电子释放对激光入射角的依赖，理论需要进一步的完善。研究表明半导体复合
光阴极材料[6]通常具有较高的量子效率，但是制作和操作管理相当复杂，相反
金属光阴极材料虽然量子效率较低，但是易于获得和操作。通过对不同金属
（图 41.8）光电子释放的量子效率的研究发现，在研究的金属中 Cu 的光电子释
放的量子效率最高。

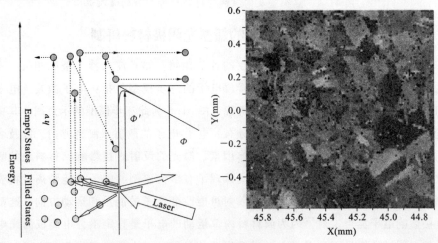

图 41.5　光电子释放的三步模型　　图 41.6　Cu 表面的 X 射线衍射成像

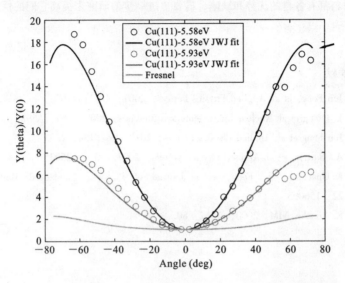

图 41.7 单晶体 Cu（111）光电子释放对激光入射角的依赖

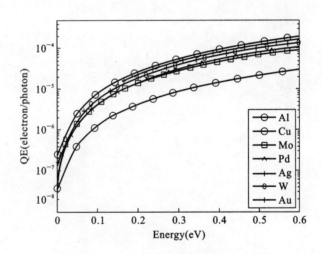

图 41.8 不同金属光电子释放的量子效率

4 总结

    光源的发展经过了三次革命性的变革：激光、同步辐射光源、自由电子激光器。它们都得到了广泛的应用，对科学研究和工业生产都产生了巨大的推动作用。超快 X 射线的科学研究是世界科学的前沿领域之一，它有望使分子动态成像的梦想变为现实。光阴极材料是新型光源的核心，它有着广泛的应用，金属光阴极材料和半导体复合光阴极材料都有各自的优势和缺陷，需要更进一步的研究来提高它们的性能。

（记录人：廖青）

参考文献

[1] Jun Feng, et al. Applied Physics Letters, 2007, 91: 134102.

[2] J. Qiang et al. Nuclear Instruments and Methods, 2009, 465: A598.

[3] Jun Feng et al. Applied Physics Letters, 2010, 96: 134102.

[4] A. Bartelt, et al. Applied Physics Letters, 2007, 90: 162503.

[5] K. Opachich, J. Feng, et al. Journal of Physics: Condensed Matter, 2010, 22: 156003.

[6] K. Arisaka. NIM, 2000, A442: 80.

朱健刚　IEEE Fellow，美国卡内基梅隆大学电气与计算机工程系 ABB 讲座教授，数据存储系统中心主任，同时受聘于材料科学与工程系教授及物理系教授，华中科技大学长江学者讲座教授。1982 年在华中工学院（现为华中科技大学）获得物理学学士学位，1989 年在美国加州大学圣地亚哥分校获得物理学博士学位。1990 年至 1997 年在美国明尼苏达大学电气工程学系任教，1997 年起任职于卡内基梅隆大学。1992 年获得明尼苏达大学 McKnight Land Grant 冠名教授，1993 年获得由美国国家科学基金委员会颁发的美国总统奖，1996 年获得《R&D》杂志 100 强发明奖，2004 年被评为 IEEE 磁学会杰出演讲人，2011 年获得 IEEE 磁学会成就奖。已发表 270 余篇学术期刊论文，主编或参编著作 6 部，在重大国际学术会议上做特邀报告 70 余次。在电气工程、物理学及材料科学方向培养的学生中已毕业博士生 30 多人及众多硕士生。拥有 16 项美国发明专利。

第42期

Spin Transfer Torque：Enabling Spin-Electronics at Nano Dimensions

Keywords：spin transfer torque, magnetoresistive RAM, microwave assisted magnetic recording

第 ㊷ 期

自旋转移矩：纳米尺度的自旋电子学

朱健刚

1 前言

自旋电子学（spintronics），又称为磁性电子学，是一种出现于 20 世纪 80 年代的新兴技术。该技术主要研究固态器件上的基本电荷、电子的固有自旋及自旋相关磁矩。应用于自旋电子学的材料，需有较高的电子极化率及较长的电子松弛时间。硬盘磁头是最早应用自旋电子学的商业化产品。此外，自旋电子学尚有巨大的应用潜力，包括磁性随机存储器、自旋场发射晶体管、自旋发光二极管的应用等。

当电流通过铁磁层时，由于电子的自旋磁矩会和磁介质材料本身发生交互作用，从而改变该介质材料的磁化方向，就如同电子将自身的自旋磁矩转移到了磁介质材料上，这种效应即称为自旋转移矩（spin transfer torque，STT）。自旋转移矩的研究和发展使得纳米尺度的自旋电子学的应用成为可能。

2 自旋依赖性传输

2.1 自旋磁矩

1925 年 G. E. Uhlenbeck 和 S. A. Goudsmit 受到 Pauli 不相容原理的启发，分析原子光谱的一些实验结果，提出电子具有内禀运动——自旋，并且有与电子自旋相联系的自旋磁矩。直观上理解，这是将电子看成表面分布着负电的小球，由于电子的自旋，在自旋轴周围就会产生环形电流，环形电流进而产生磁矩。由于电子带负电，磁矩的方向与电子自旋的方向相反。

2.2 磁隧道结与磁隧道效应

早在 1975 年，M. Jullière 就做了一个低温条件下的磁隧道结（magnetic tunneling junction，MTJ）。二十世纪九十年代因为技术的提升，使得薄膜可以做得更薄，于是磁隧道结的研究又成为热点。隧道电流和隧道电阻依赖于两个铁磁层磁化强度的相对取向（如图 42.1 所示）。在隧道结两电极施加电压的条件下，若两磁层的磁矩平行，则有相对较大的电流通过；反之，两磁矩反平行时，隧道结呈高阻态，随之通过的电流可降至磁矩平行时的 10% 。由此，便产生了磁隧道效应。磁隧道实际上相当于电子通过隧道结的时候，有一个电阻存在。当两边两个铁磁层的磁矩平行时，势垒较小，由于电子具有波动性，通过势垒的概率比较大；反之，势垒较大，电子通过的概率比较小。所以，就产生了极化电流。

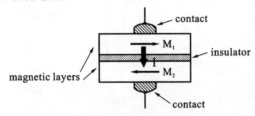

图 42.1　磁性隧道结

注：非磁层为绝缘体或半导体的磁性多层膜即磁性隧道结。这种磁性隧道结在加载于绝缘层的电压作用下，其隧道电流和隧道电阻依赖于两个铁磁层磁化强度的相对取向，当此相对取向在外磁场的作用下发生改变时，可观测到大的隧穿磁电阻（TMR）。

图 42.2 显示了对一个 $CoFe/Al_2O_3/Co$ 结进行测量的结果[1]。下面的两条曲线显示的是两个薄膜的磁阻的小的变化。通过极值的位置来标示矫顽场 Hc（最大值或最小值的存在由场和电流的方向决定）。对于隧道结来说，由于磁场减小，磁阻慢慢增加。一旦场反转，磁阻开始急剧增加，显示出一个峰值。随着磁场更进一步的增强，磁阻快速下降并且达到一个稳定值。当磁场平行于或垂直于磁隧道结平面的时候，都可以观察到这种现象。然而，正如对这些具有平面内易轴磁化取向所预计的一样，对于后面一种情况，峰更宽并且往 H 高的方向平移。在 295 K 时，峰值变化率 $\Delta R/R$ 为 10.6% 。通过对几十个结的测量，我们发现在室温下有超过 10% 的峰值变化率，有些结的峰值变化率甚至上升到了 11.8% 。 R 的这个改变比以往任何研究测量公布出的值都远远要高[1]。

总体来说，磁隧道结电阻改变的比例在 77 K 条件下比在 295 K 条件下几乎加倍。更进一步的增加发生在当将结冷却到 4.2 K 的时候，在某些情况下 R 改变的比例会增加到大约 24% 。

2.3　自旋隧道效应与隧道磁阻效应

自旋依赖隧道（spin dependent tunneling, SDT）是一种在电流中的不平衡，这个电流携带有从铁磁层通过绝缘层的自旋向上和自旋向下的电子，如图 42.3 所示。在本文中，自旋向上的电子是指自旋方向与外部磁场平行的电子，自旋向下的电子是指自旋方向与外部磁场反向平行的电子。定性地讲，SDT 可以通过如下事实解释：在铁磁金属中，电子之间由于发生交换相互作用而分裂成不同的能带，也就是说处在费米能级的自旋向上和自旋向下的电子的状态密度不相等。因此，能够通过阻隔层的电子的数量并由此产生的隧道电导率依赖于自旋。SDT 的一个更精确的描述包括通过铁磁

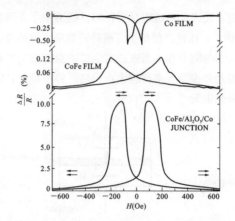

图 42.2　在 295 K 下，$CoFe/Al_2O_3/Co$ 结的电阻与薄膜的磁场 H 间的函数关系图

注：本图也显示了 CoFe 和 Co 薄膜电阻的变化，箭头代表两个薄膜的磁化取向的磁矩方向[2]。

层/绝缘层界面的自旋依赖传输，这个界面决定了隧道传导率。

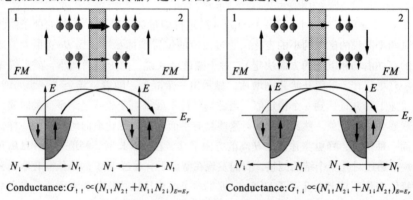

图 42.3　自旋依赖隧道效应示意图

SDT 现象导致了在磁隧道结中隧道磁阻效应（tunnel magnetoresistance，TMR）的发现。

TMR 是发生在磁隧道结中的一种磁阻效应。自旋极化 P 通过费米能级的自旋依赖状态密度 N 计算[3]：

$$P = \frac{N_\uparrow(E_F) - N_\downarrow(E_F)}{N_\uparrow(E_F) + N_\downarrow(E_F)} = 1 \tag{42.1}$$

相对电阻的改变现在通过两个铁磁层的自旋极化给出[3]：

$$TMR = \frac{2P_1P_2}{1 - P_1P_2} \tag{42.2}$$

如果没有电压加在结上，则电子以相同的速率穿过隧道。在结上加上一个偏置电压 U，电子隧道使正电极优先。假设自旋在隧穿的过程中被保存，电流可以被描述为一个双流模型。总电流被分为两个部分，一部分是自旋向上的电子电流，而另一部分是自旋向下的电子电流。获得反平行状态有两种可能的方法：第一，可以使用有不同矫顽力（通过使用不同薄膜厚度的材料）的铁磁层；第二，可以耦合使用一个铁磁层和一个反铁磁层，在这种情况下，非耦合电极仍然是自由的。TMR 随着温度上升和偏置电压的加大而减小。这两种情况都可以理解为磁子间的激励和交互作用。如果电极有 100% 的自旋极化，当 P_1 和 P_2 相等时，TMR 很明显成为无穷大的。在这种情况下，磁隧道结变成一个开关，在低电阻和无穷大电阻间进行磁性转换。制造这种开关的材料称为铁磁半金属，其传导电子是完全自旋极化的。

3　磁阻随机存储器

磁阻随机存储器（magnetoresistive random access memory，MRAM）是一种 20 世纪 90 年代才开始被研究的非易失计算机存储技术。现在存储密度的不断提升（尤其是 flash RAM 和 DRAM）使得它在市场上占有一席之地。但是其支持者相信其压倒性的优势使得 MRAM 最终会主导存储器市场，变成普适存储器[4]。

和传统的 RAM 芯片技术不同，在 MRAM 中数据并没有通过电荷或者电流，而是通过磁存储元件进行存储。元件由两个有磁性的铁磁层组成，由一个薄的绝缘层分隔。其中一个铁磁层为特定极性的永磁体，另一个的磁性则可以通过加一个外部场来改变，从而将数据存储到存储器中。这个构造被称为自旋阀，对于 MRAM 的一个比特来说是最简单的结构。

3.1　自旋矩转移驱动的翻转

当电流被注入到均匀磁化的铁磁层，也就是参考层时，参考层发挥"自旋过滤器"的作用：与铁磁层磁化方向平行的自旋电子可以通过，反平行自旋的电子被部分反射，参考层附近的电子自旋极化。如果另一层，也就是自由层，被放置在自旋极化区域之内，那么自旋极化电流将产生矩，称为自旋矩。自旋矩将局部磁矩旋转到非平衡方向，导致局部磁矩在有效磁场周围进动。自旋矩将一直存在，直到局部磁矩与自旋极化方向平行。当电流从参考层的另外一侧注入时，电流自旋极化将会反向。改变电流方向就会改变自旋矩的方向，如图 42.4 所示[5]。如果自旋矩与注入的电流密度成正比，在自由层中克服了局部磁各向异性，在这个时候就会发生磁化旋转。

3.2　典型 STT-MRAM

图 42.5 所示是一个典型的 STT-MRAM 存储器位元与磁存储器位元栈的示意图[5]。为了改变位元的记忆状态，要求注入的电流脉冲幅度为 200μA 持续时间 5 ns，相应的翻转能处在几个皮焦的量级。与触发器 MRAM 每比特 100 pJ 的翻转能相比，能量消耗大幅降低了。

STT 驱动的磁化翻转提供了一种通过往存储器位元直接注射电流来改变存储层存

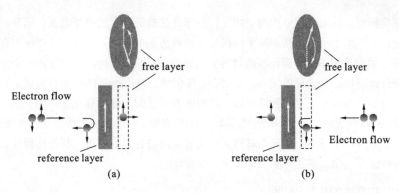

图 42.4　自旋转移矩示意图

注：向"固定"磁化取向的铁磁层中注入电流，电流就会变得自旋极化。在附近放置一个自由层，自旋极化电流将产生一个矩，这个矩使自由层的磁化取向旋转并偏离平衡方向。当改变电流的方向时，在"固定"层外的自旋极化方向将反向。

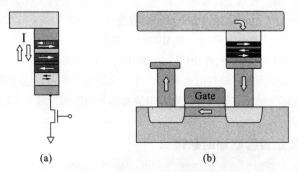

图 42.5　自旋矩转移 MRAM 存储器位元示意图

（a）原理图；（b）具有寻址晶体管的存储器位元示意图

储状态的方法，该方法能够消除 x-y 网格写线与半选问题。另外，自旋矩转移在深亚微米以及更小尺度的情况下对自由层磁矩的转换更有效。然而，对于磁矩在薄膜平面内并且线性取向的存储器位元来说，磁化保持机制仍然是磁形体各向异性，翻转电流阈值将与位元的具体几何形体保持强烈的函数关系。

3.3　基于 MgO 的磁隧道结

基于 MgO 的晶体磁隧道结是 STT-MRAM 技术的关键。MgO 磁隧道结提供相当高的自旋极化系数（$P > 0.82$）和相当大的磁阻比（$MR > 400\%$），这能够使 STT-MRAM 实现相当低的转换电流密度（目前为大约 1 mA/cm^2），同时保持足够的磁阻比（$MR \sim 100\%$）[5]。

制备晶体基于 MgO 的隧道结的一种方法是先用 CoFeB 无定形电极形成结，然后在适当的温度下退火。在无定形 CoFeB 层上沉积 MgO 得到一个多晶完美的（001）晶体结构的阻隔层。通常在 360 ℃左右下退火，CoFeB 电极利用阻隔层作为成核模板来结晶，形成外延 bcc 晶体结构，也具有（001）纹理。这种方法可以让薄膜沉积技术（例如溅射）得以应用，使得金属表面形成高磁阻比的 MgO 隧道结，进而能够作为一个后段工艺很容易地和 CMOS 集成到一起。图 42.6 是索尼 4kb Spin-RAM 演示芯片的存储器位元结构示意图以及 CoFeB/MgO 隧道结退火后的透射电子显微镜成像。显然，对于顶部和底部电极来说，bcc CoFeB 晶体结构与 MgO 层具有相同的纹理。

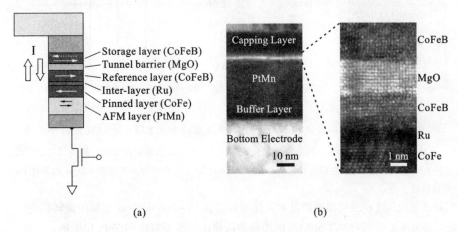

(a) (b)

图 42.6 基于 MgO 的磁隧道结

（a）索尼 4kb Spin – RAM 演示芯片存储器位元结构示意图；

（b）存储器位元栈横截面与具有 SAF – based 参考层结构的 MgO 隧道结的透射电子显微成像

3.4 垂直 STT-MRAM

另外一种存储器位元的设计是对磁隧道结存储器位元使用垂直磁化电极。利用垂直磁各向异性的磁性材料作为参考层和存储层。图 42.7 是垂直 STT-MRAM 的示意图[5]。由于大多数有着足够的垂直各向异性的磁性材料自旋极化系数都相当低，因此每一个磁性电极需要做成交换耦合双层——为了得到高的自旋极化，高垂直各向异性层与阻隔层旁边另一层交换耦合。由于存在许多有着宽范围垂直各向异性强度和宽范围饱和磁化强度的磁性材料可供我们选择，故参考电极可以是有着相当高垂直各向异性的双层。因为自旋矩在本质上只对和阻隔层相邻的层起作用，这与场驱动的转换有很大的不同，有着足够厚度的垂直各向异性层的电极必须非常稳定。

对于垂直磁化的存储电极，由于磁各向异性来源于晶体结构，临界电流应该与几何形状无关。这与面内磁化的情形不同，因此印刷图案化工艺不应该使各位元临界电流分布过宽。一个存储器位元的尺寸为 $1F^2$，其中的 F 是最小特征尺寸，由制造工艺决定。对于面内磁化的情况，制造 $1F^2$ 尺寸的位元将会非常困难，因为位元的末端必须被切割成锥形以形成完好的几何形状。

之前对自旋矩转移驱动的垂直磁化转换的实验研究是在垂直到平面结构的金属电

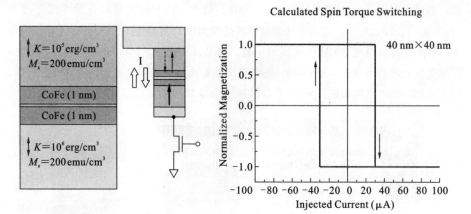

图 42.7　具有两个磁性电极和一个隧道阻隔层的垂直 STT – MRAM 设计示意图

注：每一个磁性电极由一层垂直各向异性层和一层与隧道阻隔层相邻的自旋矩加强层组成。磁滞回线是在假设所有磁性层的 Gilbert 阻尼常数 $\alpha = 0.02$ 并且电流脉冲宽度为 100 ns 的条件下计算得到的。

流上展开的，这些结构得到的低磁阻比导致需要 $50 \sim 100$ mA/cm^2 量级的高转换电流密度。最近东芝公司对 STT-MRAM 的实验演示使用了垂直有序的 FePt L10 和 Fe 双层作为参考层和存储层，用（001）纹理的晶体 MgO 作为隧道阻隔层。而存储器栈已经实现了低至 2.5 mA/cm^2 的转换电流密度以及大约 0.02 的 Gilbert 阻尼常数的复合存储层。微磁学仿真显示，在垂直各向异性的复合结构中，转换电流密度与阻尼常数成线性正比关系。

3.5　跑道存储器

跑道存储器（racetrack memory）是一种非常不同的 STT 磁存储器设备。如图 42.8 所示[5]，一列由反向磁化磁畴组成的"火车"被存储在一条薄的铁磁薄膜带上，沿着条带通入稳定的直流电流，在自旋矩转移效应的作用下，整列磁畴"火车"就会同步移动，这就是跑道存储器的关键。当写头进行写操作的时候，磁畴由电流通过导线产生的磁场创建。当每一个磁畴都被创建之后，条带中的直流电将磁畴移开写头，一连串的比特可以以反向磁化的磁畴被记录在条带上。当读头进行读操作的时候，沿条带通入直流电，磁畴"火车"就会同步地沿条带以恒定的速率移动，当磁畴通过 MTJ 读头的时候，便能够得到数据序列。尽管跑道存储器不能随机存取，但它在本质上是一个移位寄存器，由于其设计思想非常新颖，还是非常值得一提的。为了达到高的面密度，有人提出将每一个存储器条带做成"U"形，而将读头和写头放在下方，将这样的"U"形条带做成阵列后就可以随机存取。这样的设计如果能够做成实际的产品并且完全达到预计的性能，那么它将有替代当前计算机上各种存储器技术的巨大的潜力。

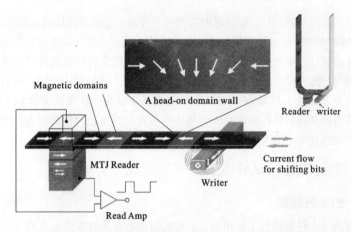

图 42.8　用一列磁化成相反方向的磁畴"列车"来存储二进制比特序列的铁磁条带

　　跑道存储器的关键在于，当直流电通过条带的时候，整列磁畴"火车"就会以一个恒定的速度同步移动，这个机制如图 42.9 所示[5]。考虑一束稳定流动的电子从左边的磁畴流入。在电子流入磁畴壁之前，自旋已经被极化，极化方向与左边的磁畴方向相同。当自旋极化了的电子通过磁畴壁的时候，与局部磁自旋子发生交换相互作用，电子的自旋极化方向朝着局部磁化方向旋转。由于整个自旋系统的角矩是守恒的，局部磁自旋子将受到极化电流中的自旋电子的反作用而向相反的方向旋转。结果就是磁畴壁沿着电子流的方向移动，与电流的方向相反。这个效应已经在理论和实验上得到证明。如果每一个磁畴壁都以相同的速率移动，磁畴"火车"就会一起沿着条带移动，这对于数据的完整性至关重要。

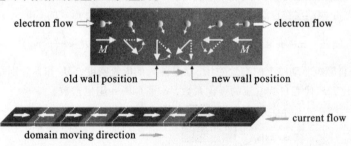

图 42.9　磁畴壁移动示意图

　　注：当电子通过磁畴壁的时候，由于与局部磁自旋子发生交换相互作用，极化方向改变 180°。"反作用"矩，被称为自旋矩，会使局部磁化取向向相反的方向旋转，导致磁畴壁沿着电子流动的方向移动。

　　显然，将跑道存储器实际制造出来还存在很多挑战。其中一个挑战就是使薄的磁性存储器条带足够统一以使得所有的磁畴壁在直流电的作用下同步移动以保证数据的一致性。由于磁畴壁需要在某些点被固定住，在这些点，磁畴壁能达到最小以抵抗热激发而引起的错误的移动，这些点需要分布得非常均匀稠密。利用目前实际的制备技术制造一个垂直的高的"U"形条带的能力则是另外一个重要的挑战。

尽管目前 MRAM 技术与期望还有很大的差距，利用自旋转移矩驱动的磁性翻转的 STT-MRAM 的设计的确具有许多重要的特性，例如相当低的转换电流和简单的制备工艺。面内磁化的磁存储层由于依赖形体各向异性作为其数据保持机制，具有很宽的转换电流阈值分布，为了控制电流阈值分布使之不要过宽，在工艺上体积不能做得过小。具有垂直磁晶各向异性的磁存储层允许产生更大的工艺和制造误差，使得能够在单个设备上实现几个 G 比特的存储容量。

4 STT 振荡器与 MAMR

4.1 STT 振荡器

我们提出了一种新颖的不使用偏置磁场的自旋矩驱动的微波振荡器[6]。振荡器由一层垂直磁化的自旋极化层和一个振荡双层组成。振荡双层由一层自旋矩驱动层和一层有着足够层间交换相互作用常数的垂直各向异性磁层组成。垂直自旋极化电流能够在振荡双层中产生大量的稳定的围绕垂直易轴周围的磁振子。通过改变注入的电流密度，振荡频率能够在零到几十个吉赫兹之间调节。下面我们将讨论振荡器底层的物理机制，并对振荡器的特性作微磁学分析。

图 42.10 是该振荡器的示意图，多层结构由一个振荡器部分和一个读出部分组成。振荡器部分由一层自旋极化层，一层用于形成磁隧道结或者巨磁阻结构的中间层，以及一个振荡双层组成。振荡双层由一层自旋矩驱动层和一层有足够垂直各向异性的层组成。双层中的两个磁层交换耦合着。垂直层同时和上面的薄磁层之间交换耦合，为的是结合成一个面内磁阻传感器结构，使得振荡可以通过读取磁阻的振荡，即通过电信号来反应。自旋矩驱动层在自旋矩修正下的 Landau-Lifshitz-Gilbert 形式的 Gilbert 方程为：

$$\frac{\mathrm{d}\hat{m}}{\mathrm{d}t} = -\hat{m} \times \left(\gamma\vec{H} - \frac{\alpha P_0 \hbar J}{e M_s \delta}\hat{m}_0\right) - \hat{m} \times \hat{m} \times \left(\alpha\gamma\vec{H} + \frac{P_0 \hbar J}{e M_s \delta}\hat{m}_0\right) \quad (42.3)$$

其中 H 是自旋矩驱动层上的有效磁场，J 是注入的电流密度，M_s 和 δ 分别是饱和磁化强度和厚度，P_0 代表自旋电流的极化系数，α 是 Gilbert 阻尼常数。

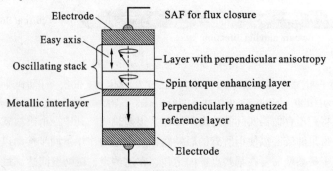

图 42.10　高频率微波振荡器结构原理图

图 42.11 所示是自旋矩产生的振荡的物理机制。假设垂直层的磁化取向沿垂直方向，自旋矩层受到一个垂直的磁场，这个磁场是来自自旋矩层与垂直层之间的交换场和自身退磁场的和。对于在振荡区域给定的电流密度，由极化自旋电流产生的自旋矩方向与阻尼矩的方向相反。自旋矩与阻尼矩平衡，导致磁化取向与垂直轴之间有一个倾斜角。同时由于有效磁场不为零，因此结果就是磁化取向在垂直磁场周围持续性地振荡。如果没有自旋矩，那么唯一存在的稳定状态就是有效磁场为零，同时阻尼矩也为零并且不会出现稳定的振荡。

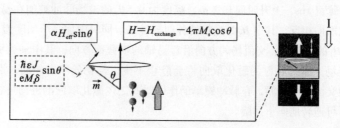

图 42.11　垂直自旋矩驱动的振荡器的原理图

　　图 42.12（a）所示是微磁学计算得到的磁振子的功率谱密度，图 42.12（b）是相应的时域波形。栈的侧面尺寸为 35 nm×35 nm。

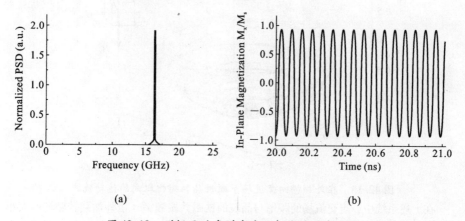

图 42.12　磁振子功率谱密度及相应的时域波形

（a）通过 0.4 mA 的直流注射电流驱动的微波振荡器的功率谱密度；

（b）相应的 16.4 GHz 的时域波形

　　通过改变注入的电流密度就可以实现振动频率从零到几十个吉赫兹连续可调，并且不需要任何外置的偏置磁场，这是该振荡器的一个非常有用的特性。此外，该振荡器具有非常高的品质因素（即 Q 值）。

4.2　微波辅助磁记录技术

　　增加硬盘的面密度要求同时减小薄膜介质中晶粒的尺寸以使介质达到足够的信噪

比。同时，为了维持足够的热稳定性，必须增加晶粒的磁晶各向异性。在传统的记录方案中，记录头的磁场必须超过记录介质的矫顽场，这导致介质晶粒的各向异性强度有一个上限，同时记录密度也有一个上限。

我们提出了微波辅助磁记录技术（microwave assisted magnetic recording，MAMR），使得记录磁头的写场可以显著低于介质的矫顽力的新颖技术，其思想就是利用铁磁共振现象[7]。图 42.13 所示是利用 Landau-Lifshitz-Gilbert 方程计算得到的一个具有单轴各向异性的 6nm × 6nm × 6nm 的磁性晶粒的磁化取向运动轨迹，Gilbert 阻尼常数 α = 0.02。一个脉宽 1ns，上升时间 0.2 ns，幅度为 $0.5H_k$ 的磁场脉冲被加在易轴方向上，与初始磁化取向相反，其中 H_k 为晶粒的各向异性场。同时施加一个幅度为 $0.1H_k$ 角频率为 $0.45\gamma H_k$ 的交流场，交流场的方向沿着易轴的横截面方向，其中 γ 为旋磁比。如果没有交流场，那么晶粒的磁化取向将会静止不变，与初始状态相同，沿着易轴方向。当施加交流场的时候，在脉冲磁场的作用时间之内磁化取向的进动角将会越来越大，然后不可逆转地向下回旋。

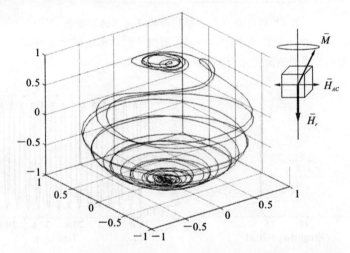

图 42.13　在外加横向交流场下磁性晶粒磁化取向的运动轨迹

在上述系统中，当交流场的频率与晶粒的铁磁共振频率（由外加翻转磁场的大小和晶粒的各向异性大小决定）相同的时候，系统将会从交流场中吸收能量。如果吸收能量的速率超过阻尼消耗能量的速率，那么磁化取向的进动将会随着时间的增加而加剧，当翻转场施加的时间足够长时，磁化取向甚至会不可逆转地翻转。

图 42.14 所示是交流场辅助的垂直记录的设计原理图[7]。这个设计的关键部分是一个垂直自旋矩驱动的振荡器，用于产生局部化的处在微波频段的交流场。振荡器由一层用于对注入电流进行自旋极化的垂直磁化的永磁层，一层金属的中间层，一层高饱和力矩场生成层，以及一层垂直各向异性层组成。最后的两层之间铁磁交换耦合，形成振荡栈。

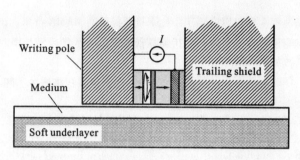

图 42.14　交流场辅助的垂直磁头设计原理图

在场生成层中生成磁振子的机制如图 42.15 所示。让我们首先假设振荡栈中的垂直层的磁化取向沿着其各向异性易轴方向。场生成层受到沿着垂直轴方向的有效场，这个有效场是层间交换场和自身退磁场的和。如果层间交换场比 $4\pi M_s$ 大，那么由于没有自旋极化电流，磁化取向将会在阻尼矩的作用下自动地沿着垂直方向排列。但是，在自旋电流的作用下，自旋矩转移产生一个矩称自旋矩，自旋矩与阻尼矩精确地反平行。在足够的电流密度下，能够维持一个非零的角度 θ，磁化取向将以角速度 $\gamma H_{\text{effective}}$ 旋转。

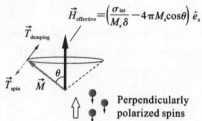

$$\vec{H}_{\text{effective}} = \left(\frac{\sigma_{\text{int}}}{M_s \delta} - 4\pi M_s \cos\theta \right) \hat{e}_z$$

图 42.15　自旋矩导致的场生成层中磁化取向进动示意图

注：σ_{int} 为层间交换耦合表面能量密度，M_s 为饱和磁化强度，δ 为厚度。

5　结语

当电流通过铁磁层时，由于电子的自旋磁矩会和磁介质材料本身发生交互作用，从而改变该介质材料的磁化方向，就如同电子将自身的自旋磁矩转移到了磁介质材料上，这种效应即被称为 STT。

STT 技术目前存在一个重要的应用潜力——STT 驱动的磁阻存储器技术。因为 STT 效应，可以通过注入电流电子的自旋取向改变磁介质的磁化取向，从而达到存储数据的目的，进而可以将 STT 技术应用于 MRAM 技术中。由于 STT 只与电子自旋的角动量有关，而不依赖于电子电荷的存在，因此 MRAM 的能耗可以做到非常低，目前的研究热点也就集中在了如何寻找非电荷性纯自旋流。

STT 在当前还存在另一个重要的应用潜力——微波辅助磁记录中使用的 STT 诱导的微波振荡器。通过 STT 效应可以制造出高频率、窄频带和低功耗的可控频率的微波振荡器。这种微波振荡器可以应用于朱健刚教授提出的 MAMR 技术。该技术能够克服当前硬盘的存储密度存在的极限，保持硬盘密度每年 40% 的高增长率。

（记录人：陈进才　陈　明　刘　杰）

参考文献

[1] J. S. Moodera, Lisa R. Kinder. Large magnetoresistance at room temperature in ferro-magnetic thin film tunnel junctions［J］. Physical Review Letters, 1995, 74（16）: 3273-3276.

[2] J. Moodera et al. Physical Review Letters, 1995, 74: 3273.

[3] http://en. wikipedia. org/wiki/Tunnel_ magnetoresistance.

[4] http://en. wikipedia. org/wiki/MRAM.

[5] Jian-Gang Zhu. Magnetoresistive random access memory: the path to competitiveness and scalability［J］. Proceedings of the IEEE, 2008, 96（11）: 1786-1798.

[6] Xiaochun Zhu, Jian-Gang Zhu. Bias-field-free microwave oscillator driven by perpen-dicularly polarized spin current［J］. IEEE Transactions on Magnetics, 2006, 42（10）: 2670-2672.

[7] Jian-Gang Zhu, XiaoChun Zhu. Microwave assited magnetic recording［J］. IEEE Transactions on Magnetics, 2008, 44（1）: 125-131.

邓青云　1970年在英属哥伦比亚大学获得化学理学士学位，1975年在康奈尔大学获得物理化学博士学位。此后，他成为位于纽约罗切斯特的柯达研究实验室的一名研究科学家，并开始了他从事有机半导体材料和电子应用设备开发的职业生涯。邓教授现为柯达研究员，美国物理学会会员，美国信息显示学会会员，美国工程院院士。他获得过"柯达杰出发明家"的称号，并获得过柯达和信息显示学会、美国化学学会及罗切斯特知识产权法协会的多个奖项。他在太阳能电池、静电照相和OLED方面拥有50项美国专利，并发表过60多篇学术论文。邓教授于1987年发明了OLED技术。该技术是继CRT（阴极射线管）技术、液晶技术之后，第三代显示技术的代表，在短短的十几年内得到了业界的广泛认可，被认为是"人类最理想的显示技术"，邓教授因此而被尊称为"OLED之父"。

第43期

Progress in Organic Light Emitting Diodes and Organic Solar Cells

Keywords：OLED, organic solar cell, device structure, quantum efficiency, lifetime

第 ㊸ 期

有机光电转换器件的研究进展

邓青云

1 引言

有机光电转换器件，如有机电致发光二极管（OLED）、薄膜有机太阳能电池（OSC）、有机光探测器和有机激光器，近来成为信息和能源领域的研究热点。其中OLED经过近三十年的发展已成为实用的显示技术，有源矩阵 OLED 显示屏由于具有出色的图像质量、低功耗、重量轻、柔性显示等优点，被广泛应用于移动电子设备，

图 43.1　OLED 在手持电子终端设备上的应用（图片来源于因特网）

如手机、MP3 等（如图 43.1 所示），其中柔性显示被开发并应用于下一代显示技术。OSC 由于在低成本方面具有巨大的潜在优势，被认为能替代传统的无机太阳能电池。在本文中，我们以 OLED 和 OSC 为对象，综述了 OLED 技术的发展现状，并着重讲述了 OLED 材料及器件结构发展中一些里程碑式的进展，正是这些突破才实现了 100% 的内量子效率和寿命超过 10000 小时的高亮度 OLED；同时，我们综述了目前仍处于萌芽阶段的 OSC 技术的研究现状，并着重讲述了几种能实现高效率的异质结构的 OSC 器件。最后，我们在 OLED 技术发展的基础上，讨论了开发高效、稳定的有机太阳能电池所遇到的技术挑战，并展望了光伏发电技术的未来。

2　有机电致发光二极管的研究进展

经过近三十年的发展，OLED 已经从科学研究转移到应用研究的阶段，步入了商业化的初期，在这里我们分别从结构和材料的角度来回顾近二十多年的一些里程碑式的进展，从而深入了解 OLED 的发展历史和规律。

2.1　OLED 器件结构的发展

有机电致发光现象的研究始于 20 世纪 60 年代。1963 年，Pope 等人研究了单晶蒽的电致发光现象，但由于单晶尺寸较大，因此需要较高的驱动电压（大于 100 V）。直到 1986 年，我们柯达公司研究小组取得了突破性的研究进展，实现了驱动电压小于 10 V 的 OLED，相关研究成果发表在《应用物理快报》上，如图 43.2 所示。在该研究中我们采用真空蒸镀的方法第一次使用了双层非晶薄膜结构，这有效地降低了薄膜的厚度，不但避免了针孔，还降低了器件驱动电压。采用双层结构构型可以通过单独调节功能层来实现调控空穴和电子的注入和传输，以达到平衡的电子-空穴电流，这揭示了一个重要的规律——电子-空穴的平衡是实现高效率电致发光的基础。

随着研究的深入，科研人员发现一些光致发光效率高的材料在固态薄膜中会造成激子淬灭，这是由于较强的分子间作用力而造成的聚集态湮灭。我们研究小组第一次采用化学掺杂的方法将发光材料掺杂到主体材料中，这种掺杂结构可以有效减少发光分子间的相互作用，通过抑制分子间激子淬灭得到了更高效率的电致发光，该研究结果发表在《应用物理杂志》上。

白光电致发光是实现显示或照明的基本元器件，有机白光主要是通过蓝、绿、红三基色或蓝、黄二基色叠加来实现的，为了提高发光效率，通常采用多层结构。如图 43.3 所示，多层白光器件一般包括空穴注入/传输层、蓝光层、黄光层、电子传输/注入层，有的还包括激子阻挡层以限制激子扩散。这种多层结构可以分别调节各功能层来实现更平衡的电子-空穴电流、调控复合区和激子扩散，从而实现更高的发光效率。

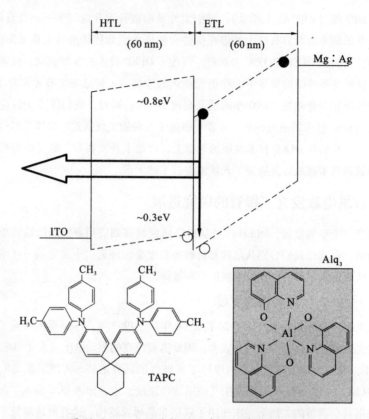

图43.2 双层器件构型及采用材料的分子式

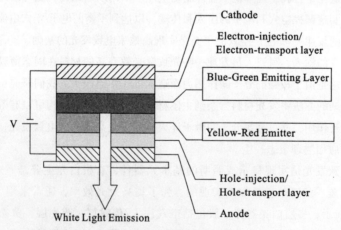

图43.3 白光器件的结构示意图

采用叠层结构也是提高器件效率的有效方法，在叠层器件中有两个以上单元器件通过连接层串联起来。单个器件对电流的利用率较低，通过连接层将单元器件连接起来，可以明显提高器件的电流利用率。图 43.4 是三个白光器件构成的叠层白光器件，以及器件效率的对比图。很明显，叠层器件的电流效率得到了提高，同时对白光光谱没有显著影响。在该结构器件中，单元器件均可实现白光发射，因此光谱较稳定，缺点是器件结构较复杂。

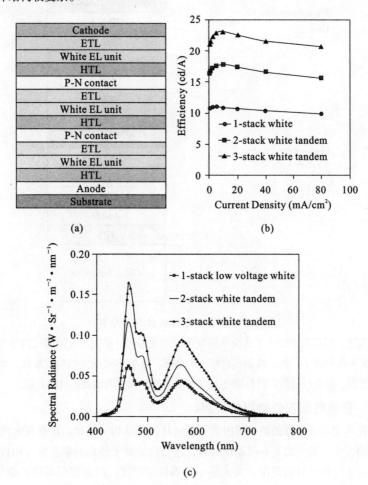

(a)

(b)

(c)

图 43.4　三个白光器件构成的叠层白光器件及器件效率对比

（a）叠层白光器件结构示意图；（b）器件的电流效率；（c）器件的电致发光光谱图

　　另一种叠层白光器件借鉴了双层白光的思想，如图 43.5 所示，下面的单元器件实现蓝光荧光发射，上面的单元器件实现磷光绿光和红光发射，这样三基色叠加就实现了白光发射。该结构器件在一定程度上简化了器件结构，但由于蓝光和绿、红光分别由两个单元器件实现，因此光谱稳定性较差。

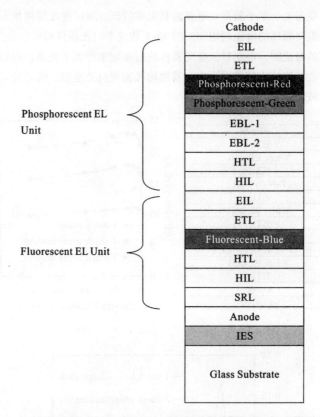

图 43.5　叠层白光器件结构示意图

综上所述，器件构型经历了从简单到复杂的变化过程，多层器件能通过调节各功能层来调控电流平衡和激子扩散，从而实现较高的效率。尽管多层器件结构较复杂，导致器件制备工序繁琐，但是较佳的器件性能还是使多层器件结构成为制备器件的首选。

2.2　有机电致发光材料的发展

材料是决定器件性能的最关键因素，是设计器件结构的基础。在有机电致发光现象的最初研究中，采用的是有机晶体材料，这直接导致了较高的驱动电压和较低的转换效率。而无定型材料的使用，大大减小了器件的厚度，因此能明显降低驱动电压。由此可见，材料的选择直接影响着器件的构型和效率。按照在器件中的功能，材料可分为界面材料、空穴传输材料、电子传输材料、主体材料和发光材料等。发光材料按照发光机理又可以分为荧光材料和磷光材料。

有机电致发光属于注入式的器件，空穴和电子需要从阳极和阴极注入才能实现发光。因此电荷的注入效率决定了电致发光效率。常用的电极材料氧化铟锡（ITO）和铝（Al）与有机物的能带不匹配，这造成了电荷在界面的注入势垒，不但提高了工作电压，还导致了电荷的不平衡。为改善电子注入，Hung 等人采用 LiF 作为电子注入层，大大提高了电子的注入效率。我们在阳极采用了 CuPc 作为空穴注入层，研究发现 CuPc 不但提高了空穴注入，还提高了器件的稳定性。

发光材料是器件的核心材料，荧光材料只能利用单线态发光，根据概率统计，量子效率理论上低于 25%。尽管目前的研究发现该理论极限有所突破，但三线态仍然被荧光材料浪费掉。金属铱配合物的发现是材料的一大突破，打破了荧光材料的理论极限，目前基于磷光材料的器件已经实现了 100% 的内量子效率，图 43.6 是基于铱配合物的磷光器件结构示意图。

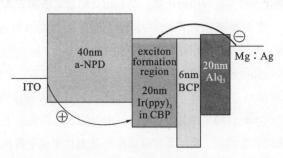

图 43.6　基于铱配合物的磷光器件结构示意图

在以上材料和结构的里程碑式发展的基础上，基于有源矩阵 OLED 的平板显示技术已经被广泛应用于电子产品，如手机、MP3 和电视机的显示屏，同时基于 OLED 的平板照明光源也得到了飞速的发展，如图 43.7 所示。

图 43.7　基于 OLED 的平板照明光源

3 薄膜有机太阳能电池的研究进展

能源是人类赖以生存和发展的基础，缓解全球所面临的能源危机成为 21 世纪人类亟待解决的重大课题。太阳能作为可持续利用的清洁能源，成为近年来国际研究的热点。据统计，地球表面每天接收到的太阳能约为 10^{15} kW·h，而美国每天的电能生产量约为 1.1×10^{10} kW·h，由此可见，合理地利用太阳能可有效解决能源危机。太阳能电池将太阳能转化为可直接利用的电能，是利用太阳能资源的有效手段之一。如图 43.8 所示，2009 年度中美两国太阳能产生的电能在总电能中所占的比例分别是 0.012% 和 0.020%，太阳能占的份额很小，还有充分的发展空间。与其他太阳能电池相比，薄膜有机太阳能电池的研发时间较短，目前转化效率较低，但仍有较大的提升空间（如图 43.9 所示）。同时，薄膜有机太阳能电池因其化合物结构的可设计性强、材料重量轻、制造成本低、加工性能好、便于制造等优点而备受关注，可以预期有机太阳能电池在未来的再生能源、显示器件驱动和光-电器件集成中将具有重要的应用。

| | Electricity Generation (in billion kW·h) | | | | | |
| | Total Net Generation | | Solar | | Wind | |
Year	China	USA	China	USA	China	USA
2005	2370	4055	0.09	0.55	1.93	17.81
2006	2717	4065	0.10	0.51	3.68	26.59
2007	3040	4157	0.12	0.61	5.43	34.45
2008	3221	4119	0.21	0.86	12.43	55.36
2009	3446	3953	0.43	0.81	25.00	70.76
2009	*% of Total Gen*		*0.012%*	*0.020%*	*0.725%*	*1.790%*

图 43.8 2009 年度中美两国电能及太阳能统计

注：资料来源于美国能源部，见 http：//tonto. eia. gov/cfapps/ipdbproject/IEDIndex3. cfm? tid = 2&pid = 2&aid = 12

薄膜有机太阳能电池最早期是单层结构，由于电荷分离驱动力不够，导致光电转换效率很低。1986 年，我们柯达公司研究小组第一次采用了双层结构，即平面异质结构，使转换效率达到了 1%，实现了突破性的进展。1995 年，Heeger 研究小组第一次设计了本体异质结构型的聚合物太阳能电池，实现了薄膜有机太阳能电池的又一个突破。在这里我们主要综述平面异质结构和本体异质结构器件的发展和技术挑战。

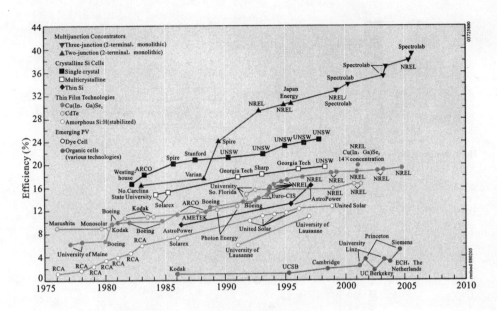

图 43.9　各种类型太阳能器件的发展趋势

3.1　平面异质结构薄膜有机太阳能电池

小分子材料可通过蒸镀的方法制备薄膜，因此可采用平面异质结构型。在该构型器件中，激子在给体材料中产生，随后在给体/受体界面处分离。如图 43.10 所示，我们第一次采用平面异质结构型，制备了效率达 1% 的太阳能电池，揭示了提高电荷分离驱动力是提高器件效率的关键因素，该研究结果发表在《应用物理快报》上。本研究的另一个重要发现是开路电压和给体材料的最高占有轨道（HOMO）与受体材料的最低占有轨道（LUMO）差值呈线性关系，这揭示了限制器件开路电压的关键因素，同样的结论在 20 年后被 Heeger 研究小组发表在《先进材料》杂志上。

从以上的分析可知，平面异质结构器件的活性层厚度取决于激子的扩散长度，而激子的扩散长度小于 20 nm，因此该构型器件吸收的光只有部分可以转化为自由电荷，光利用率很低，这限制了该类型器件的光功率转换效率。

3.2　本体异质结构薄膜有机太阳能电池

为了克服平面异质结构型的缺点，Heeger 研究小组开发了混合异质结构型器件，该构型器件将给体、受体两种材料混合旋涂，通过退火等工艺控制两相的尺寸，形成两相贯穿的网状结构，激子在给体产生，并在给体/受体界面分离，随后空穴和电子分别在给体、受体两相中传输达到相应电极而形成光电流。该构型器件调和了光吸收和激子扩散长度之间的矛盾，通过最优化地控制两相尺寸，实现了比平面异质结构高的光电转换效率。聚合物太阳能电池目前多采用这种器件构型。

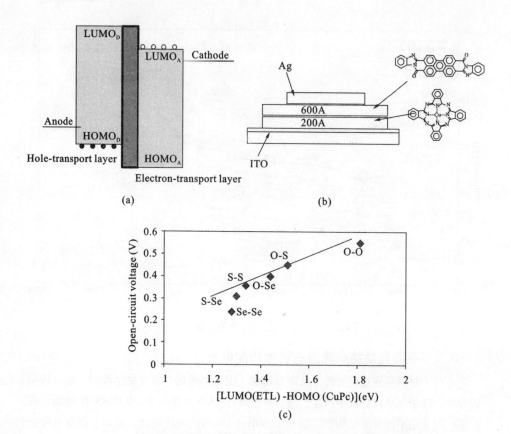

图 43. 10　用平面异质结构型制备太阳能电池

（a）平面异质结构器件能带示意图；（b）平面异质结构型结构示意图；

（c）开路电压与能级差的关系

　　1995 年，Heeger 研究小组发表在《科学》杂志上的文章报道了本体异质结构电池采用聚合物和富勒烯（C_{60}）作为给体和受体，随后受体材料换成了富勒烯衍生物 $PC_{60}BM$，效率提高到了 2.5%，随后出现的受体材料 $PC_{71}BM$ 进一步提高了器件的效率。同时为了匹配太阳光，需要减小给体材料的禁带宽度，分子内给体-受体体系可以有效降低带宽，Yu 等人发表在《美国化学会志》上的文章报道了新型给体材料 PTB_1，其和 $PC_{71}BM$ 匹配制作的器件效率达到了 5.6%。

　　Shaheen 等人发现溶剂的选择对器件的效率影响很大，这是因为在本体异质结构型中，分离的电荷需要在两相中分别传输到相应电极，因此需要形成两相贯穿的网络结构，而溶剂对薄膜的形貌影响很大，所以溶剂会通过调节两相的堆积尺寸来影响器件的转换效率。2005 年发表在《自然材料》上的文章采用高沸点溶剂来控制溶剂的挥发速度，以此控制薄膜的形貌，P3HT/PCBM 器件的效率达到了 4.4%。

此外，器件界面也是决定器件效率的关键因素之一。电荷收集发生在器件界面处，是光电转换的最后一步，界面的任何障碍都会造成电荷的积累，从而降低光电流。因此通过界面修饰来匹配能级，可有效提高器件效率。Mark 研究小组采用 p-NiO 代替 PEDOT：PSS，基于 P3HT/PCBM 的器件效率达到了 5.16%，如图 43.11 所示。Heeger 研究小组采用 TiO$_x$ 作为界面层和中间连接层，制备了效率为 6.5% 的叠层电池，该研究成果已发表在《科学》杂志上。界面修饰层除了匹配能级外，另一个作用是调节光场在电池中的分布，使得活性层的光场强度最大。Lee 等人采用 TiO$_x$ 界面层来调控电场强度在活性层的分布，使得电池的效率从 2.3% 提高到了 5.0%，如图 43.12 所示。

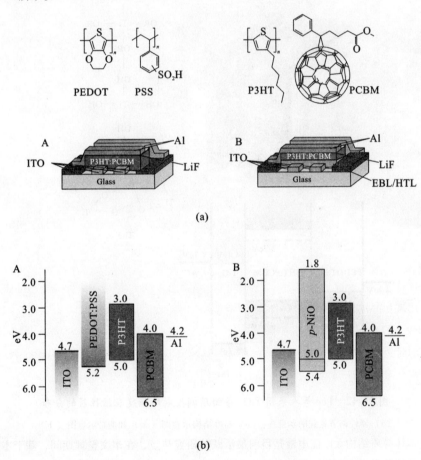

图 43.11　Mark 研究小组制备的器件

(a) 材料的结构式和器件的结构示意图；(b) 器件的能级示意图

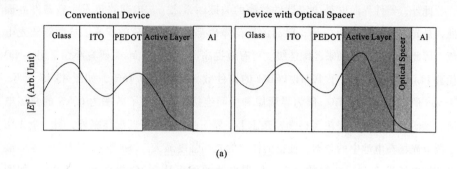

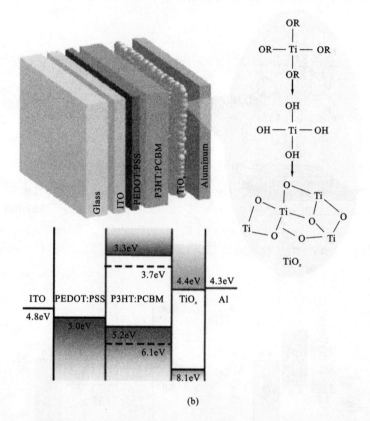

图 43.12 Lee 等人采用 TiO$_x$ 界面层调控电场强度在活性层的分布

（a）器件调节光强的示意图；（b）器件结构示意图（上）和能带示意图（下）

　　本体异质结构太阳能电池是目前最活跃的研究热点，在本文整理期间，基于本体异质结构的叠层太阳能电池能量转换效率已经超过了 10%。随着器件物理和材料的发展，其效率有望得到进一步提高。

　　综上所述，经过近三十年的研究发展，有机电致发光二极管基础研究已经取得了较大的成功，目前已经从科研阶段步入到商业化的初期，被广泛应用于手机、MP3 等手持电子设备终端，一条新的平板显示产业链已初具规模；有机电致发光二极管在平板照明领域的发展也逐渐吸引了更多公司的参与。相信在不久的将来，基于有机电致发光二极管的柔性显示和照明技术可以广泛应用于我们的生活。相比之下，薄膜有机太阳能电池虽然取得了可喜的进步，但仍处于科学研究阶段，通过政府的支持引导和公司的研发投入，薄膜有机太阳能电池有望成为具有竞争力的绿色环保能源。

（记录人：乔现峰）

蒋仕彬 AdValue Photonics 公司的创建者和总裁，同时也是亚利桑那大学光学研究中心兼职教授。在 2007 年建立 AdValue Photonics 公司前，他是 NP Photonics 公司的首席技术官（CTO）和联合创始人。蒋仕彬博士在浙江大学获得工学学士学位，在上海光学与精密机械所获得工学硕士学位，于 1996 年在法国雷恩第一大学获得博士学位。

蒋仕彬博士发表了 100 多篇论文，编写过 14 本专著，发表过 25 篇大会特邀报告，是 26 个美国专利的发明人。蒋仕彬博士还担任了 30 多个国际会议的主席和节目委员会委员。他于 2005 年荣获国际玻璃协会（ICG）Gottardi 奖。蒋仕彬博士还在 2005 年当选国际光学工程学会（SPIE）会士，2008 年当选美国陶瓷学会（ACerS）会士，2011 年当选美国光学学会（OSA）会士。

蒋仕彬博士还是浙江大学、南开大学、中科院上海光机所客座教授。

第44期

New Waveband Fiber Lasers and Its Application

Keywords：z – micro fiber laser, Tm – doped glass fiber, narrow bandwidth, Q – switched, mode – locked

第 44 期

新波段光纤激光器及其应用

蒋仕彬

1 引言

光纤激光器具有理想的光束质量、超高的转换效率、免维护、高稳定性及冷却效率高、体积小等优点，具有许多其他激光器无可比拟的技术优越性。

2 μm 掺铥光纤激光器由于其高效率、高输出功率、对人眼安全且位于透过率良好的"大气窗口"等特性在科研领域有着巨大吸引力，它在材料处理、遥感、生物医学和国防领域有着广泛应用前景。

2 掺铥光纤激光器

光纤激光器主要由三部分组成（如图 44.1 所示）：能产生光子的增益介质、使光子得到反馈并在增益介质中进行谐振放大的光学谐振腔和可使激光介质处于受激状态的抽运源装置。

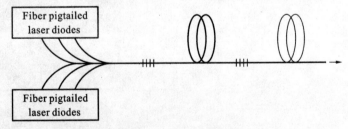

图 44.1 光纤激光器

光纤激光器与传统固体激光器相比具有许多优点。它以柔软的光纤作为波导和增益介质，同时可采用光纤光栅、耦合器等光纤元件，因此无需光路机械调整，结构紧凑，便于集成，特有的全光纤结构使器件的抗电磁干扰性强，温度膨胀系数小，且输出光束质量高，具有较高的表面积体积比以利于散热。

与其他波段的光纤激光器相比，掺铥光纤激光器有其独特的性质，恰恰是这些特性赋予了掺铥光纤激光器广泛的应用前景。

（1）高的水分子吸收峰

从图 44.2 中很容易看到，在 1 μm 处，吸收系数约为 0.5 cm^{-1}，在 2 μm 处，吸收系数约为 100 cm^{-1}，可见在 2 μm 附近，水分子有很强的中红外吸收峰。因此 2 μm 掺铥光纤激光器在医学、远程传感、雷达等领域广泛得到应用。

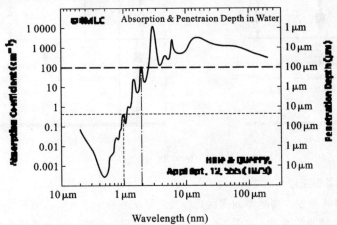

图 44.2　水分子吸收谱

（2）高转换效率

掺铥光纤激光器交叉弛豫过程如图 44.3 所示。$^3H_6$ 基态的铥离子吸收波长为 790 nm 的泵浦光后跃迁到 $^3H_4$ 能级。由于 $^3H_4$ 能级上的铥离子高于 $^3F_4$ 能级，因此 $^3H_4$ 能级上的铥离子通过光子自淬灭过程衰变成 $^3F_4$ 态。在衰变过程中释放出一个光子，与此同时产生的能量把 $^3H_6$ 态的一个铥离子激发到上激光能级 $^3F_4$ 态。$^3F_4$ 态铥离子向基态跃迁，可获得波长 2 μm 的激光输出。也就是说，一个基态泵浦光可以激发两个激光光子，所以其转换效率在理论上可以达到 200%。

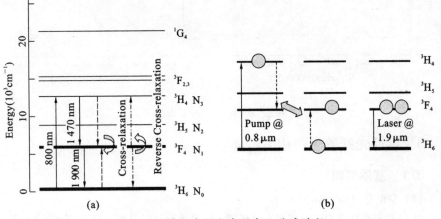

图 44.3　掺铥光纤激光器交叉弛豫过程

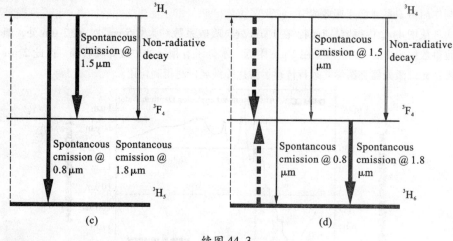

续图 44.3

（3）宽发射光谱

如图 44.4 所示，高功率的掺铥光纤激光器是一种非常有前途的新技术，可以发射 2 μm 附近波长的激光，实现 1.6～2.1 μm 的调谐，是所有稀土离子中最宽的；也可通过上转换方式实现其他若干波长的激光输出；还可以通过与其他元素共掺获得更好的性质，如与钬（Ho^{3+}）共掺，利用铥-钬（$Tm^{3+}-Ho^{3+}$）能量转移机制，实现 2 μm 附近波长较高性能的激光输出。

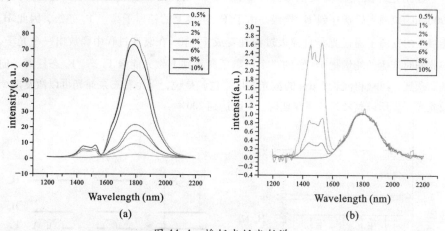

图 44.4　掺铥光纤发射谱

3　掺铥光纤激光器相关研究

3.1　基质材料

（1）锗酸盐（Germanate）

与 CVD 制作掺杂石英光纤的方法不同，这种玻璃基质可通过混合熔融化学物质来制作。由于不规整的晶格结构，这种多组分玻璃可以掺杂高浓度的铥离子，这样就能实现短增益光纤内的泵浦光较强的吸收，同时充分利用了高掺铥能级系统中的交叉弛豫过程，提高量子效率。

但由于锗氧化物的光敏特性，锗酸盐光纤存在光子暗化比较严重的问题。

基于这种光纤，蒋仕彬博士于 2007 年在实验中实现了斜率效率 68%、功率 64 W 的掺铥光纤激光输出。

（2）石英（Silica）

石英光纤机械强度高与普通单模石英光纤材料相同，能实现低损耗熔接，制作成本低，适用于光纤激光器的大规模生产。

但石英光纤存在掺铥浓度不高、低斜率效率和较强的上转换的问题，而且由于上转换产生了光子暗化效应。

基于这种光纤，G. Rines 等人在 2008 年实现了斜率效率 50.7%、功率 885 W 的掺铥光纤激光输出。

（3）硅酸盐（Silicate）

硅酸盐玻璃材料相对于石英材料具有低处理温度、低成本、高稀土离子溶解性以及更适合于双包层光纤、基本上没有光子暗化等优势。但是相对机械强度较低一些。其结构如图 44.5 所示。

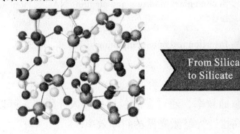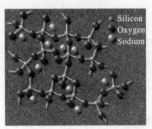

图 44.5　硅酸盐光纤

硅酸盐玻璃材料相对于锗酸盐材料具有高机械强度、更适合于硅基石英光纤熔接等优势，从而可以实现增益光纤与用于制作布拉格光纤光栅（FBGs）的标准石英光纤之间的高强度熔接。

硅酸盐光纤集中了锗酸盐和硅基石英光纤的优势，它更适合用于掺铥光纤激光器。

3.2　纤芯结构

通过改进增益光纤内部结构，我们可以改进泵浦效率，改善掺铥光纤激光器的工作特性。常见的光纤结构有普通双包层、双包层 + 偏芯结构、保偏单模结构、非保偏单模结构，如图 44.6、图 44.7 所示。

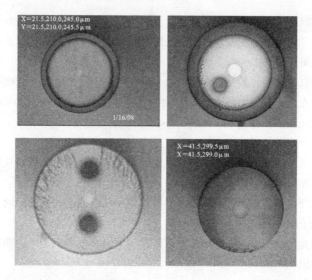

图 44.6　不同纤芯结构

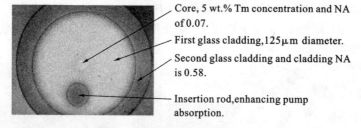

Core, 5 wt.% Tm concentration and NA of 0.07.

First glass cladding, 125μm diameter.

Second glass cladding and cladding NA is 0.58.

Insertion rod, enhancing pump absorption.

图 44.7　双包层 + 偏芯结构

其中双包层 + 偏芯结构具有较高的泵浦效率，通过在内包层里加入介质棒，可以提高单位长度的泵浦吸收效率，从而提高掺铥光纤激光器的斜率效率。

利用这种光纤，蒋仕彬博士于 2009 年在实验中实现了斜率效率 68.3% 的光纤激光输出，量子效率达到 180% 以上，如图 44.8 所示。

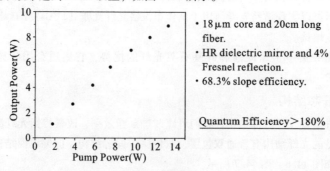

· 18μm core and 20cm long fiber.
· HR dielectric mirror and 4% Fresnel reflection.
· 68.3% slope efficiency.

Quantum Efficiency＞180%

图 44.8　掺铥光纤激光器工作特性图

3.3　窄线宽

在短腔（厘米级别）DBR 光纤激光器中分别使用包层泵浦和纤芯泵浦的结构，均可实现高效单频激光工作。如图 44.9 所示，蒋仕彬博士将 2 cm 长的一段掺铥光纤（增益大于 2dB/cm）用于单频光纤激光器，实现了小于 3 kHz 线宽、纤芯泵浦掺铥 DBR 方式的光纤激光输出。据相关的记录，这种线宽是至今最窄的 2 μm 光纤激光器线宽。

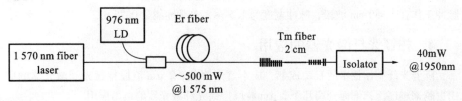

图 44.9　窄线宽掺铥光纤激光器

3.4　调 Q 掺铥光纤激光器

通过应力双折射来进行短腔偏振控制，可制作出工作在 2 μm 波段的全光纤单模调 Q 激光器。如图 44.10 所示，这种调 Q 激光器可以工作在一个较宽的重复频率范围（10 Hz 到 100 kHz），同时输出功率为几毫瓦。这种调 Q 窄线宽脉冲的功率可以通过多级掺铥光纤放大器来放大。

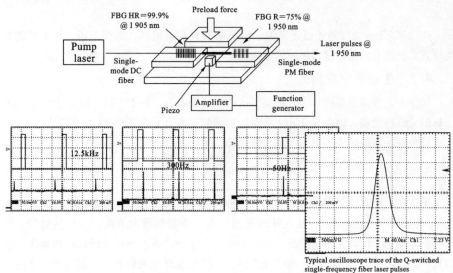

图 44.10　调 Q 2 μm 光纤激光器

3.5　锁模掺铥光纤激光器

通过使用一根长 30 cm 的新近开发的掺铥硅酸盐掺铥光纤，我们制作出了基于可饱和吸收镜（SESAM）的自起振被动锁模光纤激光器，如图 44.11 所示。得到的锁模

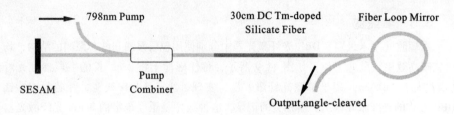

图 44.11　锁模掺铥光纤激光器

脉冲工作在 1 980 nm 波段，脉冲宽度为 1.5 ps，单脉冲能量 0.76 nJ。

4　掺铥光纤激光器的应用

随着光纤制作技术的日臻成熟、成本逐渐降低，2 μm 波段掺铥光纤激光器的应用也越来越广泛，下面介绍几个 2 μm 波段掺铥光纤激光器的典型应用。

4.1　军事应用

2 μm 波段位于透过率良好的"大气窗口"，在激光武器中具有广阔的应用前景。陆军可将高功率 2 μm 光纤激光器安装在未来作战系统（FCS）的地面车辆上，然后利用这种激光武器对付空对地导弹、火箭弹、迫击炮等。在飞机和导弹导航中，2 μm 光纤激光器可用做激光雷达。海军利用激光武器系统主要对付反舰导弹、有人机、无人机、小型舰艇等目标。在防空、光电对抗等活动中，光纤激光器更有短期实现的可能。

高功率 2 μm 光纤激光器正成为一种将来安装在运输机、地面车辆，甚至可能是便携式系统的有前途的武器级固体激光器系列。

4.2　生物医学应用

医学上，该激光器可作为一种高精度的眼科手术刀。由于人眼中的水分子对 2 μm 波长的光强烈吸收，因此在 2 μm 光到达视网膜之前就已经被玻璃体中的液体吸收，在进行角膜手术的时候不会伤害到眼睛内部结构。

5　结语

由于相对于其他类型激光器的独特优势，近几年来，光纤激光器的研究和发展吸引了国内外广泛的注意。掺铥光纤激光器作为一个新的研究方向，在材料处理、医学、激光遥感和国防上用途广泛。在未来的几十年里，通过特种光纤材料和制作工艺的进一步发展，掺铥光纤激光器将和人们的生活联系得越来越紧密，在二十年之内有望成为实用化的民用产品。

（记录人：张亮）

顾敏　澳大利亚斯威本科技大学微光子学中心主任及首席教授。1988年，博士毕业于中国科学院上海光机所并赴澳从事共聚焦显微镜的研究工作。于2000年受聘于斯威本科技大学首席杰出教授职务，创立了微光子学中心并任中心主任。顾敏教授为首位华裔澳大利亚科学院院士、澳大利亚技术科学与工程学院院士。现任澳大利亚国家研究委员会桂冠教授（澳大利亚科技最高荣誉），澳大利亚联邦研究委员会国家研究中心（CUDOS）执委会委员及墨尔本分部主任，澳大利亚斯威本大学副校长（国际研究合作），澳大利亚斯威本大学光电子学首席终身杰出教授，澳大利亚斯威本大学微光子学中心首任主任。中国教育部长江学者讲座教授，中国首批"千人计划"国家特聘专家（B类），中国科学院爱因斯坦讲席教授，中国第二届国务院侨办海外专家咨询委员会委员。曾任第三届澳中科技教育专题大会主席和全澳华人专家学者联合会主席。

顾敏教授是公认的三维光学成像理论的国际权威和先驱者之一。他在三维光学成像领域的研究成果对于推动现代光学显微成像和多光子纳米光子学的发展有重要及关键作用。他先后独立撰写了两本光学成像理论的专著，并作为第一作者领导撰写了一本生物光子学的专著。在国际公认权威杂志（包括《自然》和《自然光子学》）上发表论文330余篇，一百多次应邀在国际会议上作报告，现任十四个国际学术杂志的编委或顾问编委。由于顾敏教授在多光子荧光三维光学显微成像、光学数据存储和光子晶体等研究中的突出贡献，他被选为国际光学工程学会会士，美国光学学会会士，英国物理学会会士，澳大利亚物理学会会士。顾敏教授曾任国际生命光学学会主席，现任国际光学委员会副主席及光学成就奖评委会主席，联合国国际纯物理及应用物理联合学会青年光学科学家成就奖评委会委员，美国光学学会国际委员会委员和澳大利亚光学学会董事会成员。顾敏教授曾任澳大利亚科学院院士评审委员会委员及国际委员会委员，澳大利亚联邦研究委员会杰出研究评审委员会委员，澳大利亚联邦创新工业科研部国际科学合作委员会专家委员，澳大利亚联邦教育科学训练部大型国家研究设备委员会专家委员，澳大利亚联邦研究委员会及国家健康和医学研究委员会生物技术生命科学荧光应用联合战略委员会委员，澳大利亚联邦有机材料合作研究中心战略委员会委员。顾敏教授作为纳米光子学先驱者之一为推动纳米光子学的研究作出了巨大的贡献。

Transformational Nanophotonics

Keywords：optical data storage, photonic crystals, nonlinear optical micro-endoscopy, plasmonic solar cells

第 ㊺ 期

变革型纳米光子学

顾 敏

1 引言

科学家们曾预言，"光子技术将引起一场超过电子技术的产业革命，将给工业和社会带来比电子技术更为巨大的冲击。"光子学已成为改变世界技术的重要力量之一。光子概念诞生于 1905 年爱因斯坦的《关于光的产生和转化的一个启发性的观点》一文，爱因斯坦在这篇论文中明确提出的"能量子"又被称为"光量子"，后来人们简称为"光子（photon）"。随着人类社会进入 21 世纪，人类对信息的需求越来越多，对信息的传输、处理和存储提出了越来越高的要求。随着光通信、光计算等大容量高速信息处理技术的发展，信息传输中需求的并行通道数也将增多，从目前的 8×8 到未来的 100×100，存储密度要求从 Gbit/in^2 到 Pbit/in^2，是目前 DVD 存储密度的 100000 倍、蓝光的 20000 倍，处理速度从 Gbit/s 到 Pbit/s。因此，要求单元器件的尺寸越来越小，最终突破光学衍射极限的尺寸，器件的空间距离也将远小于 100 nm。为了实现上述目标，日本学者大津元一（Ohtsu）提出了一种全新的技术——纳米光子学（nano-photonics）。纳米光子学是研究亚波长纳米尺度光子与物质相互作用的光子学科学和技术。纳米技术与光子学的联姻——纳米光子学——正开发出传统光子学和电子学所无法比拟的新技术，这些新技术包括高效的太阳能利用、生物医疗、高带宽和高速的通信、大容量的数据存储以及高对比度显示器等。

2 纳米光子学——多维光存储技术

CD 光存储技术诞生于 20 世纪 80 年代初，它用聚焦激光焦斑在光盘记录介质面下产生一个二维的物理或化学的变化，通过检测这种光致物理或化学机制的变化而实现数据的存储，如图 45.1（a）所示。由于受光学衍射极限的限制，聚焦光斑的焦斑尺寸为记录光的波长和光学系统的数值孔径的函数，表达为 $r = 0.61\lambda/NA$。从该表达式可知，光存储的理论存储密度与记录激光的波长成反比，与光学系统的数值孔径成正比。第二代光存储技术如 DVD 和蓝光记录，分别缩短记录光波长至 650 nm 或 405 nm，并提高数值孔径至 0.6 或 0.85，如图 45.1（b）和图 45.1（c）所示。光存储的存储容量由单盘 CD 的 700 MB，分别提升至单盘 DVD 的 5 GB 或单盘蓝光的 25 GB。

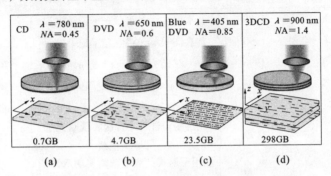

图 45.1　光存储发展及器件图

（a）CD；（b）DVD；（c）蓝光；（d）三维光存储

基于这种二维面的存储方式，其实际数据存储层仅占用光盘存储介质体积的 0.01%，而记录介质的 99.99% 并未充分使用。光存储的增容需求对介质体积的利用率提出了更高要求，促使了多层存储技术的发展，例如单盘双层 DVD 和双层蓝光技术。通过轴向引入新的维度，数据可以实现介质内的体存储从而有效提高了光存储的密度。多层存储方式面临的技术挑战是如何有效地将聚焦光斑传递到存储介质体内。波长越短，记录光的散射损失越严重。同时，制备三层或多层 DVD 或蓝光光盘也面临严重的技术挑战。

双光子技术能够有效地解决以上技术困难，由于双光子激发采用波长较长的红外光从而能够有效地穿透记录介质，增强能量传递效率。通常双光子记录采用一个红外波长的超快脉冲作为激发光源。此外，由于双光子的非线性激发过程，双光子吸收过程与激发光强的平方成正比，双光子激发具有更高的空间局域性，因而相对传统的单光子过程具有更高的空间分辨率。基于双光子吸收的光存储因而具有更高的存储密度，如图 45.1（d）所示。双光子诱导的光物理和化学机制被广泛地应用于高密度光存储，包括光聚合材料、光致变色材料、光折变材料、光漂白材料、激光微爆材料以及纳米颗粒掺杂聚合物材料等。其中一些重要的里程碑进展见表 45.1。值得关注的是，最近 Walker 及其同事实现了基于光致变色机制材料的双光子三维记录的驱动及光盘，成功地实现了单盘 1 TB 的光存储容量。

随着现代信息技术的发展，市场需求对存储器件的容量提出了更高的要求。双光子三维光存储的理论存储密度依然受光学衍射极限的限制。理论最高支持存储密度为 3.5 Tbits/cm³ 采用目前较高数值孔径 1.4 的光学系统。更高容量的市场需求推动了多维光存储技术的发展。多维光存储的概念是利用光学的物理维度来实现更高容量的存储方式。例如，利用记录激光的偏振及波长等物理维度空间将多重信息编码存储在介质同一三维物理位置上，如图 45.2 所示。这种概念性突破的编码存储方式又称为偏

表 45.1   双光子光存储的重要里程碑

报 道 者	时间（年）	报 道 结 果	存储密度
Parthenopoulos 等	1989	首次引入双光路双光子记录过程	—
Denk 等	1990	首次证明单光路双光子记录过程	—
Glezer 等	1996	双光子微爆三维光存储	17Gbits/cm³
Kawata 等	1998	可擦除双光子光折变晶体记录	33Gbits/cm³
Gu 等	1999	首次实现连续光双光子记录	3Gbits/cm³
Day 等	1999	光折变聚合物中首次实现双光子可擦除记录	5Gbits/cm³
Kawata 等	2000	利用反射式共焦显微镜实现双光子光致变色记录	—
McPhail 等	2002	偏振敏化双光子记录	205Gbits/cm³
Day 等	2002	聚合物材料中双光子微爆记录	2Gbits/cm³
Walker 等	2007	基于光致变色材料的双光子记录器件	250Gbytes/disc
Walker 等	2008	基于光致变色材料的双光子记录器件	1000Gbytes/disc

振编码技术或波长编码技术，是第三代光存储技术的核心。该技术的优势是可以将现有三维光存储技术的存储密度再提高几个数量级，而不再受光学衍射极限的限制。

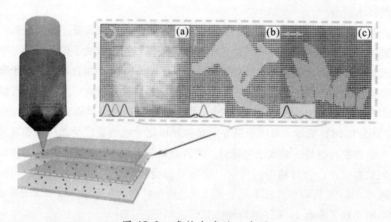

图 45.2   多维光存储示意图

注：多重信息被编码耦合在记录激光的波长和偏振态上，并记录在介质的三维空间内。采用相对应的光学偏振和波长态信息可以被分别读取出来。

当金属或半导体材料的尺寸缩减到纳米尺度、亚波长量级时，纳米颗粒材料会出现许多优异的光学和电学特性，例如其吸收特性具有强烈的波长选择特性和锐利的偏振相关特性，如图 45.3（a）和图 45.3（b）所示。这些优异的光学特性为多维光存储的实现提供了传统材料无法比拟的优势，尤其是金属纳米材料的吸收和荧光发射截面当采用等离子共振激发波长的激光作为激发光源时可以被提高几个数量级，同时其锐利的等离子共振波长和偏振选择特性可以提高激发效率和有效减少多态间的串扰。当采用匹配的等离子共振波长和偏振激发金属纳米材料时，通过光子和声子间的相互作用，纳米棒材料可以在皮秒时间范围内升温至金属融化温度而发生物理形变，如图45.3（c）所示。这种纳米尺度内的光致形变过程被应用在多维光存储技术上，首次实现了在波长和偏振态上同时编码存储的五维光存储技术，并开创了当前单盘存储密度的世界记录——1.6 TB 每盘。

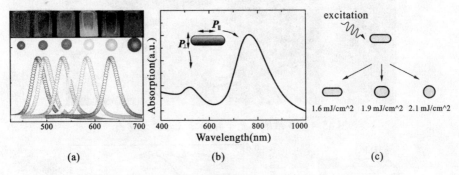

图 45.3　纳米颗粒材料的特性

（a）量子点纳米颗粒材料的光谱随纳米颗粒尺寸的增大而红移；

（b）金属纳米棒材料的等离子体共振偏振选择吸收特性；

（c）激光诱导纳米棒材料的形变特性

　　将多维纳米光子技术同现有光存储技术和器件结合是目前研究的另一个热点，如图45.4所示。提高多维编码的信道信噪比，实现多维并行读写是急需解决的技术难题。预期支持多维纳米光子存储技术的驱动器和盘片将在 2012 年首次面世。此外，结合当前最新的超分辨成像技术，例如等离子体近场聚焦效应、特异人工结构的负折射率和超棱镜效应，以及受激发射光学显微镜等方法，可以进一步压缩激光记录点的空间尺寸，光存储的记录密度可以成数量级地提高，进而与多维纳米光子技术相结合，将加速实现 Pbit/in^2 级别的存储密度需求。

3　纳米光子学——光子晶体

　　1987 年，Yabnolovitch 在讨论如何抑制自发辐射时首次提出了光子晶体这一新概念。如果将不同介电常数的介电材料构成周期结构，电磁波在其中传播时由于布拉格散射，电磁波会受到调制而形成能带结构，这种能带结构称为光子能带（photonic band），如图 45.5（a）和图 45.5（b）所示。光子能带之间可能出现带隙，即光子带隙/禁带（photonic band gap，简称 PBG）。光子晶体（photonic crystals）即是具有光子带隙的周期性介电结构。

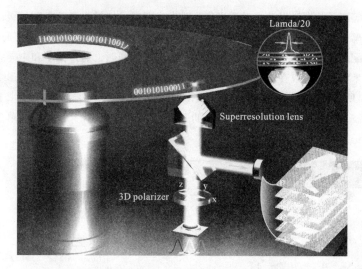

图 45.4　多维纳米光子存储器及盘片示意图

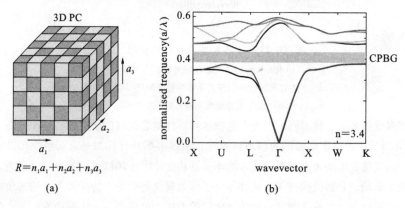

图 45.5　光子能带

（a）三维光子晶体示意图，不同颜色代表不同介电常数的材料周期性排布；

（b）模拟计算的光子晶体带隙图，橙色区域代表光子禁带

自然界存在大量光子晶体的实例，如蛋白石和蝴蝶翅膀等。电子显微镜揭示它们由一些周期性微结构组成，由于不同方向、不同频率光的散射和透射不一样，从而呈现出美丽的色彩。光子带隙的出现与光子晶体结构、介质的连通性、介电常数反差和填充比有关，其条件比较严格。一般来说，介电常数反差越大（一般要求大于2），得到光子带隙的可能性越大。制作具有完全光子带隙的光子晶体是我们研究的重点之一。在目前所报道的光子晶体制备方法中，双光子激光直写的方法因具有较高的空间分辨率和三维结构制备的能力而被广泛应用于三维光子晶体的制备。图 45.6 所示为双光子激光直写示意，任意三维人工结构都可以被加工制备。通过调节和优化激光加工的参数，制备出的三维光子晶体可以具有不同周期和光子晶体禁带结构。

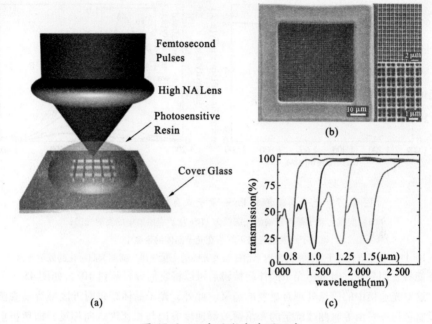

图 45.6　双光子激光直写示意

（a）双光子激光直写三维光子晶体结构示意图；

（b）激光直写加工的三维柴堆型（woodpile）光子晶体 SEM 电镜图；

（c）三维光子晶体禁带能级图，不同颜色代表不同的周期常数

　　光子晶体的基本特征是具有光子带隙。频率落在带隙中的电磁波是禁止传播的，这是因为带隙中没有任何态存在。光子带隙的存在带来许多新的物理现象和新应用，例如抑制或增强原子自发辐射等现象。如果原子自发辐射频率落在光子晶体带隙中，电磁波的态密度为零，则自发辐射的几率为零，即没有自发辐射。如果引入缺陷，在光子带隙中可能出现态密度很高的缺陷态，因此可以增强自发辐射。图 45.7 所示为光子晶体抑制 PbSe 量子点自发辐射的实验证实。调节 PbSe 量子点尺寸使其发射光谱正好落在光子晶体带隙 1600 nm 处，其自发辐射在长波波段 1600 nm 附近受到光子晶体带隙的调制而被抑制，在短波方向 1300 nm 处，落在光子晶体带隙之外而增强。

　　随着光子晶体制作工艺的完善和对其光学特性的深入认识，光子晶体作为性能可控的人造光学材料，其应用已取得了巨大的进展。除了利用光子带隙实现光限制的主要应用方式外，光子晶体还具有独特的色散特性可以实现超棱镜效应。超棱镜的工作原理就是基于光子晶体和入射区域的色散特性不同，于是不同的波长信道在光子晶体区域内沿不同的方向传播（这由每个波长对应的光子晶体模场的群速度方向决定）。用光子晶体做成的超棱镜体积不到常规棱镜的百分之一大小，其分光的能力比常规棱镜要强 100 到 1000 倍。例如，对波长为 1000 nm 和 1020 nm 的两束光，常规的棱镜几

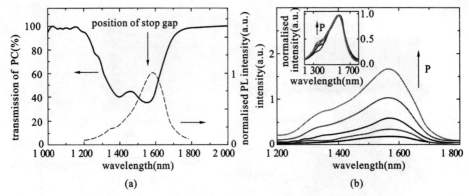

图 45.7　光子晶体抑制 PbSe 量子点自发辐射的实验证实

（a）实线为光子晶体传输谱，虚线为 PbSe 量子点溶液中的发射光谱，

该量子点发射光谱正好落在光子晶体的带隙中；

（b）PbSe 量子点在光子晶体中的发射光谱随激发光强的变化规律，插图为归一化的发射光谱

乎不能将它们分开，但采用光子晶体超棱镜后可以将它们分开超过 10°，如图 45.8 所示。这对光通信中的信息处理有重要的意义。此外，光子晶体禁带附近区域容易观测到反常色散——由等频曲线确定的布洛赫波群速度方向与相速度方向相反，即负折射现象。这种反常负折射引起了研究人员的极大兴趣，包括应用在基于负折射材料的超分辨率透镜和反常多普勒效应等。

4　纳米光子学——非线性光纤内窥显微镜

非线性光学显微镜技术主要基于多光子吸收、高次谐波和相干反斯托克斯-拉曼散射等光学非线性效应，光学显微成像已成为自然科学研究领域中的重要分支，它为生命科学和信息科学等领域不断提供新方法。随着新型光纤和微制造技术的迅猛发展，非线性光纤显微镜和内窥镜使显微镜技术用于生物活体（in vivo）成像变成可能。其中，双光子荧光成像非线性内窥镜在生物成像中应用最为广泛。非线性光纤内窥镜研究中的关键问题有以下几点。① 超短脉冲激光的传输效率。即减少光纤的色散和自相位调制等非线性效应会影响短脉冲激发光源的展宽，提高非线性激发效率。② 非线性光信号的收集效率。光纤的数值孔径较低（约 0.25）以及芯径较小（在微米量级），限制了非线性光信号的收集效率，直接影响到活体成像中的信噪比。③ 扫描速度。监测生物活体成像要求扫描器件能实现快速扫描和高图像分辨率。

基于单模光纤的双光子荧光内窥镜方面，Gu 小组首次将单模光纤耦合器引入双光子荧光显微成像，证明了三端口的单模光纤耦合器能传输近红外波段的超短脉冲激发光并收集荧光（见图 45.9），且可以有效提高非线性显微镜的纵向分辨率至 30% 以上。二次谐波信号波长使其成像的纵向分辨率比双光子荧光成像的纵向分辨率又提高了 14%。

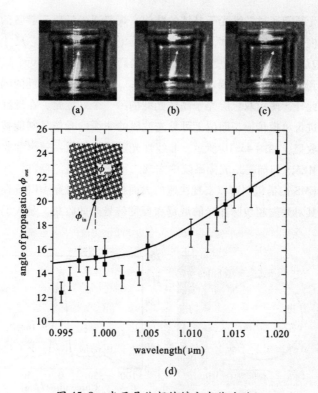

图 45.8 光子晶体超棱镜分光能力验证

（a）1000 nm 波长在光子晶体超棱镜中传播的散射显微镜图，入射光角度为 4°；

（b）1010 nm 波长在光子晶体超棱镜中传播的散射显微镜图，入射光角度为 4°；

（c）1020 nm 波长在光子晶体超棱镜中传播的散射显微镜图，入射光角度为 4°；

（d）理论计算（实线）和实验测量（方块）分别得出的出射角度随入射波长变化的曲线，入射光角度固定为 4°

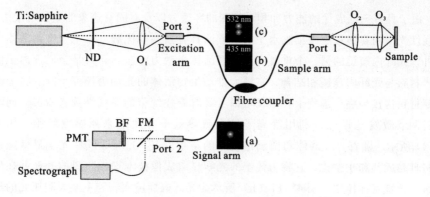

图 45.9 基于单模光纤耦合器的双光子荧光和二次谐波成像系统

注：（a）～（c）为可见光在激发臂和信号臂的输出模式。

光子晶体光纤能通过二维光子晶体的结构实现普通光纤所不具备的功能，彻底改善了普通单模光纤传输的弊端，如数值孔径低（约0.25）和纤芯尺寸小（微米量级）。尤其双包层光子晶体光纤数值孔径有效提高至0.6，纤芯尺寸提高至数十微米，在可见光到近红外频段的耦合效率高达90%，较普通单模光纤的耦合效率提高了两倍以上。此外，使用双包层光子晶体光纤的另一个好处是，在近红外波段的激发光能在纤芯进行单模传输，而位于可见光波段的非线性光信号则能被具有高数值孔径的内包层收集，如图45.10所示。非线性光学效应的激发效率和收集效率均得到有效提高。MEMS扫描镜是成像系统中实现二维光束扫描的器件，在光纤内窥镜系统中引入MEMS扫描机制可以实现快速的大面积成像。研究MEMS在光纤内窥镜中的应用，尤其对激发超快脉冲光的展宽和可见信号光的收集，是人们关注的热点之一。

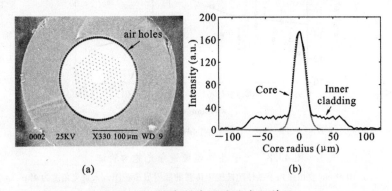

(a) (b)

图45.10　双包层光子晶体光纤特性

（a）双包层光子晶体光纤端面电子显微镜照片及800 nm波长的模场分布示意图；

（b）光子晶体光纤端面光强分布

由于具有三维成像的能力和相对较深的穿透力以及对固有迹象的直接可视力，非线性光学内窥镜在展现细胞水平活动方面具有独到的优势。除用于生物活体成像外，光纤内窥镜的另一个重要应用就是活体光动力疗法。尤其是金属等离子体纳米材料与光纤内窥镜相结合，将极大推动生物活体的光动力癌症治疗。将金纳米棒材料连接到癌症细胞上，不仅可以实现对癌症细胞的非线性荧光观测，同时通过调节激发光强可以利用等离子体光致热效率有效地杀死癌变细胞，如图45.11所示。随着光纤器件和微制造技术的不断发展，光纤非线性光学显微镜系统将日趋成熟和小型化，它将为传统的光学显微成像技术提供重要的补充并在生物医学领域发挥作用。图45.11（b）所示为光纤内窥镜实物和1澳大利亚元的尺度对比。

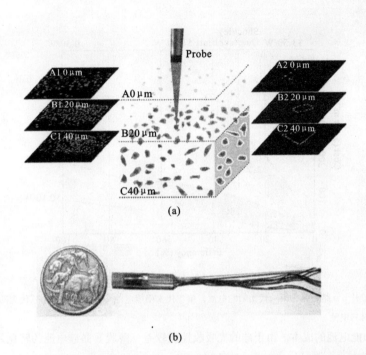

图 45.11　等离子体纳米材料与光纤内窥镜结合应用于光动力癌症治疗

（a）A1～C1 所示为金纳米棒连接到 HeLa 细胞上的光纤内窥镜双光子荧光成像，

A2～C2 所示为光纤内窥镜光动力疗法区域选择杀死 HeLa 细胞成像图；

（b）光纤内窥镜实物与 1 澳大利亚元的比较

5　纳米光子学——等离子太阳能电池

随着能源危机问题的日益严重，太阳能作为可再生的清洁能源具有无可比拟的优势。1839 年，法国物理学家 Alexandre-Edmond Becquerel 首先确认了光伏效应。1954 年，美国贝尔实验室成功地制备出第一个效率为 6% 的单晶硅太阳能电池，为太阳能光伏发电奠定了技术基础。太阳能电池即光伏电池是一种通过光伏过程将太阳能转变成电能的装置。目前，人们根据选用的半导体材料及光伏技术，将太阳能电池的发展分为三个阶段，如图 45.12 所示。

第一代太阳能电池是基于单晶硅片或多晶硅片材料，经过掺杂而形成 p 型或 n 型半导体。在光照情况下，p-n 半导体界面产生的自由电子可以由 p 型结流向 n 型结，从而形成光电流。目前太阳能电池市场中硅片材料占据了主导力量。随着硅片工艺和技术的成熟，p-n 结太阳能电池的最高转化效率已经达到 24.7%，接近 Shockley-Queisser 的理论极限 32%。由于硅晶成本的高昂，基于硅片材料的太阳能电池高达 3.5 美元每瓦，远高于其他能源形式（例如火电、水电）的成本。立足降低第一代太阳能电池的成本，第二代太阳能电池采用薄膜材料例如非晶硅薄膜，极大地降

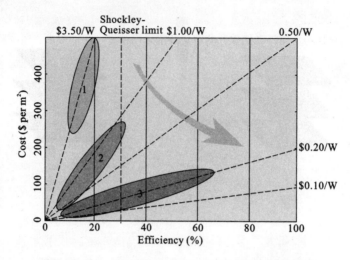

图 45.12　太阳能电池效率和成本的发展趋势图

注：硅片 p-n 结材料为第一代太阳能电池，第二代太阳能电池为薄膜材料，第三代为新材料和新机制光伏材料电池。

低了太阳能电池的成本。由于硅的光吸收性能较差，薄膜非晶硅电池的转化效率降低为 10% 左右。

为了从根本上解决目前太阳能电池的转化效率和成本问题，第三代太阳能电池的研究涵盖了对新概念和新光伏机制材料的探索。太阳能光伏技术与纳米光子学相结合而产生的第三代太阳能薄膜电池的预期效率高达 60%，成本将降低至 0.2 美元每瓦。报道的第三代太阳能电池技术主要包括染料敏化的薄膜太阳能电池、有机聚合物电池、纳米材料电池、多层接合电池、纳米人工周期结构电池及利用金属等离子体效应的纳米等离子体电池。尤其是利用纳米人工周期结构和等离子体效应的薄膜电池，引起了研究人员的极大兴趣。利用人工周期结构如光子晶体技术，可以有效抑制原子的自发辐射过程或黑体辐射过程。利用光子晶体技术，可以实现宽波段太阳频谱的能量转移至光伏材料的光敏频段区域，从而有效提高太阳能电池的转化效率。

利用金属等离子共振效应增强的太阳能电池，其增强机制可以归纳为三个方面：①光的散射增强；②等离子局域电场增强；③等离子周期结构的局域增强效应，如图 45.13 所示。当激发波长落在金属纳米颗粒材料等离子共振频段时，其散射截面将远大于其物理截面。尤其当金属纳米颗粒放置在界面附近，大部分的散射光能将分布在介电常数大的介质中。因而利用等离子共振散射增强可以有效地增大薄膜材料中光的散射光程和提高光的吸收效率。等离子共振激发的另一个独特性质是近场增强，场增强的程度取决于金属的介电常数、表面粗糙程度引起的辐射损耗以及金属薄膜厚度等。当纳米颗粒的尺寸在 5~20 nm 量级时，等离子共振激发将增大金属纳米颗粒的吸收截面。由于所产生的电子振荡被限制在金属纳米颗粒内，这种等离子效应具有很强的局域性。研究结果表明，纳米尺度等离子体激元共振可使局域光场强度提高 3～5 个数量级。在强场作用下光伏效应的转化效率可以被进一步地提高。另一种等离子体共振增强在光伏材料中的应用是采用金属纳米周期结构。通过优化金属结构的周期，可以抑制金属纳米结构的非辐射损耗，增强定向共振光电场增强或聚焦效应。

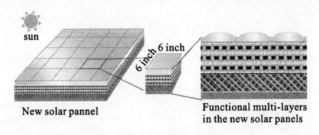

图 45.13　第三代等离子太阳能电池的概念示意图

6　结语

·纳米光子学是一门结合纳米技术与光子技术的新型交叉学科，其研究纳米尺度光与物质的相互作用涉及物理、化学，还同材料、生物等多学科紧密联系，并将会影响到研究的各个领域。根据最新一份名为《纳米光子——先进技术和全球市场预测 (2009—2014)》的调查报告结论，全球纳米光子市场的规模到 2014 年将预期达到 36 亿美元。尽管纳米光子学目前尚处在早期发展阶段，我们预期其必将成为主导未来技术发展的主要力量。

7　致谢

顾敏教授在此感谢澳大利亚国家研究委员会桂冠教授项目（FL100100099）的大力支持。

（记录人：李向平）

Gérard Mourou 法国德拉卢米埃研究所所长。Gérard Mourou 教授在超快激光器和高速电子产品领域作出了许多重要贡献，他最重要的成就是发明了啁啾脉冲放大技术（CPA），该技术已在世界范围内被普遍使用，CPA 技术带来了光学领域的新革命。

Gérard Mourou 教授和 12 个欧洲合作伙伴提出了建设 ELI（极端光设施）项目的建议，在第七次欧洲研究和发展框架计划（PCRD）中，欧盟委员会将 ELI 项目委托给法国国家科学研究院，Gérard Mourou 教授正是此项目的创始人。2013/2015 年之后，ELI 项目将建造一台有能力释放脉冲峰值达 200 PW（1 PW = 10^8 MW）的超大功率激光器。利用极端强度，可以将真空碎裂分解成基本粒子与反粒子。脉冲的超短持续时间允许在阿秒甚至仄秒时间内观察粒子的活动与反应。这些极端强度激光脉冲可以减少一千至一万倍粒子加速器需要的产生粒子光束或辐射光束的距离。ELI 项目打开了一个新的光学分支：极端相对光学。此光学分支的细分涉及粒子物理学、核物理学、天体物理学和宇宙学。极端光在生命科学，甚至在材料科学领域里将被特别广泛地应用。

Gérard Mourou 教授获得过美国光学学会 Charles H. Townes 奖、法国国家科学院 Grand Prix Carnot 奖、量子电子物理学 Lamb 奖、法国研究部部长卓越奖、美国 IEEE – LEOS 量子电子奖、密歇根大学拉塞尔奖（该大学最高荣誉）、斯蒂芬南阿特伍德工程学院优秀工程奖、IEEE 萨尔诺夫（Sarnoff）奖、国际光学工程学会（SPIE）H. Edgerton 奖、美国光学学会 R. W. Wood 奖、密歇根大学研究杰出奖等多项国际奖项。Gérard Mourou 教授还担任美国国家工程院外籍院士、俄罗斯科学院外籍院士、奥地利科学院外籍院士、意大利隆巴多科学和文学院外籍院士、美国光学学会会士、美国电气电子工程师学会会士。

第46期

The Extreme Light Infrastructure：Missions and Challenges

Keywords：extreme light, relativistic optics, quantum vaccum, X-ray

第 46 期

极端光设施：使命与挑战

Gérard Mourou

1 前言

极端光设施（ELI）将是第一个在超相对论领域研究激光与物质相互作用的研究设施（见图46.1）。在这一领域，离子被激光场相对论加速。ELI 的核心是一个艾瓦级的激光器，其激光强度比法国的 Mégajoule 激光和美国的国家点火装置（NIF）要高1000 倍。与这两个工程相比，ELI 获得了超高功率和极短脉宽（飞秒至阿秒量级）。ELI 可以用于研究新一代的碰撞加速器，产生高能粒子束和脉宽从飞秒到阿秒的射线。相对论压缩使激光强度有望突破 10^{24} W/cm^2，这已经突破了真空场的临界值，并且为阿秒-仄秒尺度的激光与物质的相互作用的超快动力学的研究提供了新的手段。ELI 将产生广泛的社会效益，如肿瘤治疗，医学成像，超快电子学，对核反应材料老化过程的认识，以及核废料处理的新方法。

在欧洲第七次研究和发展框架计划下的 ELI 工程的准备阶段已于 2007 年 11 月启动，该计划涉及欧盟成员国将近 40 个研究和学术机构，并决定基于三四个地点形成欧盟的综合集成激光设施。这个设施的前三个平台将在 2015 年投入使用，最高强度的一个将在 2017 年完成。ELI 将是欧盟东部第一个大尺度设施，这是在激光科学与应用上的一个空前投资，投资金额超过八亿欧元。这个项目将实行集中管理，这样可以提高科研效率和知识共享程度，便于培训，有利于技术转化。

2 超高强度

自从 1960 年激光原理第一次得到证实，人类一直追求大尺度激光设施，用来点燃核材料以获得能源。目前最先进的是在利弗莫尔的美国国家点火装置（NIF）和法国的 Mégajoule 激光。NIF 可以产生脉宽为几个纳秒、能量为 1MJ 的激光脉冲，对应的峰值功率为 0.5 PW。而 ELI 将产生脉宽为十几个飞秒、能量为千兆焦级的激光脉冲，其峰值功率将达到 NIF 的 1000 倍以上。

为了达到超相对论的领域，我们需要将脉冲功率和强度提高 12 个数量级，并且

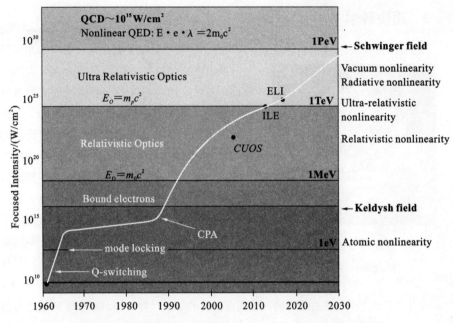

图 46.1 激光科学中激光强度的发展及其相关研究领域

保持激光脉冲的脉宽不变。为了达到这个目的，我们使用了啁啾脉冲放大技术（CPA）。放大之前，我们首先拉长一个产生于短脉冲振荡器的激光脉冲 1000 到 10000倍。CPA 可以使用一些好的储能材料来缩小放大器的尺寸，如 Nd：Glass、Ti：Sapphire 等。CPA 避免了空间和时间光束放大期间的因非线性效应的减弱。放大器尺寸的减小需要更好的冷却和更高的激光平均功率。CPA 可以在飞秒振荡器产生的脉冲的平均功率的基础上提高 3 个数量级。今天，CPA 已经被广泛地用于从毫焦量级的小尺寸光纤激光器到千焦量级的大尺寸激光系统上。

OPCPA 是 CPA 的一个简单的变型，它将 CPA 中传统的激光放大器用非线性光学晶体做成光参量放大器（OPA）来代替。这个 OPA 将产生一个啁啾相反的附加波。自从 1992 年第一次原理性证明的实验成功后，OPCPA 被认为是一种快速发展的用于高功率飞秒激光脉冲产生的放大技术。OPA 被广泛地使用，既有单独的使用，也有和激光放大器结合使用的。

ELI 将是同时具有 OPCPA 和 CPA 的激光系统，它充分利用了两个方案各自的优势。比如，OPCPA 可以在很短的距离内产生很大的增益，然而会带来脉宽的增加，所以可以被用在系统的前端用于将脉冲从纳焦放大到焦的量级，增大了 9 个数量级。另一方面，单独使用 Ti：Sapphire 的 CPA 倾向于降低激光带宽，并且效率较高，只需要一个不太复杂的泵浦激光，所以它将被用在系统的后端，将能量从焦增大到千焦的量级，产生了 3 个量级的增益，并且能够维持激光的脉宽。

3 超快科学

原子时间的时间尺度为阿秒量级，ELI 的一个重要目标是提供阿秒量级的超短脉

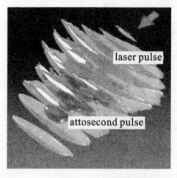

图 46.2 激光与固体作用产生阿秒
脉冲的计算机三维模拟

冲。新近在超快科学方面的突破出现在大约十年前，科学家用高强度的飞秒激光电离稀有气体，发现辐射出了高次谐波（见图 46.2）。超快科学的另一个革命是产生具有广泛应用价值的单阿秒 xuv 脉冲。但不幸的是，单位时间内的光子数目限制了它的应用，特别是在泵浦-探测实验中：一束阿秒脉冲被分成两束，其中一束启动反应，另一束在一定的时间延迟后探测反应过程。但是在原子中产生的单阿秒脉冲不能够实现这个应用，因为它的强度太低。下一个目标就是实现高次谐波在另一非线性媒介中产生，

这种媒介在高激光强度下有很高的产生高次谐波的效率。利用相对论强度的激光与超稠密等离子体作用，是产生高强度高次谐波的一种非常有希望的方法。在这一过程中，超稠密等离子体能够使用非常强的激光。ELI 产生的激光能够实现这个目标。ELI 的激光强度可达到 10^{21} W/cm^2，这种超强度的激光能够提供产生强阿秒的驱动光源。毫无疑问，这种超强的阿秒脉冲能够提供足够的光子来实现泵浦-探测实验，从而为研究高时间分辨的许多过程开辟新的途径。

4 应用

ELI 除了高强度这个特征外，它还有一个使命是产生高光子能量的 γ 射线。这种高亮度、高强度、高光子能量的光束是通过激光的光子与高质量的电子束的康普顿散射实现的。这种 γ 射线能够开发许多新的应用，例如医学、放射性材料及废料处理等。

4.1 医学诊断及治疗

利用这种新的 γ 射线能够产生更好的药效以及更好活性的医学同位素，这在医学诊断和治疗方面具有巨大的价值。利用这种窄带宽的 γ 射线，我们能够把生产截面在现有的基础上提高两到三个量级。这里以 ^{195m}Pt 为例简单介绍这种新的 γ 射线在医学方面的应用。在化学治疗肿瘤时，通常要用到铂金化合物。我们通常用 ^{195m}Pt 标记铂金的化合物，以此来研究肿瘤药物的动力学过程以及排除对化疗没有效果的病人。这里在单光子辐射计算机成像中利用了 99 keVγ 穿透 ^{195m}Pt。我们可以看到这种诊断的巨

大市场需求，同时使那些对于化疗没有效果的病人免受痛苦。另一方面，利用特殊的生物轭合物将^{195m}Pt 运送到肿瘤组织能够实现癌症治疗。

4.2 核物质的探测

对那些被厚达几厘米的离子屏蔽起来的物质进行无损伤的探测是困难的。而对这种隐藏起来的物质的研究是十分重要的，特别是在核工程应用中，例如对核电站所产生物质的管理，对循环系统中核裂变物质的探测，还有对封装在运输容器中的爆炸物质的探测。人们已经提出了一种利用极高辐射通量激光康普顿散射（LCS）γ 源的非破坏性检测方法。利用 LCSγ 射线通过核共振荧光可以测量元素和同位素的混合物。

4.3 电子束

优质的次级电子束可以通过激光加速得到。一个例子就是新的光压加速技术。在这里我们可以预期得到一个大致随着激光强度线性增长的离子能量。尾流场电子加速也被大家所使用，并观察到了非常集中的电子能量，而背景电子非常小。对于在 ELI 的 Prague Pillar 可达到的高达 1 kHz 的重复频率，反馈系统可以保证获得更加稳定的电子束。根据在 Prague 的 ELI Beamlines Facility 目前的结果以及期望得到的更高的 5 J 激光能量和 1 kHz 重复频率，我们还会预见到更多有趣的应用。其中包括激光驱动离子的强子肿瘤疗法，或将电子通过波荡器得到的 X 射线用于生命科学和材料科学中的诊断。

4.4 核物理和天体物理学

根据美国科学院国家研究委员会最近提交的报告，最重的元素的产生（比如金、铂、钍、铀）依旧是现代物理的 11 个未解问题之一，稠密的激光加速离子束打开了研究富中子核的大门，而它们正与重元素的产物有着密切的联系。一种新的裂变-聚变核反应过程可以用来产生这种关键的富中子的核，产生的范围是在天体物理学 r 过程（快速中子捕获过程）$N = 126$ 的附近。实现的方法是使钍靶中一束稠密的激光加速的钍离子裂变，这样射束中裂变的碎片就会和靶的轻的裂变碎片融合。据我们所知，到目前为止这些同位素同天体物理学相关的同位素相差大约 15 个中子，这些核的性质尚不为人知。

和传统的得到低密度单一离子种类放射性射束的装置的显著区别主要表现在：新兴的裂变-聚变过程依靠的是高密度、富中子、短寿命，同时来自于射束和靶的轻裂变碎片。

比如使用一个预期可以通过 ELI-NP 获得的 300 J、脉宽 32 fs 的强激光，估计可以通过每次脉冲聚变获得质量为 $A = 18 \sim 190$ 的离子 10^3 个，接近 r 过程的 $N = 126$。通过裂变-聚变过程得到的核注入到一个潘宁陷阱中高精度地测量它们的核束缚能。这一信息将有助于人们了解通过中子捕获的重元素。

4.5　越强越短

科学上向极端强度推进的最初动机是利用强激光场物理探索强电场和相关高能量的前沿领域。然而，人们同样认识到利用强激光可以得到极短的高能辐射和相应的粒子。实际上，最短的脉冲只能用最强的激光获得。这是由下述的激光脉宽与驱动光强之间的关系决定的。我们可以将其称之为脉冲强度-脉宽猜想：为了缩短脉宽，我们需要增强激光强度；反之，提高激光强度 I 需要通过缩短脉冲长度 T 来实现——用一个简单的公式表达即 $I = E/T$，其中 E 为单位区域的激光能量。

我们已经在 15 个量级里见证了脉宽和光强的反比关系。在这一范围内，已经实现了对于分子、原子、等离子体电子和相对论非线性特性的研究。受到这个猜想的激励，一个更新的理论猜想已经指出了获得更短脉冲的方法。它采用了一个紧压的超固态密度物质作为超相对论飞镜来达到覆盖这一猜想中其他 3 个量级范围的目的。为了达到可能的最短的脉冲长度，我们不止产生高频相干光子，而且还压缩它们，以获得更高的强度。根据这一猜想的反推，我们也需要增加激光能量。

我们已经知道，当被足够强的激光照射时，物质将会表现出非线性性。显著的非线性取决于"束缚"场的大小（进而取决于光强）。我们"扭曲"组成物质越厉害，我们需要施加的"扭曲回复力"也越大。施加的力越大，回复频率越高。物质的非线性性可能不尽相同，不过这种响应是普遍的，分子、原子、等离子体电子和离子，甚至非线性性中最牢固的真空，都是适用的。我们已经见证了自然界向我们展示的在我们所能提供的广阔的激光强度范围内激光脉宽与强度的相干性。

根据从毫秒到阿秒的范围内，脉冲宽度随激光强度呈反比变化，我们也可以预期得到更短的仄秒脉冲。这种在仄秒-攸秒范围内的最短的相干脉冲可以利用大型的激光装置通过对飞秒激光系统的改进获得，比如 ELI、NIF、Mégajoule 激光等。

4.6　高能和真空物理

千焦和兆焦激光的出现带来了进入强场科学领域前所未有的机遇，同时也进入了足以探测原子核运动的超快科学领域。如果我们可以产生一个脉宽为 100 ys、能量为 0.3GeV 的相干伽马脉冲，它将可以显著地激发质子和中子以产生介子。于是我们就可以预期得到一种有效产生介子的方法了。高的加速场将会产生高强度的介子、μ 介子、中微子束，叩开强子物理的大门。我们设想一个最初 $3\,\mu m \times 3\,\mu m$ 的镜子，把它压缩为一个 $0.3\,\mu m \times 0.3\,\mu m$ 的凹面背向散射伽马光束。如果这种结构被证明可以实现，那么它将来就可以被用来聚焦伽马光束。

我们现在处在这么一个阶段，我们的激光强度已经超过了施温格值（高于它的话就会产生正负电子对），但是还没有击穿真空。这很像是处在一个高凯尔迪什参数区域，但是原子的隧穿电离却被抑制。超施温格场可以用来探测真空却不会对其产生不利的影响。于是，举个例子，我们就可以利用相衬成像的方法测量真空在强场下的介电常数。这将提供一个极好的机会来研究非线性量子电动力学、量子色动力学以及其他领域。

当我们用强场探测真空时，我们在真空中又遇到了仿佛在原子物理学中碰到的相同的问题（见图46.3）。下面我们来解释一下这个问题，举个例子，比较一下原子气体中的自聚焦和真空中的自聚焦。真空中自聚焦的临界强度和原子气体中的自聚焦临界强度有直接的关系，两者的关系只是一个简单的比值 α^{-6}，其中 $\alpha = 1/137$ 是精细结构常数。而且施温格强度和凯尔迪什强度之比也是 α^{-6}。当我们尝试从原子到真空通过各个途径越来越深入地研究其中的空间结构并最终达到真空时，我们发现现在又仿佛回到了起点。

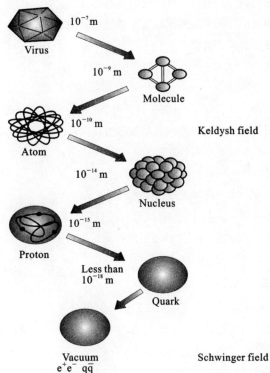

图46.3　自然界的层次图（凯尔迪什场被用来描述原子的电离，
而施温格场也以相同的方式描述从真空中产生电子对）

5　总结

ELI 是迈向强场科学、超快科学和高能激光科学的重要和巨大的一步。我们也期待更紧密地融合各种不同的传统科学领域，比如：高能物理、核物理、核能及医学成像。激光强度越高，就越有能力产生更短的辐射和粒子射线。这指引我们将来如何推进超相对论光学来探索强场科学和超快科学。我们也开启了一种可能通过 γ 射线以及以后可能的相干 γ 射线来观测原子核，正如我们从 1960 年以来通过相干光束（激光）研究原子一样。ELI 可以揭示真空的秘密，这样我们可以利用最强的激光通过新的途径探索核物理和高能物理。我们也筹划了一些准备工作来使用更高能的激光，比如 NIF 和 LMJ。我们可以相信 ELI 不止是给 21 世纪科学界的一个珍贵礼物，同时也对医学以及核能利用领域的研究十分有益。

（记录人：周月明）

武筱林 1982年在武汉大学获得计算机科学学士学位，1988年在加拿大卡尔加里大学获得计算机科学博士学位。武教授从1988年开始他的学术生涯，此间他曾在西安大略大学（加拿大）、纽约科技大学（美国）任教，现为麦克马斯特大学（加拿大）电子与计算机工程系教授，同时也是 NSERC – DALSA 数字影院首席科学家。他的研究领域包括多媒体信号压缩、联合信源与信道编码、多重描述编码、网络自适应可视通信和图像处理。武教授在上述领域已经发表了超过200篇学术论文并拥有两项专利，与此同时他还是 IEEE 会士，《IEEE 图像处理汇刊》副主编，《IEEE 多媒体汇刊》副主编，IEEE 图像处理、多媒体、数据压缩和信息理论领域的众多国际会议和研讨会技术委员会成员。

第47期

High – Fidelity Image/Video Processing Technologies

Keywords：compressive sensing, real-time high-throughput image coding, high-dynamic range imaging, high-speed video, high frame-rate video recovery

第 ④⑦ 期

高保真图像/视频处理技术

武筱林

1 引言

得益于对图像技术多年的深入研究和持续投入，数字图像在空间、频域和时域的保真度一直稳步提升，现在已经可以赶上甚至超过传统胶卷。但是无论传感技术如何发展，总会有一些新应用要求更高的图像精度。医药、空间、工程和科学领域的研究人员总是渴望在时域、频域和空域获得更高分辨率和更高量化精度的图像。由于传感器件自身的保真能力受到物理定律的严格限制，所以用户不能指望仅仅靠传感器本身达到这些成像要求。而通过信号处理技术从算法上提高传感器件的成像精度已经、并且将会在图像/视频处理和机器视觉领域扮演重要的角色。这些技术中包括超分辨率成像（SR）、压缩传感（CS）、编码高速视频采集、实时近无损图像压缩、高动态范围成像等，它们在医学成像、外太空成像、高精度工程、国防等领域中起着无法替代的作用。

2 高保真图像/视频处理——超分辨率成像

通常提高图像分辨率的办法有以下几种：

（1）缩小像素尺寸（硬件解决方案）；

（2）增加芯片尺寸（硬件解决方案）；

（3）超分辨率成像（软件解决方案）。

对于第一个方案，如今的像素尺寸已经接近其极限大小，无法再获得显著的改善。第二个方案也由于芯片尺寸增大之后带来的低成品率而受到限制。只有超分辨率成像技术成本低廉，同时还能最大限度地利用已有的低分辨率成像系统。所以超分辨率成像技术是现代图像处理技术中最有前景的一种技术手段。

超分辨率成像技术的整体思路就是从一帧或者多帧低分辨率的图像中利用图像处理技术获得高分辨率图像，它广泛应用于医学成像、卫星成像、视频监控、标清视频到高清视频的转换等。超分辨率成像有两种成像方法，即多帧超分辨率（multi-frame SR）成像和单帧超分辨率（single-frame SR）成像。多帧法利用多幅低分辨率图像之间的相关性提取出一帧高分辨率图像；而单帧法则需要从别的途径获得提高图像分辨率的信息，这些信息来源包括研究人员对于被摄物体的先验知识、类似物体的高分辨率图像等。

2.1　多帧超分辨率成像

图 47.1 为多帧超分辨率成像技术的系统图。其中 x 是希望得到的高分辨率图像，y_k 是观察到的第 k 幅低分辨率图像，n_k 表示系统引入的噪声，W_k 表示对第 k 幅低分辨率图像的下采样、模糊和扭曲等操作的矩阵算符。通过分析图 47.1 就能得到其数学模型 $y_k = W_k x + n_k$。多帧超分辨率成像就是要从一系列的 y_k 中反推得到 x。

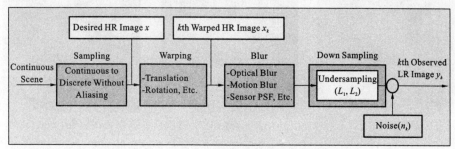

图 47.1　多帧超分辨率成像技术的系统图

求解多帧超分辨率成像问题的方法一般有以下两种。

（1）非均匀插值法

①匹配（registration）（运动估计）；

②插值（interpolation）（上插到高分辨率格式）；

③去模糊（deblurring）（模糊恢复和去噪）。

（2）正规化重建法

将上述问题转化为一个凸求逆问题，即

$$\min_x \left\{ \sum_{k=1}^{K} \| y_k - W_k x \|^2 + \lambda \| Cx \| \right\}$$

2.2　单帧超分辨率成像

单帧超分辨率成像问题一般利用学习法来解决，其思路如下。

（1）利用一组训练集来从低分辨率图像中学习图像的精细细节；

（2）利用已经建立的关系来预测其他图像中的细节。

图 47.2 为单帧超分辨率成像技术范例展示。图 47.3 和图 47.4 为现有的超分辨率技术和武筱林教授开发的技术之间的对比。

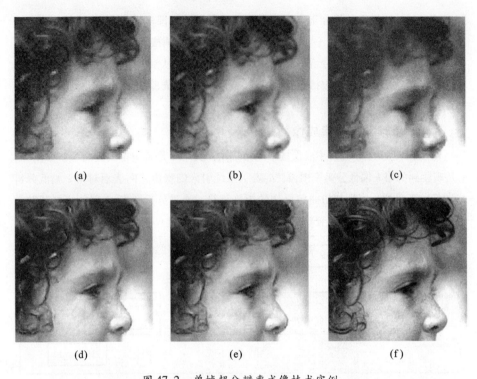

(a)　　　　　　　　　(b)　　　　　　　　　(c)

(d)　　　　　　　　　(e)　　　　　　　　　(f)

图 47.2　单帧超分辨率成像技术实例

（a）Input（magnified ×4）；（b）Cubic spline；（c）Fractal；（d）"Picnic" training set；

（e）"Generic" training set；（f）Actual full-resolution

(a)　　　　　　　　　　　　　(b)

图 47.3　利用超分辨率成像技术将标清视频转换成高清视频

（a）现有的技术；（b）武筱林教授的技术

(a)　　　　　　　　　　　　　　(b)

图 47.4　利用单帧法（双三次插值）和多帧法（武筱林教授的技术）得到的超分辨率图像对比

（a）单帧法（双三次插值）；（b）多帧法（武筱林教授的技术）

3　高保真图像/视频处理——压缩传感

现代采集系统的工作原理图如图 47.5 所示，现行的图像采集端工作主要有以下两步：

（1）以奈奎斯特速率对数据采样；

（2）压缩采样得到数据（系数）。

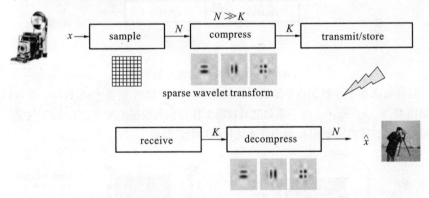

图 47.5　现代采集系统工作原理图

由于现实中采集到的图样系数往往是稀疏的（即 $K < < N$，K 为非零系数，N 为总系数个数），因此在压缩过程中将有 80% 以上的系数被丢掉，这造成了巨大的浪费。因为这些采样得到的数据没起任何作用就被扔掉了，而且这样一个过程中的大部分运算是在传感端完成的（非对称的系统），这就形成了影响现代采集系统性能的一个瓶颈。

图 47.6　一般图像的稀疏性和高压缩率

在这样一个采集系统受到众多诟病之后，压缩传感的概念被提出以改善现有的采集系统。压缩传感技术可以通过随机投影（random projection）方法来实现，图 47.7 为压缩传感的原理图。其采样时并不按照奈奎斯特定律要求来采样，而是将采样点从 N 减少到 $M \approx K\log(N/K) \ll N$。

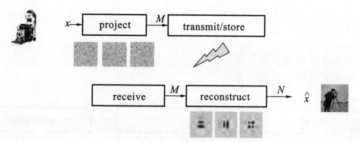

图 47.7　随机投影实现压缩传感

这样每次在 N 个数据点中随机采样其中的 M 个，如图 47.8（a）所示。其解码过程如图 47.8（b）所示，由一系列随机投影采样得到的数据 y 来重建 x。由于这是一个非适定问题，所以需要用 L_1 最小化来优化最后的近似解 $\hat{x}$。

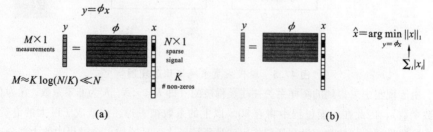

(a)　　　　　　　　　　　　　　(b)

图 47.8　压缩传感中的编码和解码环节

(a) 编码；(b) 解码

上述编码和解码过程即为随机投影压缩传感的工作原理，当采样点数满足 $M \approx$ $K\log(N/K) \ll N$ 这个条件时，图像可以很高的可信度得到重建，同时这种方法还具有对测量噪声不敏感和线性性等优点。如图 47.9 所示，通过该方法采集到的数据与真实数据吻合良好。

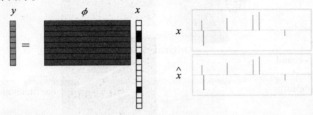

图 47.9　压缩传感采集到的数据和真实数据的比较

4　高保真图像/视频处理——编码高速视频采集

高帧率视频（high frame-rate videos，HFV）在研究高速物理现象（比如爆炸、碰撞等）领域有着极其重要的作用，但是高速摄像机价格昂贵，同时受到数据传输速率的限制，无法同时满足高空间分辨率和高帧率两个要求。因此，人们需要有这样一种技术：既可以同时满足这两项要求，又可以直接利用普通摄像机进行操作。

编码视频采集方法就是以此为目的而发明的，它的基本思想就是通过多个普通摄像机对同一个场景拍摄，而这些摄像机的开启和关闭顺序由一串伪随机码控制以保证非相关性。最后从拍摄的多个低速视频中用 L_1 最小化办法恢复出高帧率视频。具体细节如下所示。

第 k（$1 \leqslant k \leqslant K$）个摄像机的开关操作由伪随机码序列 $b_k = (b_{k,1}, b_{k,2}, \cdots,$ $b_{k,T})$ 来控制，因此第 k 个摄像机经过编码之后的视频序列就是 $I_k = \sum\limits_{t=1}^{T} b_{k,t} F_t$，其中 F_t 是高帧率视频的帧。考虑所有的摄像机之后就得到测量模型 $y = Af + n$，其中 f 是要求的高帧率视频，y 是普通摄像机拍摄的视频，A 是 K 个摄像机编码的曝光矩阵（稀疏）。

$$A = \begin{bmatrix} B_{K \times T} & 0_{K \times T} & \cdots & 0_{K \times T} \\ 0_{K \times T} & B_{K \times T} & \cdots & 0_{K \times T} \\ \vdots & \vdots & \vdots & \vdots \\ 0_{K \times T} & 0_{K \times T} & \cdots & B_{K \times T} \end{bmatrix}$$

于是问题就转化为求解一个严重欠定问题，因此需要利用高帧率视频本身的稀疏性。其一是空间稀疏性——对 f 做拉普拉斯变换在空间得到一个稀疏形式。其二是时间稀疏性。按照同样的原理，如果能够用一个伪随机数列来控制每一个像素的开关，就能对现有的方案进行更好的改善。图 47.10 是利用上述方法得到的高帧率视频图像及与原图的比较。

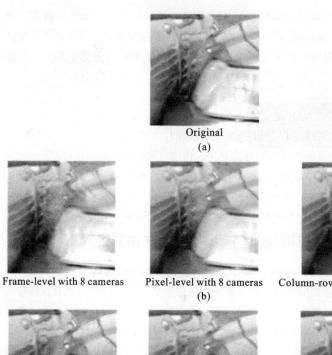

Original

(a)

Frame-level with 8 cameras   Pixel-level with 8 cameras   Column-row-level with 8 cameras

(b)

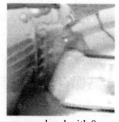

Frame-level with 16 cameras   Pixel-level with 16 cameras   Column-row-level with 16 cameras

(c)

图 47.10 利用编码视频采集法得到的高帧率视频图像

（a）利用高速摄影机拍摄的原图；

（b）利用 8 台普通摄像机从帧、像素和行列三个水平进行控制曝光得到的图像；

（c）利用 16 台普通摄像机从帧、像素和行列三个水平进行控制曝光得到的图像

利用这项技术，可以在保证空间分辨率的情况下得到高速视频图像，并且系统完全可以建立在现有的普通摄像机的基础上。另外，这项技术还可以利用现有的高速摄影机得到超高速的视频图像，从而可以用来研究更快速的现象。

5 高保真图像/视频处理——实时近无损图像压缩

在国防、医学研究和工业制造等领域常常会遇到超大信息量的成像应用，此时就会遇到成像系统的一个瓶颈。该瓶颈并非由于摄像设备本身的限制，而是来自于摄像设备中存储器读写速度的限制。比如现在摄像设备存储器最快的读出速度为500 MB/s，但是现实中却经常可以碰到 21000 MB/s 读写速度的要求。对于这个问题

的一个解决办法，就是在空间分辨率和帧速率中选择一个进行劣化以换得另一个性能的保证。比如图 47.11 所示的 Phantom v710 高速摄影机，当它工作在 1280×800 分辨率时每秒可以拍摄 7530 帧，而当工作在 128×128 分辨率时每秒可以拍摄高达 215600 帧。

另外一个办法就是实时地对采集到的数据进行压缩。

图 47.11 Phantom v710 高速摄影机

通常，医学、遥感、精确工程等启用领域要求图像具有高保真度，卫星应用领域则要求压缩算法简单、快速，同时要求具有尽可能高的压缩比。L_∞ 约束的近无损图像压缩技术——DPCM + SQ（比如近无损 CALIC）方法，可以说是最简单的图像编码技术，它可以为图像上每一个像素提供一个很强的约束 $\| I - \dot{I} \|_\infty = \tau$，其中 I 和 $\dot{I}$ 分别是原始图像和解压缩之后得到的图像。该约束保证了经过压缩和解压缩两步之后的图像与原始图像间的误差在允许范围之内。该压缩技术的解压算法基于一个图像优先的分段自回归（piecewise autoregressive model）模型，同时利用了 L_∞ 的约束 τ 所提供的边信息和一个图像恢复框架。该算法在原有的近无损算法基础上又将 PSNR 提高了 3.44 dB，同时仍然可以保证 L_∞ 约束最多为 2τ。在具体解码时，其数学模型为

$$X = \arg \min_{X} \{ \| X - X_M \|_2^2 + \lambda \| X - \dot{I} \|_2^2 \}$$

其中 X 是软解码得到的图像，$\dot{I}$ 是硬解码得到的图像，$\| X - \dot{I} \|_\infty = \tau$，$X_M$ 是从图像模型 M 中对 X 的推测。然后利用分段自回归模型这一先验知识得到

$$I_{i,j} = \sum_{(m,n) \in S_{i,j}} a_{i,j}^{(m,n)} I_{i+m,j+n} + n_{i,j}$$

即每一个像素可以用一个窗口中其他像素的线性叠加来表示。其中 $a_{i,j}$ 是 PAR 模型关于 $I_{i,j}$ 的参数向量，可以从对应的 $\dot{I}$ 中得到；$S_{i,j}$ 制定了窗口大小；$n_{i,j}$ 是随机扰动。将其带回原来的模型之后得到

$$\min_{X} \{ \| X - AX \|_2^2 + \lambda \| X - \dot{I} \|_2^2 \}$$

其中 A 是 PAR 模型的参数矩阵，$\| X - \dot{I} \|_\infty = \tau$。图 47.12 为利用 CALIC、J2K 和该方法对 5 幅图像进行测试得到的实验结果。

(a)

图 47.12 利用 CALIC、J2K 和该方法对 5 幅图像测试得到的实验结果

(a) 用做测试的 5 幅图像；(b) 用三种算法测试的实验结果

Image	Rate	CALIC		J2K		Proposed		G_c	G_{J2K}
		PSNR	$\|e_q\|_\infty$	PSNR	$\|e_q\|_\infty$	PSNR	$\|e_q\|_\infty$		
1	2.25	49.91	1	48.68	5	50.47	2	0.56	1.79
2	2.41	49.91	1	48.58	4	50.28	2	0.37	1.7
3	2.33	49.88	1	49.14	4	50.40	2	0.52	1.26
4	2.23	51.84	1	49.76	5	52.05	2	0.21	0.29
5	3.01	49.92	1	48.00	5	50.00	2	0.08	2.00

Image	Rate	CALIC		J2K		Proposed		G_c	G_{J2K}
		PSNR	$\|e_q\|_\infty$	PSNR	$\|e_q\|_\infty$	PSNR	$\|e_q\|_\infty$		
1	1.42	42.32	3	43.44	9	43.97	6	1.65	0.53
2	1.55	42.40	3	43.67	9	43.75	6	1.35	0.08
3	1.43	42.39	3	44.24	9	44.24	6	1.85	0
4	1.58	44.15	3	44.20	12	44.35	6	0.2	0.15
5	1.96	42.17	3	42.55	9	44.79	6	0.62	0.24

Image	Rate	CALIC		J2K		Proposed		G_c	G_{J2K}
		PSNR	$\|e_q\|_\infty$	PSNR	$\|e_q\|_\infty$	PSNR	$\|e_q\|_\infty$		
1	1.10	38.44	5	40.95	13	40.64	10	2.20	−0.31
2	1.18	36.76	5	40.04	13	40.20	10	3.44	0.16
3	1.08	38.83	5	41.82	13	41.10	10	2.27	−0.72
4	1.26	40.42	5	40.79	14	40.90	10	0.48	0.11
5	1.46	38.37	5	39.60	14	39.54	10	1.17	−0.06

(b)

续图 47.12

6 高保真图像/视频处理——高动态范围成像

虽然现在液晶显示器（LCD）得到广泛应用，但是它的低对比度这个缺陷却是所有人无法回避的一个事实，LCD 结构如图 47.13 所示。相比较于等离子显示板（PDP）的对比度 1000000∶1，LCD 的对比度只有可怜的 1000∶1。造成 LCD 对比度低的原因主要有以下两个：其一是背光光源总是工作在最大照度状态；其二是 LC 本身无法完全阻挡光线。

LCD 的背光按光源可分为冷阴极荧光灯（cold cathode fluorescent lamp）和发光二极管（light emitting diode）两种，按安装位置的不同可分为侧光式（edge-lit）和阵列式（array/matrix）两种，如图 47.14 所示。

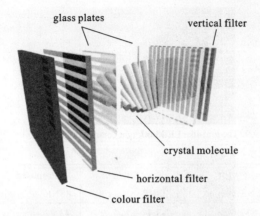

图 47.13　液晶显示器（LCD）结构

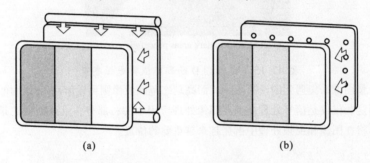

图 47.14　LCD 背光系统

（a）侧光式；（b）阵列式

LCD 每个像素的出光亮度可以用

$$P(i, j) = A(i, j) \cdot B(i, j)$$

来表示，其中 A 是 LC 对于背光源的衰减，B 是背光光源的亮度。在 LED 背光源出现以前，当遇到较暗的场景时只能通过整体降低背光源亮度（global dimming）来提高动态对比度和降低功耗，但是这一办法显然效率不高而且当遇到明暗反差巨大的图像时显得无能为力。不过，LED 的出现给我们带来了更好的解决办法。

利用 LED 的局部可控性，可以将图像中明区和暗区的背光源调节成不同亮度（local dimming），既可以节约能源，也可以提高静态对比度。图 47.15 为利用 LED 局部降低背光源亮度的一个范例。

7　结语

信号处理技术已经被证明可以将传感器的性能进一步提升，超分辨率图像恢复术可以利用自相关或者互相关来提高图像的分辨率，压缩传感可以减少采样的数据量，编码高速采集方法可以利用多台低速设备拍摄高速视频，实时近无损压缩技术可以解

The grid-like LED backlight controls brightness...

...to let bright and dark areas peacefully coexist.

图 47.15　利用 LED 局部降低背光源亮度

决大信息量图像采集遇到的读写瓶颈，而高动态范围成像则可以解决 LCD 的低对比度问题。而这些仅仅是信号处理技术在图像处理应用中的一部分，可以预见的是，信号处理技术将在图像和视频处理中占据越来越重要的位置。

（记录人：赵桑之）

　　李德全　1984 年在吉林大学化学系获理学学士学位，同年赴美留学，1986 年和 1990 年在美国西北大学化学系 Tobin Marks 实验室获得理学博士学位。此后，他获得美国洛斯阿拉莫斯国家实验室主任基金资助从事材料组装与分子工程博士后研究，继而成为该实验室研究科学家及独立 PI（项目负责人），主要从事材料化学合成与应用研究。2000 年李德全从洛斯阿拉莫斯国家实验室转到华盛顿州立大学，先后任职化学和材料科学副教授（2000—2006 年）和教授（2006 年至今）。

　　李德全教授现为美国化学会会员，材料研究学会和美国科学促进会会员。他在刺激响应性纳米材料和人工合成荧光 DNA 分子折叠与组装方面的研究取得了丰硕成果，发表过 100 多篇学术论文，其中在《Nature Mater》《JACS》发表原创论文 20 多篇。

第48期

Photoswitchable Nanomaterials：Preparation and Biological Applications

Keywords：fluorescent molecular, switches, spiropyran, nanoparticles, super-resolution imaging

第 48 期

光开关纳米材料：合成与生物医学应用

李德全

1 引言

从基础和技术观点来说，光开关荧光材料已经吸引了世界范围内越来越多的研究人员的兴趣。研究这些光开关材料源于它们在许多新兴领域的应用，如超高密度信息存储、光电器件、化学传感，特别是荧光显微技术反映细胞样本。与高分辨电子显微镜相比，荧光显微镜允许活细胞中动态过程的微创成像。然而，传统的荧光显微镜固有的缺点是它的空间分辨率（约 250 nm），以及受限于光的衍射特性。发展光开关探针有可能克服远场荧光显微镜的衍射极限，因此可能彻底变革光学成像领域。值得注意的是，在两个不同分子态之间的时间或者空间调制能够超越衍射限制，并实现高分辨成像。两个相互关联的分子态之间或者以明暗荧光或者以双色荧光通信。单分子荧光团作为标记试剂有不可预测的闪烁行为、低的光漂白门槛和有限的亮度。在这些方面，基于整体的光开关荧光探针可能优于单分子荧光，这是因为前者包含多个量子发射器，因此在很大程度上解决了光漂白和光闪烁的问题。由于具有高亮度、无光闪烁性质和光漂白寿命延长这些人们渴望的特性，光开关荧光探针已经受到相当广泛的关注，这些纳米粒子将大大有助于生物成像。

一般而言，用于超分辨成像的荧光探针可以分为基因编码的荧光蛋白和合成的荧光探针两大类，其中合成的荧光探针包括聚合物包裹的量子点、聚合物纳米粒子、类囊泡的有机纳米结构和有机－无机杂化的纳米粒子。在这些荧光探针中，荧光蛋白与其非基因编码的复本有明确的区别，这是因为它们能够很容易地与任何目标蛋白相结合，为了消除外源性，探针需要把一个特定的蛋白作为目标。另一方面，非基因编码的荧光纳米颗粒较之荧光蛋白，通常具有更高的光亮度和显著的光稳定性。准确地说，即使最亮的光开关荧光蛋白仍然要比一些有机小分子荧光团暗许多。例如，Eos-FP 是光活性荧光蛋白的一个代表，它具有较高的量子效率和较高的活性/失活信号比，每单个 EosFP 分子在光活性形态只能收集约 490 个光子。与此形成鲜明的对比，基于光开关的活化器－指示器对，例如 Cy5（红）－ Cy3（绿）和 Cy5.5（红）和 Cy3

（绿）两种染料，每个开关周期每分子提供大约 6000 个收集到的光子，比 EosFP 的十倍还要多（亮）。鉴于此，我们将集中关注非基因工程光开关荧光纳米颗粒的最近研究并从化学和材料学的角度来看它们的光学特性。首先，我们将简要地介绍用各种光致变色效应构建光开关荧光颗粒的各种策略。然后，讨论荧光光开关性能和潜在的光开关机制。在介绍了这些新开发的光开关荧光纳米粒子和它们在活细胞标记以及超高分辨成像方面的应用之后，我们最后提出未来可能的关于改进和构建光开关荧光纳米颗粒的应用。

2　光开关荧光纳米颗粒的制备

到目前为止，许多非基因编码的光开关荧光纳米颗粒使用光致变色化合物或者光致变色基团以赋予其光开关能力。这些光致变色化合物包括螺吡喃、螺噁嗪、二芳烯和俘精酸酐，它们或是作为荧光发射单元或是作为能量接受者以淬灭或调制其他相邻的荧光基团发光。各种策略已用来将这些光致变色组分整合为统一的或者复合的纳米粒子以制备光开关荧光纳米颗粒。在此，我们将回顾常用的方法，如重沉淀法、表面改性法、溶胶凝胶合成法、自由基引发微乳液聚合反应以及分子自组装法。虽然还有其他的策略，如已报道过的超高真空气相沉法，但这里我们重点关注湿化学法合成的纳米粒子。

2.1　重沉淀策略

重沉淀法是由 Nakanishi 及其同事最先开发的，它是一种快速简单建造有机纳米颗粒的方法。图 48.1 展示了用重沉淀策略制备有机纳米颗粒的原理。这一方法是基于溶剂的置换作用，即快速将少量的目标有机化合物溶解于良性溶剂的浓缩原液并与过量的不良溶剂混合，从而引起有机化合物的聚集，形成纳米粒子。问题的关键所在是两溶剂的特性：第一，两溶剂彼此兼溶，也就是它们彼此可以完全互溶；第二，目标有机化合物在这两个溶剂中的溶解性一定要截然不同。只有满足这两个条件，溶剂置换导致的溶剂特性的突然改变才会诱导聚集和呈分子分散的有机分子集结成核，并最终形成分散的有机纳米颗粒。重沉淀法最重要的优点在于其一般性和简单性，只要能够提供认可的良性溶剂和不良溶剂的适当组合，大多数的有机化合物都能够组装成纳米颗粒。

以重沉淀策略为基础，人们制备了一系列有机纳米颗粒，并观察到许多这样制备的纳米结构有着不可预测的光学性质，如依赖颗粒大小发光、多重发射、增强发射和依赖颗粒大小的手型反转。特别是成功地组装了具有光开关荧光发射性质的有机纳米颗粒，并且提出了光开关荧光纳米颗粒作为信息存储介质的潜在应用。用重沉淀法，Park 及其同事以光致变色基团二芳烯二分体和氢呋喃作为良溶剂，以水作为不良溶剂，聚集诱导发光的二分体组装出工整的有机纳米颗粒，其直径从 40 nm 到 275 nm，通过交替的紫外/可见光照射，该有机纳米颗粒显示了荧光"开"和"关"状态，构

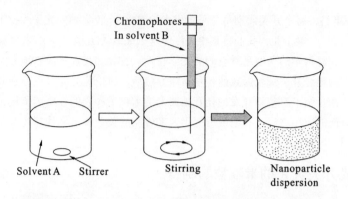

图 48.1　采用重沉淀方法制备有机纳米颗粒的一般方法

成典型的荧光光开关。另外，与分子分散的溶液样品相比，部分聚集诱导发光的化合物显著地增强了荧光。除了工整的纳米颗粒，结合掺杂技术以重沉淀策略也能够制备复合的纳米颗粒。例如，使用相似的以重沉淀为基础的掺杂技术，Yao 及其同事新近以螺噁嗪为基础用光开关荧光发射开发了复合纳米颗粒。与 Park 及其同事组装的单一的纳米颗粒不同，复合的光开关荧光纳米颗粒包含多重染料组分：光致变色的螺噁嗪，荧光染料 4-（二腈亚甲叉）-2-甲基-6-（4-二甲胺基-苯乙烯）-4H-吡喃（DCM）和辅助发射分子 1，3-二–嵌二萘丙烷（BPP）。

2.2　纳米颗粒表面修饰策略

　　量子点（其尺寸接近纳米级）展示了独特的光物理特性，它具有较高的荧光量子产率和理想的光稳定性，量子点的这些特性使其成为差异性生物成像和传感应用领域活跃的候选者。但量子点内在的电化学特性导致了对其荧光调制的困难，这也限制了其在超高分辨生物成像上的应用。迄今为止，光致变色还不能方便地与量子点相结合，因此已经成功的量子点的荧光调制是基于光物理性质的处理，如激发态吸收。光诱导的可逆光致变色核的两种状态的互变现象，可以利用电子转移过程或者荧光共振能量转移过程来调制荧光部分的发射。量子点和许多的光致变色核结合成单个的纳米结构阐释了这一机理。Medintz 的小组、Li 的小组以及其他小组组装了可以展示光开关荧光特性的各种各样的以量子点为基础的纳米颗粒。

　　因此，调制量子点的荧光的挑战主要是纳米颗粒的表面修饰。图 48.2 说明了通过典型的表面修饰法构建复合的纳米颗粒的一般方法。在此策略中，硫醇功能化的光致变色螺吡喃通过硫基-金属共价键合直接系在核/壳 CdSe/ZnS 量子点的表面，形成直径小于 10 nm 的纳米颗粒。用相似的策略把量子点和光致变色组分通过生物链接连接起来，如蛋白质–底物/配体相互作用、麦芽糖结合蛋白（MBP）或者生物素化的二杂环二芳烯衍生物共轭的抗生蛋白链菌素。作为一种典型的光致变色染料，螺吡喃分子能够在闭环体（螺吡喃）和开环体（部花菁）之间通过紫外/可见光照射实现可逆转换。特别地，部花菁在可见区有强烈的吸收，而这与 CdSe/ZnS 量子点的荧光发射带很好地重叠，从而能够实现从量子点到部花菁二分体之间的荧光共振能量转移。因此，光诱导的螺吡喃的异构体转变过程有效地控制了随后的荧光共振能量转移和调制了量子点的荧光发射，使这些混合的纳米颗粒展示了光开关的开/关荧光。这一复合纳米颗粒策略同样可成功地应用到其他相似的体系，例如，Tao 及其同事通过将光致变色的二芳烯组分和稀土纳米磷化物相结合，使用光开关的上变频发光开发了混合纳米颗粒；将光致变色的二芳烯组分系缚在磁性氧化铁纳米颗粒表面，Lee 所在的小组用光开关荧光发射组装了混合的超顺磁性纳米颗粒。

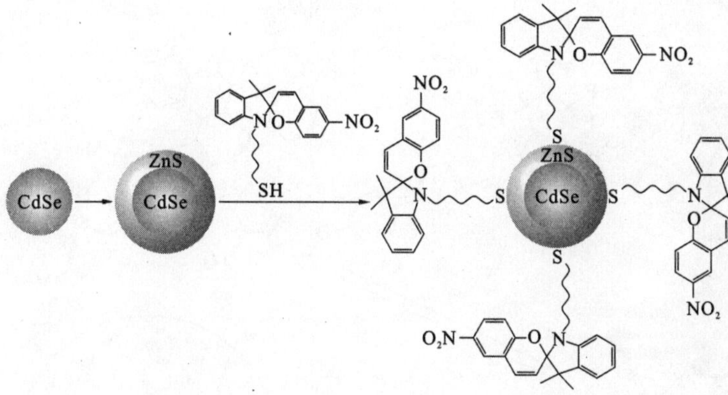

图 48.2　采用表面修饰制备复合光开关纳米颗粒的一般方法

2.3　溶胶-凝胶策略

溶胶-凝胶策略一般用于合成杂化的有机-无机纳米颗粒，将有机部分与以金属氧化物为基础的支架或者是硅氧烷氧化物的网状物结合。通常情况下，金属醇盐或有机硅烷水解和凝聚处于一个共同的溶剂中。这些类似于网状的高分子将无机基体诱捕入有机组分之中。在各种各样的主体中，二氧化硅因其生物相容性、通用性和相对经得起化学修饰而展示出了明显的优势。另外二氧化硅还有良好的机械完整性和出色的光学性能，并且容易与有机功能基团掺杂，因此它被广泛地用于为生物和医学应用设计有机-无机复合材料。

最近，Hell 及其同事以共价键的形式将一分子开关纳入到二氧化硅网络中，并用溶胶–凝胶法合成了尺寸大小为 30～600 nm 的光开关荧光二氧化硅纳米颗粒。如图 48.3 所示，二芳烯荧光分子开关由罗丹明基团连接到光致变色基团二芳烯上而形成。与其他的基于荧光共振能量转移的光开关系统相似，可用光致变色的二芳烯基团通过一个荧光共振能量转移过程来调制罗丹明荧光，具体的机理将在本书第 3 部分讨论。在此研究中，光活性组分通过共价键形式纳入到二氧化硅网络。这种共价键连接到二氧化硅基体的分子开关，将一个 NHS 活性酯基团嵌入到光致变色单元和罗丹明单元之间，而这个活性酯与氨丙基三乙氧基硅相结合。然后，这一功能化的分子开关在水、氢氧化铵和乙醇的混合物中与正硅酸乙酯反应。结果光活性组分与二氧化硅基体以共价键的形式相结合并得到了复合的纳米颗粒（如图48.3所示）。结果表明，分子开关与二氧化硅主体结合后保留了其荧光和光开关的性质。此工作中分子开关存在的一个明显的优点是原理上它们能够与任何含氨基的单体相连接，然后结合成不同的有机和无机的材料。如此，光活性单元可以与二氧化硅网络以化学方式成键。这种方式可有效地避免后续生物标记中任何染料的渗漏。此外，二氧化硅基体的生物实用性使这样的复合光开关荧光纳米颗粒成为活体生物成像实际应用领域很有前景的候选者。这些纳米颗粒展示了相当高的光稳定性和抗疲劳性。

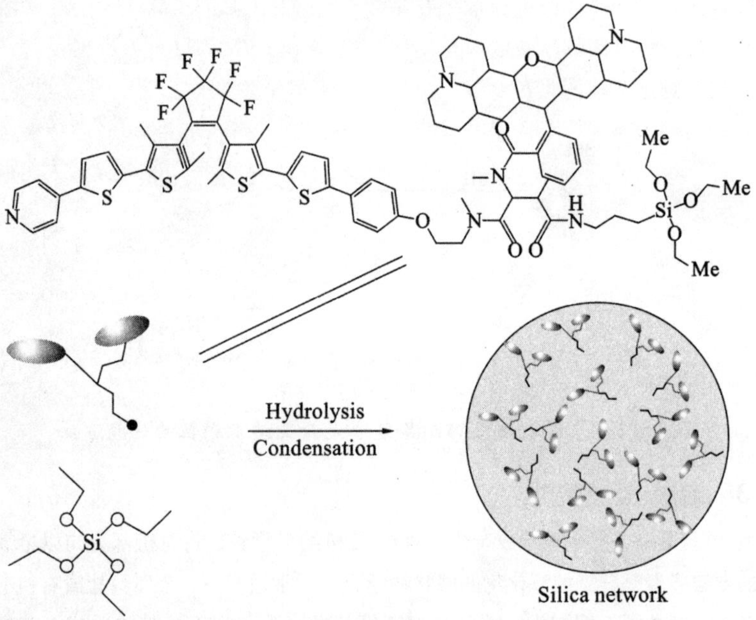

图48.3 采用溶胶-凝胶方法制备光开关硅纳米颗粒

2.4 微乳液聚合策略

微乳液是热力学稳定的、透明的或包含有不混溶的液相的半透明的平衡相，如通过表面活性剂稳定存在的油和水。当油和水混合有一定量的表面活性剂后便自发形成了直径顺序在10～100 nm的非常小的球形纳米相（微乳液），自组装成水包油型（油/水）或油包水型（水/油）的小滴。特别地，这些纳米尺度的小液滴可以作为反应器从而促进聚合反应。基于这一独特的微乳液聚合机理产生了关于制作各种各样直径顺序在10～100 nm的纳米颗粒的合成技术，而功能性的组分可以通过共价键连接或者非共价键掺杂来与这样的聚合物纳米颗粒相结合，而且调整微乳液中的不同功能单体将会产出具有特定功能的聚合物纳米颗粒。值得注意的是，微乳液中小液滴的直径分布区域仍然是很窄的，这导致了聚合物纳米颗粒具有好的单分散性。

略微地调整微乳液聚合方法，Li 及其同事组装了核－壳型光开光荧光纳米颗粒，光致变色的螺吡喃以共价键的形式与直径在 50 nm 以下的聚合物纳米颗粒的核成键。图 48.4 描述了光致变色的螺吡喃嵌入到纳米颗粒的过程。在此合成策略中，用于聚合的乙烯基功能化的光活性的螺吡喃与相对大量的 N-异丙基丙烯酰胺和苯乙烯结合微量的二乙烯基苯作为交联剂发生共聚。水溶的热活性引发剂 4，4'－偶氮双（4－氰基戊酸）作为自由基源并以此引发聚合形成纳米颗粒。有时候也加入少量的丙烯酸正丁酯和丙烯酸以功能化地修饰纳米颗粒。在这样的聚合过程中，水溶性的异丙基丙烯酰胺单体首先聚合，进而渐渐地形成有热敏性的聚异丙基丙烯酰胺链。90 ℃ 的反应温度远远高于聚异丙基丙烯酰胺的低临界溶液温度（LCST），随着聚合的进行，异丙基丙烯酰胺聚合物逐渐地变为疏水性。结果，以表面活性剂吐温 20 为辅助自组织产生的聚异丙基丙烯酰胺链，形成了类似胶束的微结构。这些类似胶束的微结构之后作为纳米反应器用于疏水性单体（螺吡喃、苯乙烯、二乙烯基苯）的聚合，从而形成以亲水性的聚异丙基丙烯酰胺为壳和疏水性的苯乙烯、二乙烯基苯、螺吡喃为核的聚合物纳米颗粒。

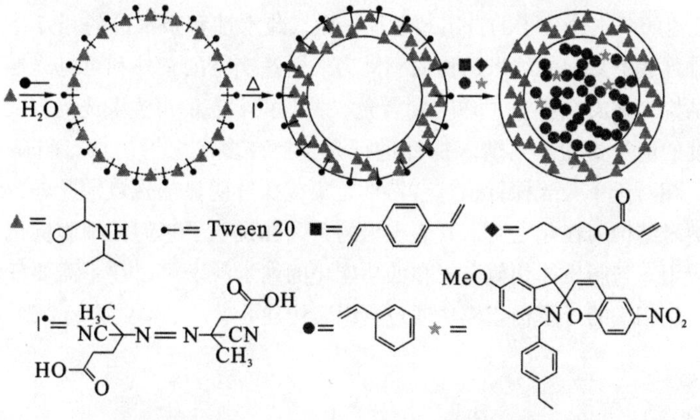

图 48.4　采用微乳液聚合方法制备疏水-亲水核壳聚合物纳米颗粒

亲水性的聚异丙基丙烯酰胺壳使制备的纳米颗粒很容易地分散在水中，而由此产生的悬浮能稳定保持很长一段时间。此核－壳结构的特点为光敏组分提供了理想的微环境的保护，因此这些纳米粒子表现出增强的光稳定性和荧光量子产率。核－壳聚合物纳米颗粒的一个优点体现在光活性的螺吡喃混合在聚合物网络中，而螺吡喃本身是孤立的，因此阻止了螺吡喃的双分子降解反应，这有助于增强纳米颗粒的光稳定性。而基于其他策略的此类聚合反应的优点是共聚的复合物和序列可以较容易地进行调整。所以最终的纳米颗粒的表面特性，例如与生物目标的非特异性相互作用，可以大大地加以控制。共聚方法产生的这样重要的特性将很可能使未来的共聚物纳米粒子能有更广泛的应用。最后，以此方法制备的聚合物纳米粒子在细胞质中较容易实现可逆荧光光开关，这表明它们在细胞环境中是稳定的。用相似的方法，Liu 的小组以及其他小组制备了光开关荧光纳米粒子。

2.5 自组装策略

在各种各样的关于组装功能化的纳米结构的策略中，分子的自组装代表了自下而上的方法：它最小化了复杂性但最大化了准确性。事实上，分子自组装技术显著地促进了材料科学、生物医药技术和生物纳米技术的发展。分子自组装的明显优势在于其对用单纳米精度控制纳米结构的能力。通常，两亲性分子，即分子中同时具有疏水性部分和亲水性部分，频繁地用于构建分子自组装和功能化纳米结构。一旦有机分子可以互补地功能化，它们就能够在合适的溶剂中自发地自组装成高度组织化的纳米结构。

最近，Yi 及其同事用分子自组装技术构建了类囊泡的纳米结构，表现出光开关荧光发射性质。将光活性单元一端系缚在亲水性的四乙二醇上，另一端系缚在疏水性链上，由此产生的分子结构是典型的两亲性分子开关，在图 48.5 中说明了它的分子结构。在水溶液中这些两亲性分子自组装成稳定的类囊泡的纳米结构。虽然在纯水中，大多数的这些纳米结构的直径范围为 50 ~ 100 nm，但是有一些的直径达到了数百纳米。相反，在磷酸缓冲液（PBS）溶液中，纳米结构的直径的变化大约从 615 nm 到 1 μm。像其他的两亲性分子的自组装过程一样，疏水性和亲水性的相互作用担当控制分子有序排列成类囊泡的纳米结构的驱动力。通过交替的紫外和可见光照射，这些类囊泡纳米结构表现出在荧光"开"和荧光"关"的状态的可逆荧光光开关特性，展示了高对比度的信号变化。当纳米探针进行光转换许多次之后，没有明显观测到"疲劳"产生。相对于单荧光探针，这些特性是集成探针明显的优点。此外，活细胞将这些自组装纳米结构内在化之后，其表现出的低毒性说明了它们在细胞标记方面具有潜在的生物应用。与脂质体相似，工整的功能化的纳米粒子可以在不需要任何外在辅助的情况下，从相应的分子构建模块通过自组装构建。

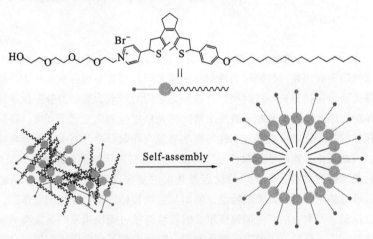

图 48.5　两亲性分子光开关自组装成胶束纳米结构

3　荧光光开关的不同机理

对于光开关纳米粒子，光诱导的光致变色组成的异构化在所有情况下都起到了关键作用。特别地，光致变色成分或作为能量淬灭剂或作为荧光发射参与了荧光光开关过程。前者调节给体的荧光，后者或作为基于荧光共振能量转移的荧光受体，或作为一个非荧光共振能量转移的发射器。迄今为止，合成的光开关荧光纳米粒子可以分为四个主类：基于荧光共振能量转移的单色荧光开关，基于非荧光共振能量转移的单色荧光开关，基于荧光共振能量转移的双色交替的荧光开关，以及基于非荧光共振能量转移的双色交替的荧光开关。在这一部分，我们将详细讨论在这些纳米颗粒中传达荧光颜色开关信息的分子的基本机理。特别地，我们会集中讨论可逆的光开关纳米颗粒，尽管一些不可逆的光活性探针如笼状的罗丹明也用于荧光成像。我们还将介绍多功能的探针，如这些将荧光和磁性组合到一个纳米颗粒的探针。

3.1　基于荧光共振能量转移的可逆单色荧光光开关

基于荧光共振能量转移的单色光开关荧光纳米颗粒用两个或者更多的光活性组分以实现光学开关功能。一个荧光团作为发射器，一个光致变色的变色团作为光学可控的淬灭剂。当光致变色染料在两种状态（淬灭剂和非淬灭剂）之间转换时，荧光发射器就在关和开之间依次光转换。

图 48.6 展示了 Li 及其同事开发的以螺吡喃作为光致变色的淬灭剂和一个核 - 壳 CdSe/ZnS 结构量子点作为荧光团的基于荧光共振能量转移的荧光光开关系统。螺吡喃在紫外区强烈地吸收但是在可见光区无吸收。紫外光照射螺吡喃转换到它的异构体开环形式——部花菁（MC）。与螺吡喃不同，部花菁在 500 ~ 600 nm 范围内强烈地吸收，它与量子点的发射带有较大比例的重叠。因此，从螺吡喃到部花菁的光化学变换事实上活化了从量子点到部花菁的组分内的能量转移。结果是量子点的荧光被有效地淬灭，而纳米颗粒展示出荧光"关"的状态。热力学上发生的或可见光驱动的后面的变换是消耗部花菁重新产生螺吡喃。相反地，部花菁变换回到螺吡喃，渐渐地打开了荧光。在当前的系统中，既非螺吡喃也非部花菁，形成了强烈的发射光。因此，可逆的具有活性的或失活的量子点与光致变色团之间的荧光共振能量转移过程决定了纳米颗粒的荧光关/开状态。图 48.6 说明了之前制备的悬浮在水中的光开关纳米颗粒使用交替的紫外/可见光照射的几个荧光光开关周期。覆盖物显示了全体纳米颗粒随紫外光照射期间增加出现的荧光变化。明显地，这一系统至少在这里呈现出几个周期之内展示的良好光开关可逆性和光稳定性。

3.2　基于非荧光共振能量转移的可逆的单色荧光光开关

在两变色团之间活性的荧光共振能量转移需要吸收带的能量受体与发射带的能量

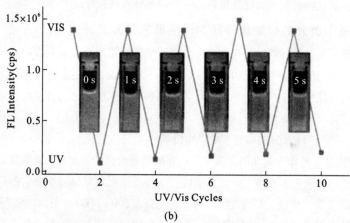

Fluorescence "ON" state　　　　　　Fluorescence "OFF" state

(a)

(b)

图 48.6　基于共振能量转移的可逆单色荧光开关系统

（a）光开关示意图；（b）关开关循环

给体恰当地部分重叠。此外，荧光共振能量转移的效率基本上是零，除非给体和受体处于或接近 Forster 距离之内。这些严格的要求加上最终不可控的光开关纳米颗粒的荧光开/关信号比，使设计和构建光开关荧光纳米颗粒变得复杂起来，所以迫切需要绕过这些要求的方法和优化光开关机制。

　　将光致变色组分螺吡喃和疏水-亲水性的核-壳聚物纳米颗粒的疏水性核合并，Li 及其同事通过调制微乳液聚合策略，开发了一个基于单发色团的荧光光开关微粒子系统。在此系统中，光致变色组分不仅仅是光活性的单元，并且同时作为光致变色基团和荧光团。图 48.7（a）所示系统的螺吡喃（闭环体）代表了荧光关的状态，而它的配对物（部花菁，开环体）对应于荧光开的状态。可逆的光异构化使这样的纳米颗粒能够实现荧光光开关，因此轻松地绕过了对于荧光共振能量转移的严格要求。在水中，既非光致变色染料螺吡喃亦非部花菁虽然明显地发荧光，但是存在于纳米颗粒疏水腔的部花菁在 600～780 nm 范围内强烈地发荧光。特别地，定量比较显示出存在于疏水腔的部花菁分子其亮度是水溶液中同样的分子亮度的 200 倍以上。疏水腔为部花菁提供了一个保护的微环境，并且抑制了非辐射途径，因此通过荧光通道促进了能量耗散。

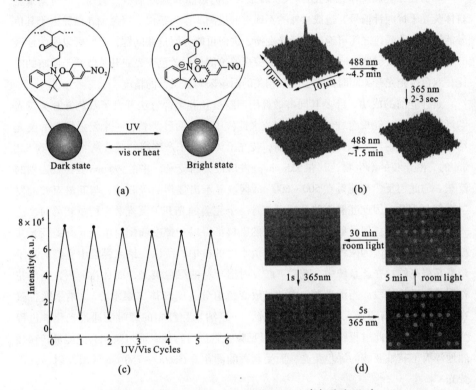

图 48.7 基于非共振能量转移的可逆单色荧光开关

（a）光开关示意图；（b）单纳米颗粒荧光开关成像；（c）光开关循环；（d）光学读写

图 48.7（b）所示为单粒子水平的基于单发色团的荧光光开关的纳米颗粒。与其他部花菁分子未受保护的系统相比，以此制备的聚合物纳米颗粒具有更好的抗疲劳性。之前在 3.1 部分讨论过一个这样的例子，它是将螺吡喃固定在量子点表面上。图 48.7（c）清楚地表明了周期性的荧光光开关。独特的疏水 – 亲水性的核 – 壳结构显著地增强了颗粒亮度，通过聚合物网络分离的光活性单元在增强光稳定性方面发挥着关键作用。图 48.7（d）说明了纳米颗粒在 54 孔的微孔板中的一个光学擦式读写的周期，显示出它们在可擦写存储介质和生物标记方面的潜在应用。对于这样的聚合物纳米颗粒，另一个值得特别重视的性质是它们不会闪烁，这个重要的特征与量子点截然不同。这个引人注目的区别源于量子点表现为一个单量子单位，而荧光聚合物纳米颗

粒中，每个颗粒同时起着多量子发射器作用。此外，每个纳米颗粒包含许多螺吡喃染料分子，即使是单粒子从螺吡喃纳米颗粒转化为部花菁纳米颗粒，荧光光开关也并非一步快速地开－关跳变，而是一个多步骤的渐进的过程。反之亦然。

3.3 基于荧光共振能量转移的可逆双色交替的荧光光开关

尽管光开关调整单色荧光开/关，背景荧光仍然能够遮盖信号。例如，有时候细胞自体荧光干扰探针信号，造成意外的不确定的检测。作为替代，双色荧光探针由于其信号能够在两种颜色之间可逆地进行光变换，进而可能克服这些问题，它们可以明确地区分来自于干扰发射器的完全相同颜色的荧光的价值点。单色荧光光开关依赖于明暗的对比，双色荧光光开关同时提供了两个相关的图像来确认成像的精度。

延伸先前的成功，Li 及其同事最近用调制微乳液聚合方法开发了双色光开关荧光纳米颗粒。核－壳聚合物纳米颗粒在疏水性核中包含两种染料：一个发射绿光的荧光给体和一个发射红光的光开关螺吡喃。荧光给体是量子产率高的吸收从 480 nm 到 525 nm 的苝酰亚胺的衍生物，其在 535 nm 处发出最大的荧光，并在 575 nm 处出现强烈的泛频。与此相反，部花菁在 500~600 nm 区域显示出强烈的吸收带，与苝酰亚胺的发射带部分重叠。因此苝酰亚胺和螺吡喃是一个完美的光开关荧光共振能量转移对。这一基本原理表明任何发射绿光或者黄光的染料都可以和螺吡喃配对组成光开关荧光共振能量转移对，因为两种染料都保护在疏水性的核中，所以在纳米颗粒中它们的量子产率是很高的。在此系统中，苝酰亚胺发射出独特的绿色荧光，而且几乎正好是部花菁形式的吸收波段。当纳米颗粒中的光致变色组分为闭环体（螺吡喃），纳米颗粒就在约 535 nm 处有一最大峰并发射出绿光。一旦纳米颗粒中的螺吡喃通过光化学过程变化为部花菁，此过程约在 588 nm 的可见吸收带进行转换，通过荧光共振能量转移强烈地淬灭了苝酰亚胺的绿色荧光，而受刺激的部花菁在 600~750 nm 区域发射出红色荧光。

可逆过程将部花菁转换回螺吡喃形式，在这种情况下，因为螺吡喃不吸收可见区的光子能量，不能作为荧光受体，所以荧光共振能量转移被完全阻断，从而有效地存储了在纳米颗粒内的苝酰亚胺的绿色荧光。图 48.8（a）说明了双色光开关的机理。为了测定基本的光开关单元，Li 及其同事进一步进行了单粒子实验。随着时间的流逝，单粒子的光谱演变（如图 48.8（b）所示）清晰地显示了两种与众不同的荧光发射的互变现象。因为纳米颗粒中疏水性的核提供了优良的起保护作用的纳米微环境，如图 48.8（c）所示，即使数次开关周期之后，同样制备的纳米颗粒显示了出色的可逆性和光稳定性。这样的双色交替的荧光开关纳米颗粒已经应用到活人胚胎肾细胞成像（HEK293）并成功地实现了两模式的生物成像（如图 48.8（d）所示）。

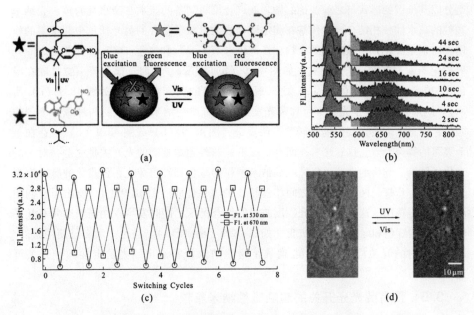

图 48.8　基于共振能量转移的双色荧光开关

（a）光开关示意图；（b）单纳米颗粒荧光开关光谱；（c）光开关循环；（d）活细胞荧光开关成像

3.4　基于非荧光共振能量转移的可逆的双色交替的荧光光开关

荧光共振能量转移的机理在构建双色荧光光开关系统中起到了重要的作用。然而，荧光共振能量转移有严格的限制，包括分子取向和距离、介电常数、光谱部分重叠以及激发态寿命。显然，有效发生荧光共振能量转移的这些严格的要求使系统复杂化，从而促进了非荧光共振能量转移的双彩色系统的迫切需要。一个有吸引力的方法是将荧光和光致变色相结合，实现在不同的光谱区域两个异构体形式都发射荧光。在这种情况下，单一的染料可以在两种不同的颜色中不需要任何其他的光活性单元可逆地进行荧光转换。此方法显著地简化了样品标记，消除了复杂的将两个或者更多的变色团与需要的纳米系统结合的过程。当用 390 nm 的光照射分别命名为 Kaede 和 EosFP 的两个克隆荧光蛋白，发现它们拥有绿到红的荧光转换能力。然而，由于此过程涉及了肽骨干的光诱导分解，因此这样的转换是不可逆的。此不可逆性与螺吡喃中可逆的断裂和形成螺键（碳－氧）形成了鲜明的对比。在实际的生物标记应用中，对研究人员来说，可逆的光开关的纳米探针无疑获得了理想的性能和新功能。相反地，光活性蛋白的不可逆性阻碍了它们在荧光调制方面的应用。

最近，Li 及其同事开发了各种各样的单变色团但是双色的光开关荧光纳米颗粒。通过紫外/可见光照射在一个变色团上，这样的纳米颗粒能够在两种不同荧光状态之间（或者是绿到红，或者是蓝到红）可逆地进行光开关。用到的光活性单元是吲哚环上用各基团取代的光致变色的螺吡喃的系列（如图 48.9（a）所示）。这些光致变色组分以共价键的形式与之前谈论的微乳液聚合策略制备的疏水－亲水性的核－壳纳米颗粒的疏水性核相结合。取代基在测定聚合物纳米粒子化合的荧光颜色中起重要的作用。特别是部花菁－螺吡喃纳米颗粒在蓝色（470 nm）和红色（665 nm）荧光之间光异构化产生了双色荧光光开关（如图48.9（b）所示）。同时，部花菁－螺吡喃在绿色（530 nm）和红色（665 nm）之间展示了双色的荧光光开关（如图48.9（c）所示）。纳米粒子结合了光致变色和荧光发射，所有这些纳米颗粒发射两种截然不同的颜色，但是无需荧光共振能量转移。明显地，图48.9（b）或图48.9（c）中存在一个显著的等荧光点，这意味着在两种情况下部花菁到螺吡喃的光开关是完全一对一的光化学转换。起伏的部花菁－螺吡喃纳米颗粒的绿色和红色荧光，程式化的脉冲序列是为了进一步探讨两个异构体之间相互转换的内在性质。图48.9（d）绘出了它们相对时间的振荡图。这些调制荧光强度曲线的拟合揭示了同时发生在相同频率并有几乎180°相移的红色和绿色荧光的演变（如图48.9（e）所示）。经过多次交替使用紫外/可见光照射的开关周期之后，也确认了这些纳米颗粒杰出的光稳定性和光开关可逆性。

3.5　具有荧光光开关的超顺磁性纳米颗粒

多功能的纳米颗粒可作为潜在性的探针来标记和检测复杂生物系统内感兴趣的特殊目标。例如，将荧光和磁性结合的纳米颗粒作为多模态成像探针和用磁共振成像（MRI）和荧光成像技术能够进行同时诊断。常规的单功能的纳米粒子则不能达到这样的多模态。

最近，Lee及其同事设计并组装了包裹着光致变色染料分子的氧化铁纳米颗粒，这样的粒子具有超顺磁性，并且它们的荧光可以光转换开/关。硫氧化的二芳烯作为光致变色染料系缚在氧化铁纳米颗粒的表面，并用油酸稳定。特别地，一个两亲性的聚醚共聚物F127（PEO99－PPO67－PEO99）用作介质层以搭建光致变色的二芳烯和磁性四氧化三铁核。图48.10（a）说明了中等疏水性的PPO部分锚定在油酸壳和磁性四氧化三铁之前的界面，然而末端亲水的PEO部分延伸到水相。像预期的一样，二芳烯可以在两态之间进行光开关。交替的紫外/可见光照射有效地光异构化一个非荧光开环形式和一个荧光闭环形式。此外，这些复合物纳米颗粒的光开关过程在经过六周期之后能够可逆地重复并且没有明显的疲劳现象（如图48.10（b）所示）。与之前讨论的那些纳米颗粒对比，这些复合纳米粒子引入了一个新的属性——磁性能。

图48.10（c）说明：①通过交替的紫外/可见光刺激，发生可逆的荧光开/关转换；②通过外部的磁场，复合物纳米颗粒在水介质中的可逆絮凝和分散过程。图48.10（d）展示了小磁铁驱动这些复合纳米粒子沿着磁场梯度移动，并且几乎所有的纳米颗粒自聚集在磁铁旁。在移走外磁场之后，磁场诱导的自聚集逆转，振荡之后粒子能够容易地分散回正常的悬浮液。专门的一个外部磁场能够有效地引导和运输这些

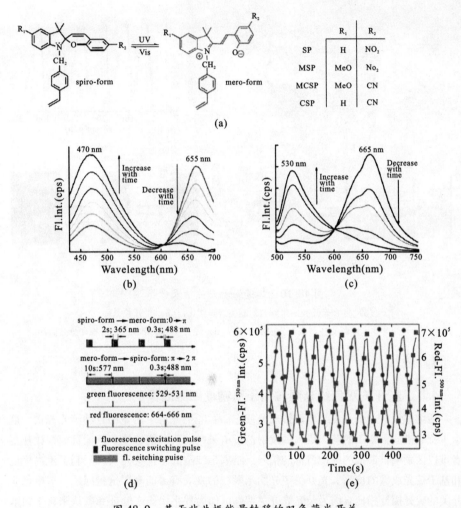

图 48.9 基于非共振能量转移的双色荧光开关

（a）光开关示意图；（b）MCSP 纳米颗粒的光开关荧光光谱；

（c）MSP 纳米颗粒的光开关荧光光谱；（d）脉冲光刺激下的荧光开关；（e）光开关循环

荧光磁性纳米粒子到所需位置，而荧光成像实时监测它们的运动。虽然超顺磁性和荧光光开关被整合成一个单一纳米粒子，但几乎是独立且彼此正交地进行操作。包含此复合纳米颗粒的二芳烯的闭环异构体显示的荧光量子产率为 0.12，仅略微低于值为 0.14 的二芳烯乙酸乙酯溶液。这很可能是由于铁纳米颗粒限于核心而二芳烯基团在壳层中这样特殊的核－壳几何排列，较大地降低了此体系中氧化铁纳米颗粒的荧光淬灭作用。这样独特的超顺磁性特征和光开关荧光纳米粒子结合在单个纳米颗粒中有助于在生物检测、分离和成像方面实现新的应用。

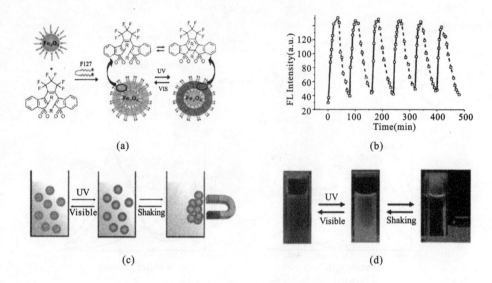

图 48.10　二芳烯光开关纳米颗粒

（a）复合光开关纳米颗粒的制备与异构化；（b）光开关循环；

（c）光开关纳米颗粒的磁富集和分散示意图；（d）光开关纳米颗粒的磁富集和分散照片

4　应用

4.1　光开关双色纳米颗粒用于高精度细胞成像

活细胞发射一个来自于内源性成分或它们吞噬荧光粒子的宽的自动荧光光谱，这个干扰光谱涵盖常用的荧光染料的发射区。由于自动荧光能够掩盖标记目标或让观察者难以区别来自误报的标记目标的信号，结果是细胞的干扰荧光大大限制了生物标记和基于荧光成像的检测。光开关荧光纳米颗粒的发展有可能克服这些问题。与单色非开关的荧光探针相比，因为荧光光开关特性可作为数字代码来验证和确认来自于纳米颗粒的信号，所以本文介绍的光开关荧光纳米颗粒在标记和检测感兴趣的目标方面具有明显的优势。

因为双色光开关荧光纳米颗粒能够用两种截然不同的颜色突出相同的目标点，这样的荧光标记的使用能够有效地克服如自动荧光类的细胞荧光干扰问题。图 48.11 显示了使用双色荧光开关纳米颗粒的活细胞荧光成像。装饰着高迁移率族蛋白 A（HM-GA1）的纳米颗粒与活细胞培养，随后，随着时间的推移，高迁移率族蛋白 A 修饰的纳米颗粒进行内吞作用。两个独立的荧光成像通道清楚地证实了随着时间的推移纳米颗粒渐渐地被输送到细胞。在这些图像中，只有那些发射红色或绿色荧光的点是真正源于纳米粒子，红色和绿色通道叠加产生清晰的复合橙色图像。除了红色和绿色荧光之外，有单颜色的这些区域可能呈现错误的实际来自于干扰或者细胞自体荧光的信号。

　　一些与癌症有关的病变细胞有很强的自体荧光，甚至比荧光探针的更亮。图 48.11（b）提出了这样的一个例子，有蓝到红荧光转换特征的双色光开关纳米颗粒可以智能地从活细胞环境中的干扰信号中识别出真正的信号。箭头指示的加强的红色荧光区域显示没有对应的蓝色，因此这一定是来自于干扰的细胞自体荧光，即使其强度在图像中占主导地位。

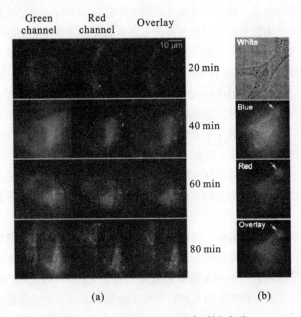

图 48.11　光开关用于细胞高精度成像

（a）HMGA1a 蛋白修饰的 MSP 纳米颗粒；（b）HMGA1a 蛋白修饰的 MCSP 纳米颗粒

4.2　光开关荧光纳米颗粒作为超分辨探针用于细胞成像

　　光开关荧光纳米颗粒在超分辨成像中其革命性的作用是另一重要的应用。最近发展的超出衍射限制的远场荧光显微镜中的超分辨成像技术已经能够在纳米尺度肉眼观察细胞的特征。值得注意的是，最新的次衍射荧光显微技术是基于光开关的：或者"开"和"关"或者两种截然不同的颜色。最近包含光开关染料的聚合物纳米颗粒已经用于提高远场荧光显微镜中的分辨率。在这项研究中，微乳液聚合法用于将螺吡喃染料和聚合物纳米颗粒相结合以便于这样合成的纳米颗粒展示出光开关性能。光驱动的单分子逻辑开关实现重建显微镜（PULSAR）用于肉眼观察固定细胞中的细胞器。而这样新型的探针和新开发的显微镜的结合促进了细胞样品中的成像分辨率下降到 10~40 nm，远远超出了传统的显微镜通常遇到的衍射障碍。

　　螺吡喃的突出特点（闭环体）是它在可见光区表现出微不足道的吸收，因此通过可见光激发没有荧光产生。然而，与它对应的闭环体部花菁在 570 nm 强烈地吸收并发射强烈的红色荧光（在 665 nm 处），如图 48. 12（a）所示。由螺吡喃到部花菁的荧光开关在近纳米分辨率上建立了以光驱动的单分子逻辑开关，实现了定位为基础的纳米显微镜。所获得的数据包括数以千计的单分子图像，且每个图像揭示了在紫外脉冲控制下的数量有限的开关分子。拟合每个图像帧中每个分子的位置，然后总结所有拟合的分子的位置用高分辨产生了精微的重建图像。图 48. 12（b）呈现了分别由传统荧光显微镜和光驱动的单分子逻辑开关实现重建的纳米显微镜得到的明显的成像分辨率差异。传统的荧光显微镜不能分辨排成一排的 4 个直径为 70 nm 的纳米颗粒，而光驱动的单分子逻辑开关实现重建的纳米显微镜可以清晰地分辨 4 个并列的纳米粒子组成的纳米结构。装饰有 HMGA－1 蛋白，包含螺吡喃的荧光纳米颗粒能够在亚细胞水平定位感兴趣的目标。HMGA－1 修饰的纳米颗粒有效地与 HeLa（海拉）细胞上的HMGA1 受体成键，随后被吞噬进 HeLa 细胞。图 48. 12（c）中的框选区，其中以加强的荧光显示的大多数存在于溶酶体的纳米颗粒作为高分辨成像的目标。在纳米颗粒转换为无荧光的状态之后，大多数的干扰发色团用 532 nm 的光进行光漂白，一个短的紫外脉冲用来使螺吡喃转变为部花菁，因此开启红色荧光。下一步立即用 532 nm 的光束使新开启的分子成像。重复此脉冲，许多周期探针模式累积了许多单分子的照片，来自于单分子的照片重建了最终的高分辨图像。图 48. 12（c）的中间图体现了盒状区的高分辨率图像（左图）。

细胞器通常比衍射极限小，因此传统的宽场光学显微镜不能分辨溶酶体中的多功能的纳米颗粒。与此形成鲜明的对比，光驱动的单分子逻辑开关实现重建纳米显微镜能够分辨存在于溶酶体中的纳米颗粒的精细结构，如图 48. 12（c）中右图所示。图48. 12（c）揭示了至少有两个纳米颗粒存在于检测的溶酶体中。沿着点的拉长方向绘制的三个平行线揭示了它们的荧光强度轮廓。进一步的数据分析（如图 48. 12（d）所示）揭示了这两个纳米颗粒之间的距离是 69 nm。这一高准确度的定位确认了光驱动的单分子逻辑开关实现重建纳米显微镜对于细胞器的分辨率达到纳米尺度的能力。此外，聚合物纳米颗粒和光驱动的单分子逻辑开关实现重建纳米显微镜的结合，光开关荧光二氧化硅纳米颗粒通过与可逆的饱和的光荧光转换（RESOLFT）显微镜相结合同样地用于超分辨成像，与传统的共聚焦显微镜相比明显地获得了增强的成像分辨率。上述两种情况中的关键技术是光开关纳米探针。

5　总结和展望

在这里，我们已经提出了光开关荧光纳米粒子发展的最新进展和它们在生物标记和成像领域有前途的应用。当前光开关探针的发展仍然处于起步阶段，因此在它们能够发挥其在实际生物医学和临床诊断应用方面的潜力之前，仍然有相当大的磨练它们性质的空间。然而，在这里提出的结果已经证实光开关荧光纳米颗粒在生物标记和超分辨成像方面有很大的潜力，需要更多的努力以进一步提高光开关纳米颗粒的质量和

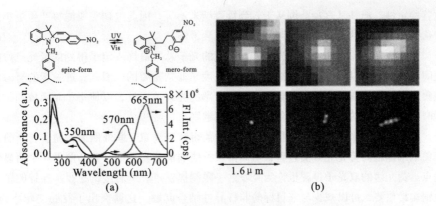

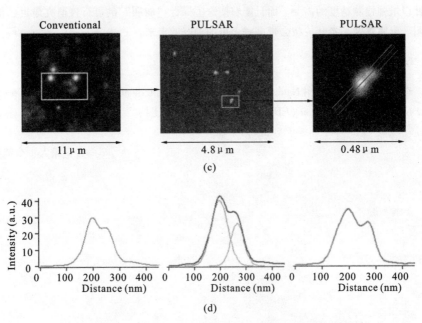

图 48.12　光开关纳米颗粒用于超分辨光学成像

（a）光开关示意图；（b）传统成像与 PULSAR 超分辨成像效果对比；

（c）PULSAR 成像精度；（d）PULSAR 成像剖面

多样性。将来我们期待更小的、更亮的、更稳定的、更漂亮的、发射首选区域在近红外区域的光开关纳米颗粒。

　　明显地，纳米探针需要比纳米显微镜分辨率更小。较小的探针应尽量地减少对生物指标的扰动，如亚细胞成分或在组装中的一种特定的蛋白质。正如在先前部分图 48.8 中谈论的，将螺吡喃系缚在 CdSe/ZnS 量子点表面的复合纳米颗粒的尺寸小于 10 nm。然而，由于这些纳米颗粒的光致变色组分不可保护，其遭受抗疲劳的能力相对较差。相反，聚合物和以共价键形式嵌入光致变色组分的二氧化硅纳米颗粒显示出改善稳定性，但是其直径范围从十几到数百纳米不等。因此迫切需要能够产生更小的有优秀光稳定性的光开关纳米颗粒的新的组装策略。

因为在光漂白之前一个荧光团能够发射的光子总数最终决定了得到的荧光成像的空间分辨率，所以单个光开关纳米探针的亮度是非常重要的。因此，进一步的努力应该集中在开发拥有更高消光系数和高量子产率的光开关探针，以使每单元区域和每单元时间能够控制的光子数最大化，而且越亮越好。

在将来，纳米颗粒的生物相容性也同样值得特别注意。紫外照射普遍参与当前光开关纳米颗粒的荧光光开关过程，然而高紫外线剂量的光毒性是紫外照射一个明显的缺点。荧光团的双光子过程也许为克服这一限制提供了一个有趣的途径。探针的靶向识别非常重要，可以减少与非目标的非特异性结合问题。这就突出了发展"聪明的"探针以增强检测精度的需要，而且能够使这些探针"聪明"的可行性研究最近已得到证明。毋庸置疑，光开关将会带来一个更加美好的未来。

6 致谢

李德全教授在此感谢 National Institute of General Medical Sciences（GM065306）and National Science Foundation（CHE－0805547）的大力支持。

（记录人：朱明强）

王肇中　男，1946年1月出生，本科毕业于中国科技大学物理系低温物理专业。1978年至1979年，在中国科技大学任助教；1980年至1985年，在法国格勒诺布尔大学读研究生，先后获"材料与辐射"科硕士学位（DEA）和法国国家博士学位；1985年至1987年，在美国普林斯顿大学物理系进行博士后研究；1987年至1990年，受聘担任美国普林斯顿大学物理系教员（faculty member）、研究员兼物理学讲师，从事高温超导电理特性研究，协助Ong教授组建美国普林斯顿大学超导研究组，对高温超导体的正常态物性做系统研究，实验研究取得一系列最新成果，获多项世界第一，在高温超导体霍尔效应研究方面处于公认的世界领先水平，这期间还承担了NSF、DO、DAPRA、NAVY、AIR FORCE的多项研究计划；1990年，受聘担任美国休斯顿大学超导研究中心副教授，负责该中心的高温超导体基础研究；1990年至2000年，受聘担任法国国家科研中心微结构和微电子实验室主任研究员（Directeur de Recherche au CNRS，终身职位），是法国国家特聘公务员（因其本人是中国籍），被任命为该实验室管理委员会成员，参与实验室管理，负责该实验室的基础研究项目咨询工作，这期间还参与了当时的欧共体和法国电信研究中心的多项研究计划；2000年至今，在法国科研中心光子与纳米结构实验室（LPN/CNRS）任主任研究员（该实验室为2000年至今法国五个国家纳米平台之一），并担任低温高真空隧道显微镜（LTUHVSTM）研究课题组组长。

在国际学术刊物（SCI）共发表109篇论文。其中发表在《自然》《物理评论通信》《物理评论》和《应用物理通信》的论文38篇，被《物理评论通信》和《物理评论》引用数平均为每篇31次。据SCI统计，已发表的109篇论文共被引用3200次，其中被引用30次以上的有29篇。

第49期

Physics of Nano Devices and His Trends

Keywords：electrodynamics, quantum electrodynamics, nanotechnology, optoelectronics, nanofabrication

第 ㊾ 期

从电动力学到量子电动力学：
纳米光电子器件

王肇中

1 引言

传统上，研制微电子器件和光学器件的物理学基础是普通物理和凝聚态物理（含半导体物理）。长期以来，光学器件是基于几何光学和波动光学的原理进行设计和研制的，而微电子电路设计遵循的定律是基尔霍夫电路定律。基尔霍夫电路定律是电动力学中的一个定律，麦克斯韦四个方程被尊为电动力学的基础。在麦克斯韦的理论中，光场被视为振动的正交电场和磁场，故电磁场理论也适用于光场。但是，基于麦克斯韦理论的光学不能解释光电效应和黑体辐射，因而不能用于指导光电器件的研发。进入 21 世纪后，我们的研发和加工生产技术进入了纳米领域，飞速发展的光电子领域对传统的器件设计基本原理提出了新的挑战。纳米尺度下的光电器件的研制与米、毫米、微米尺度下的电子器件或光学器件的研制在基本原理与制造技术上有着本质的不同。我们必须采用量子电动力学和界观物理作为纳米光电子器件研发的基本原理。

光子和电子是两种不同的粒子。电子是费米子，具有静止质量，有电荷和自旋两个自由度。光子是玻色子，有能量无静止质量。在量子电动力学中，光子和电子可以相互转化，在界观物理中光子是可以被"局域化"（localization）的，对局域化光子的深入研究促使了一种名叫光子晶体的新材料的开发和利用。但是，过去很长一段时间，应用领域的科学家和工程师们总是习惯于把光子和电子分割开来孤立地加以考虑。传统的电子学仅仅只考虑电子电荷在电场和磁场作用下的运动，基本不涉及电子空穴对的产生和湮灭。而传统光学习惯于把光子视为一种始终在高速传播的粒子或波包。只是到了 20 世纪 60 年代后，在研发激光器件和光伏器件时，人们才把能隙跃迁、光电转化的原理大规模地应用到研究、开发和生产中，但这种应用仅限于研制与半导体能隙有关的激光器和低效率的太阳能转化器。20 世纪 90 年代以来，国外研究实验室中已能小批量制作精度为 30 ~ 100 nm 的纳米元件。纳米器件的尺度已小于光波长度和电子的平均自由程，电子波函数的量子化效应在小尺度的纳米元件中已变得很明显。各国科学家们在这种器件中开展了大量的深入研究，并在探索光子及电子的输运、存储和转换的研究中获得了一系列意想不到的研究成果。光－电转换或光－电－光的转换甚至可以在远小于一个光波的尺度内实现（如 100 nm 以下）。由纳米器件尺度引起的量子效应直接参与光－电转换。基于大量最新现象发现的启示与推动，为响应信息科技的高速发展，一种全新的光子技术——纳米光子技术产生了。在这种全新的纳米光子技术中，微电子技术及其概念被大量地推广应用于纳米光子技术，使非线性光学获得了长足的发展。创新型元件如集成激光器、各种类型的全光放大器、新型滤波器等层出不穷地涌现。

2　纳米光电子技术的诞生

随着纳米器件尺寸的不断缩小，量子效应不可避免地开始影响进而主导器件的物性。在量子力学的框架内探索纳米结构中电荷和自旋的量子运输，探索光子的运输，寻找全新的量子调控机理和量子器件原理，是当今的前沿研发领域，由此引发了信息技术新的革命。

2.1　基尔霍夫定律在纳米尺度下失效

随着纳米技术的发展，晶体管所采用的基本原理——基尔霍夫定律——在纳米尺度下将会失效。以串联电阻的欧姆定律为例（如图 49.1 所示），电阻 R_A 和 R_B 串联后的总电阻为 $R_A + R_B$，但是在纳米尺度下，即当 1 和 2 之间的平均距离（电子的平均自由程）小于电子的平均自由程时，电阻的串联定律将不再适用，我们必须引入量子电阻的概念，串联后的总电阻仍为 R_A（量子电阻）。此时电路设计中的很多原理、过程等将需要重新考虑。在晶体管中也会出现这样的情况，当晶体管的尺寸做得特别小时，电子的隧穿效应将起主要作用。在纳米尺度下，电导率的量子化会导致基尔霍夫定律的失效，但是这种失效究竟会在多小尺度时产生，这不仅是科研上的一个重大问题，也是工业生产上一个影响巨大的问题，涉及价值数十亿甚至数百亿美元的投资和生产。十多年前，人们曾认为在硅电子器件中电子的平均自由程是 50 nm，因而当器件制作尺寸达到 50 nm 左右时，基尔霍夫定律将会失效，电路将不能工作。但是，随着研究的深入，人们发现当电路器件缩小以后，电子的平均自由程由于杂质、电路边缘"毛刺"等原因本身也会迅速减小，结果器件尺寸在 50 nm 左右时基尔霍夫定律仍然适用。45 nm 的微处理芯片已经进入市场。电子的平均自由程究竟何时起作用，目前还是一个没有答案的问题。除了电子的平均自由程外，需要进一步考虑的是纳米尺度下的隧穿、电子能量量子化和半导体掺杂杂质的玻尔半径等因素。我们有充分的理由相信，一旦"经典"的集成电路的加工精度小于 10 nm 时量子效应将逐渐起主导作用。现在最小的电路已经做到 22 nm，在不久的将来，这种观点的正确与否将会得到检验。由于硅中杂质的玻尔半径在 5 nm 左右，受杂质玻尔半径的影响，当电路尺寸小于 5 nm 时基尔霍夫定律必然失效。结果是延续五十余年的集成电路的小型化历程

（摩尔定律）将在今后十年内完成它的历史使命。"经典"集成电路只涉及电子电荷在电场和磁场作用下的运动。走入死胡同的集成电子电路将呼唤着自旋电子学和光电子学的介入。新型的纳米光电器件和自旋电子器件在等着我们去开发。

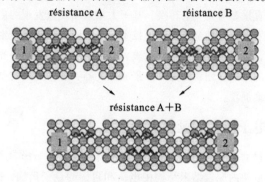

图49.1　电阻串联示意图

　　在微米以上尺度研制电子器件的理论基础是凝聚态物理和电动力学，主要制造技术包括微米薄膜生长技术、微米加工技术、机械加工技术、管封技术等。纳米尺度下的光电器件的研制与米、毫米、微米尺度下的电子元件或光学元件的研制在基本原理与制作技术上有本质的区别。纳米尺度下的光电元件的研制采用的基本原理是界观物理和量子电动力学，其核心制造技术是分子层薄膜生长技术、纳米加工技术和封装技术。

2.2　半导体材料的选择

　　半导体材料中的光电转换直接关联到电子在不同的能级间跃迁。间接能隙跃迁必须伴随有声子参与的动量变化，从而造成电子－空穴的复合效率低，光电转换中伴有重要的能量损失，不利于高效的光电转换。电子工业中常用的 Si、Ge 晶体由于其特殊的晶体对称性而属于间接能隙的半导体材料，不宜用来做纳光电子器件。GaAS、InP 等Ⅲ－Ⅴ族晶体属于直接带隙半导体材料，光电转换效率高，因而常选用Ⅲ－Ⅴ族半导体材料做光电器件（如图49.2所示）。在实际生产工艺中，硅晶体占据电子工业中常用材料的95%，如何利用硅材料制造纳米光电子器件是一个重要的研究课题。科学家们常在硅基衬底上先克服困难生长出高质量的Ⅲ－Ⅴ族半导体薄膜，然后再利用这些薄膜制作光电器件。

3　二维量子阱－光电元件基本单元的制造工程

　　二维材料是工艺最简单的、可用于大规模生产的低微材料，它们在被用来进行复杂的微纳米加工前就已具有不同寻常的宏观量子效应。二维量子阱经常被看做是制作纳米光电子元件的基本单元。它的制造方法主要有分子束外延生长法（MBE）和分子有机化学气相沉积法（MOCVD）。前者的生长速度约为 0.1 nm/s，但生长的薄膜质量特别好，实验室中常采用这种方法；后者生长速度较快，可以大规模批量生产，但是

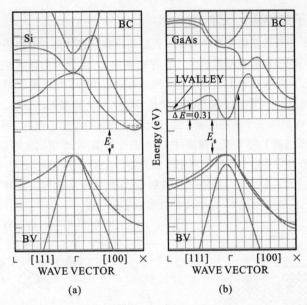

图 49.2　能带结构示意图

(a) 间接能隙的半导体材料 Si；(b) 直接带隙半导体材料 GaAs

在生长过程中会产生有毒气体，一般工业生产常采用这种方法。

3.1　金属有机化合物化学气相沉积

金属有机化合物化学气相沉积是一种新型气相外延生长技术。常用的衬底为砷化镓、磷化铟（InP）、硅、碳化硅及蓝宝石。它以Ⅲ族、Ⅱ族元素的有机金属化合物和Ⅴ族、Ⅵ族元素的氢化物等作为晶体生长的原材料，以热分解反应方式在衬底上进行气相外延，生长各种Ⅲ－Ⅴ族、Ⅱ－Ⅵ族化合物半导体以及它们的多元固溶体的薄膜材料。这些半导体薄膜主要应用于光电元件（如 LED 发光二极管、激光二极管及太阳能电池）以及有特殊功能的微电子元件的制作。图 49.3 是用 MOCVD 合成 InAs/InP 薄膜的示意图，实验中，压强控制在 70Torr，温度在 500～700 ℃范围内，采用 H_2 作载气，分别采用 Triméthylindium（TMI）、Arsine（AsH3）和 Phosphine（PH3）前驱物作为 In、As 和 P 的源物质。

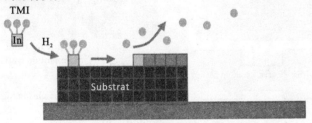

图 49.3　MOCVD 法生长 InAs/InP 薄膜的示意图

3.2　分子束外延生长法

　　分子束外延生长法是将半导体衬底放置在超高真空腔体内，和将需要生长的单晶物质按元素的不同分别放在喷射炉中（也在腔体内）。由分别加热到相应温度的各元素喷射出的分子流能在衬底上生长出极薄的（可薄至单原子层水平）单晶体和几种物质交替的超晶格结构。图 49.4 是用该法生长 GaAs/AlAs 薄膜的示意图，以 GaAs 作衬底，采用 Al、As、Ga 三个不同的源，通过控制三个源的温度、流速，实现了 GaAs 和 AlAs 在不同原子层面上的生长。薄膜的 TEM 图片如图 49.5 所示，可以明显地看出，在两种不同物质的交界处有明显的原子平面界面。AlAs 的能隙比较大（2.3 eV），而 GaAs 的能隙较小（1.5 eV），用 MBE 法控制 GaAs 层的厚度就可以控制能带在空间中的排布。这样，在能隙小的 GaAs 位置处就形成了量子阱。

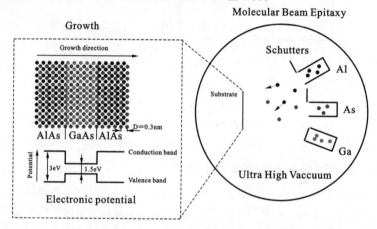

图 49.4　MBE 法生长 GaAs/AlAs 薄膜的示意图（J. Faist ETH，2011）

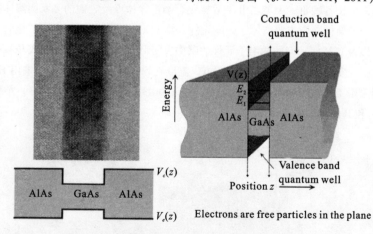

图 49.5　GaAs/AlAs 量子阱薄膜的 TEM 图和能带结构立体图（C. Sirtori，IUF，CNRS）

纳米结构中的电子能带分布如图 49.6 所示，二维量子阱（quantum well）的能量与态密度呈阶梯型突跃关系。二维的量子阱具有能级可控的特性，是最简单的用于制造光电元件的纳米结构。我们可以利用二维量子阱直接制成最简单的量子阱激光器，在量子阱中，电子－空穴复合的几率高，从而可以做成效率很高的发光器。如图 49.7 所示，二维量子阱激光器发出的光子能量大于导带与价带间的能隙，单色性差，跃迁发出光的能量与量子阱宽度无关。

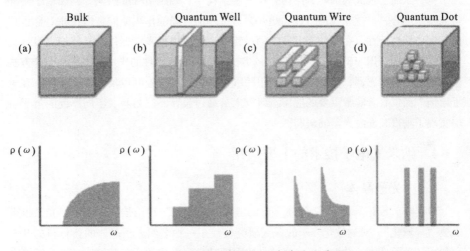

图 49.6　纳米结构中的电子态密度分布图

注：对于三维结构（Bulk），其能量与态密度呈抛物线关系，二维量子阱的能量与态密度呈阶梯型突跃关系，一维量子线能量与态密度有很大的峰值跃迁，而零维的量子点的能谱呈原子光谱特性。

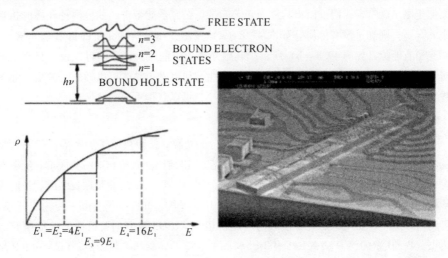

图 49.7　二维量子阱激光器能级分布及其实物图（美国专利号 3982207，1976）

1990 年，有学者（J. Faist 等人）发现除了上述能带之间的跃迁外，在二维量子阱激光器中还存在子能带间的跃迁。与能带之间的跃迁不同，子能带间的跃迁发出的光的能量只与量子阱宽度有关，光子的单色性好，载流子寿命约为 1 ps。子能带间跃迁发出的光子能量远小于能带间跃迁发出的光子能量。

3.3 能带工程（band engineering）

利用外延生长工艺，通过控制不同种类的半导体薄膜的厚度，可以制成复杂的薄膜结构，从而实现人为的能带结构。在一些结构中，相距 10 nm 的两个相邻量子阱能带能发生耦合，产生非线性特性。此外，通过外加电场的作用使能带出现非对称也可以实现非线性特性。在制作光电器件的过程中，可以根据光电器件的具体特点设计具体的能带结构，用 MBE 或者 MOCVD 的方法来实现光电器件的作用。用这种设计方法可以制备化学传感器，如环境监控、跟踪气体分析、过程控制以及流体探测等，在电子通信方面也有着非常重要的应用。研究人员通过设计不同材料、不同厚度的量子阱层实现了垂直腔面激光器的研制。

4 纳米光电子技术的主要应用

4.1 光子晶体

1987 年，S. John 将 P. W. Anderson 的"电子局域化"理论推广到光子。光子也可以被"局域化"，对局域化光子的深入研究促使了一种名叫光子晶体的新材料的开发和利用。光子晶体是由不同折射率的介质周期性排列而成的人工微结构。作为凝聚态物理的一个基础，在晶格周期势中运动的电子具有能带结构。如果将光子在不同介质周期性排列而成的微结构中传播的方程写出，可以发现其与电子能带方程完全一样。类似于电子能带，我们可以将其称为光子能带。在光子能带中，如果两种介质的折射率 $n_1 = n_2$，则光子没有能隙，如图 49.8（a）所示；如果两种介质的折射率 $n_1 \neq n_2$，则光子有能隙，如图 49.8（b）所示。利用光子能带的概念，我们可以设计具有不同对称性的光子晶体结构，从而实现不同的特性。利用光子晶体可以做成滤波器，如图 49.9 所示。通过控制光子晶体不同的尺寸大小，可以获得不同的波长。

4.2 量子点

量子点又称"人造原子"，可以用作单光子光源、长距离量子加密等。研究人员从 1985 年就开始了将量子点作为光源的研究，当时研究的 In（Ga）As/GaAs 量子点发射波长达到 1.3 μm。对于光通信所用的光纤而言，1.3μm 的波长在长距离、长波程传输中损耗比较大。发射波长为 1.55μm 的 InAs（P）/InP 量子点由于传输损耗小、可调控等优点，在光通信上有很大的应用价值，从 1995 年开始就已成为人们研究的热点。我们用 MOCVD 法在 InP（001）衬底上生长了 InAs/InP 量子点。InAs 和 InP 晶格尺寸不完全匹配，在生长过程中，由于周期性的晶格应力变化的原因，在应力集中区部分的原子被挤出生长面而形成凸包，这样就形成了量子点。由图 49.10（a）可知，单个量子点的尺寸为 50 nm 左右，高度在 5 nm 左右，密度为 10^{10} QDs/cm^2。利用同样的原理，我们用 MBE 方法生长了 InAs/GaAs 量子点，由其 TEM 图可知量子点尺寸在 20 nm 左右，高度在 4 nm 左右，量子点密度为 10^{12} QDs/cm^2（如图 49.10（b）所示）。

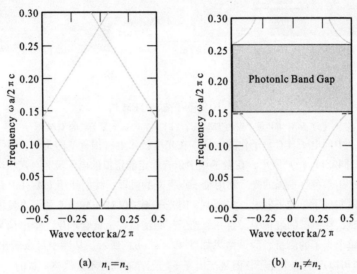

(a)　$n_1 = n_2$　　　　　(b)　$n_1 \neq n_2$

图 49.8　由两种介质周期性排列而成的光子晶体中光子的能带结构

（a）当两种介质的折射率相同时（$n_1 = n_2$），光子能带没有能隙；

（b）当两种介质的折射率不同时（$n_1 \neq n_2$），光子能带有能隙

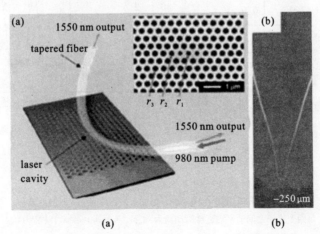

(a)　　　　　　(b)

图 49.9　光子晶体滤波器（APL87，131107，2005）与输送
光信号的光纤接触的光子晶体可起滤波器作用

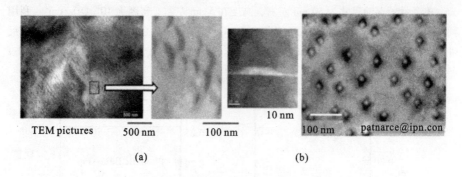

图 49.10　量子点的 TEM 图

（a）InAs/InP 量子点的 TEM 图；（b）InAs/GaAs 量子点的 TEM 图

　　量子点中的电子具有量子化的能量，在光电技术上有很重要的价值。量子点的发光机理如图 49.11（a）所示，在量子点中，有固定能量值的电子流和空穴流会发生复合，从而产生单色性很强的光。利用量子点发光的机理，我们使用 InAs/InP 量子点在光通信波段实现了单光子发射。实验中采用光子测试仪对 InAs/InP 量子点发出的光子进行了测试，在测试的过程中，当一个光子打到测试仪上就会产生一个电信号，从而实现了对单个光子的测量，测试结果如图 49.11（b）所示。从图中可以看出，InAs/InP 量子点可以产生单个光子，但是产出光子的迟豫时间并不是严格一致的。

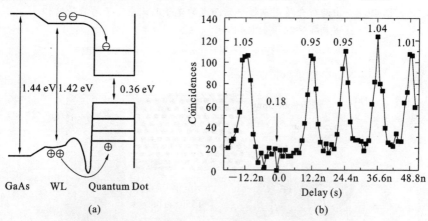

图 49.11　利用量子点发光机理实现单光子发射

（a）InAs/GaAs 量子点发光机理图（Yahotski，JOSABV19，2002）；

（b）单光子测试仪测出的由单光子激光源发出的光子与时间的关系，

每两个光子之间的平均迟豫时间约为 11 ns。（A. Beveratos，LPN2011）

4.3　InGaAsP 半导体光放大器（InGaAsPSOA）

　　众所周知，电信号可以用放大器进行放大，光信号是不是也可以直接进行放大呢？传统的将光信号进行放大的途径是先将光信号转变成电信号，把电信号放大后再将其转变成光信号，进而实现光信号的放大。光放大器的原理类似于电放大器，通过将能源（光或电）提供的能量转变为信号光的能量以实现放大作用。工作于 1550 nm 波长的掺铒光纤放大器，自从 20 世纪 90 年代被商业化以来已经深刻改变了光纤通信工业的现状。由电源供能的半导体光放大器因其体积小且价廉，有可能直接集成在光电线路中而受到重视。我们采用九层整齐排列的 InGaAsP/InP 的周期结构制成半导体光子放大器，从而实现直接将光信号的放大。但是在实验中，由于 SOA 的生长质量不好，得到的光子放大器不能与掺铒的光纤放大器相媲美。因此，在进行实际生产以前，如何提高 SOA 的生长质量仍是一个非常迫切的问题。

5　结束语

进入纳米时代的光电子领域对传统光电器件设计的基本原理提出了新的挑战，纳米尺度下的光电器件的研制与传统的电子器件或光学器件的研制在基本原理与制造技术上有本质的不同，量子电动力学和界观物理将替代电动力学和凝聚态物理作为纳米光电器件研制的基本原理。随着电子工业的不断发展和科学研究的日益深入，一种全新的光子技术——纳米光电技术已应运而生，非线性光学的研究获得了新的动力。在这种技术中，人们将光子和电子的输运与转换联合起来通盘进行考虑。今后纳米光电子技术研发可分为两个阶段：第一阶段，今后十至二十年内主要集中于光电路元件的研发，如有源主动元件（集成激光器、集成半导体光放大器等）、无源被动元件（光纤、光子晶体、光滤波器等）；第二阶段，在光电路元件的研发达到一定水平后可开展光电线路与光电集成线路的研发（长期目标），如微处理器、储存等。

光纤技术的迅猛发展为我们建立了信息输运的高速公路，纳米光电技术的研究给人们开辟了一种全新的光电信息存储、输运和处理的途径，这是当代通信及电子工业的前沿开发领域。它的发展正在引发信息技术新的革命。目前（截至 2011 年）这方面大量的研发还仅集中在信息输运领域，而光电信息的存储、读取和计算现在只停留于基础研究的初级阶段，如发展顺利，它们有可能在十年后进入研发阶段。我们有理由相信，随着纳米光电技术的开发，一个全新的信息存储、输运和处理的王国将在可见的将来建立起来。

（记录人：沈国震）

袁建民 国防科学技术大学物理系主任。1982年在郑州大学物理专业获得学士学位，1994年在吉林大学原子分子物理专业获得博士学位。一直从事原子分子物理的基础理论及其在高技术中的应用的研究工作，获国家杰出青年科学基金和教育部"跨世纪优秀人才培养计划"资助。

第50期

Dynamics and Coherent Photoemissions of Atomic Systems Driven by Intense Laser Fields: Theoretical and Experimental Studies

Keywords: coherent terahertz, HHG, quantum control

第⑤⓪期

强激光场驱动下原子动力学和
相干辐射的理论和实验研究

袁建民

1 引言

原子是化学变化中的最小单位。一个原子包含有一个致密、集中了几乎原子全部质量、带正电的原子核，以及若干围绕在原子核周围带负电的电子。近代以来，人们对于原子的结构和模型做过很多研究，从道尔顿的原子模型到波尔的原子模型，直到现代量子力学理论的建立，人们对原子结构以及许多很复杂的光谱现象都可以用现代量子力学理论来进行很好的解释。原子结构主要研究原子核外电子的运动规律，简单地说，原子中的电子分布在很多离散的量子轨道上，耦合形成所谓的原子能级。当有光子和处于基态的原子相互作用，电子可能会被激发到激发态。当激光强度很强的时候，如量级达到 10^{15} W/cm^2，则原子中电子感受到的势垒会发生显著改变，电子从原子势垒中隧道电离变得更加容易。因此超快激光作用下原子分子的动力学行为近年得到广泛研究，其特点是相互作用强、作用时间短。这个动力学过程可以用含时薛定谔方程来描述：$i\hbar \dfrac{\partial \psi(r, t)}{\partial t} = H(r, t) \psi(r, t)$，其中 $\psi(r, t)$ 是描述电子状态的波函数。在所谓的偶极近似下电子运动的哈密顿量可以写成 $H(r, t) = H_0 - E(t) \cdot r$，其中 H_0 是不存在激光场时的哈密顿量，$E(t)$ 是激光场。

超短激光场与原子或分子相互作用，其作用过程可以用经典的三步模型来描述（如图 50.1 所示）：电子首先遂穿原子势和激光场共同形成的势垒，后遂穿的电子在激光场中运动而获得能量，最后当激光场将被加速的电子拉回到原子核附近时会辐射出光子，这就是高次谐波。如果最后加速的电子被激光场拉回后又再次散射出去也会辐射出高能电子，这被称为阈上电离。

图 50.2 所示是典型的高次谐波谱。原子高次谐波谱分布一般具有"下降—平台

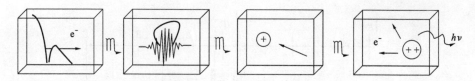

图 50.1　三步模型的示意图

"一截止"这样的变化趋势。其转化效率从基频场开始迅速地下降；随后是一个谐波平台区，其间各次谐波的强度差别不大；最后谱线出现一个很陡的截止。其截止区的能量为 $E = I_p + 3.17U_p$，其中 I_p 是原子的电离势，U_p 是电子在外场中的有质动力能，即一个自由电子在振荡的激光场中获得的平均动能。当电场是多光周期的对称电场时，辐射的谐波只有奇数次。当电场的对称性被破坏，则奇偶次谐波都会出现。

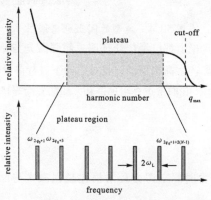

图 50.2　典型的高次谐波谱

典型的高次谐波实验装置由靶室和光谱仪组成。如图 50.3 所示，由一台飞秒激光器（1 mJ/30 fs/1 kHz）和气体靶相互作用产生的谐波谱图，其横坐标为谐波次数，纵坐标为谐波的强度，如图 50.4 所示。

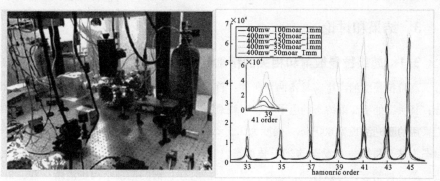

图 50.3　典型的高次谐波实验装置图以及实验获得的谐波谱

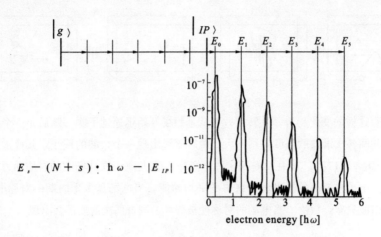

图 50.4　典型的阈上电离谱图

无论是实验上还是理论上都已经广泛证明：超强激光与原子或分子相互作用时，可以向上进行参量转换即产生高次谐波，也可以向下进行参量转换产生太赫兹波段的电磁辐射。在这次报告中，我们重点介绍理论和实验研究激光场的参量与太赫兹的辐射的关系。

2　理论模型

如前所述，一般用含时薛定谔方程来描述超强激光与原子或分子相互作用的过程：

$$i\hbar \frac{\partial \psi(r, t)}{\partial t} = H(r, t)\psi(r, t)$$

由于上式通常不存在解析解，因此只能通过数值求解。可以通过分裂算符方法和快速傅里叶变换（FFT）来求解含时薛定谔方程，从而获得随着激光场演化的电子波包。

3　结果和讨论

3.1　超级拉曼散射和相关的精细结构

高阶拉曼线的产生需具备两个条件：首先，系统必须处于多个 Floquet 态的线性组合；其次，处于高束缚态的电子不会很快衰减，高阶拉曼线很强，能够被探测到。我们采用的激光波长为 800 nm，强度为 3.5×10^{12} W/cm^2。如图 50.5 所示，我们设定初始态为基态和第一激发态的相干叠加态（实线）、基态（虚线）和第一激发态（点线）等三种初态，可以看到，在存在激发态的时候，谱的精细结构更清晰一些，采用的是 H 原子模型。图 50.6 所示为由高阶拉曼散射导致的精细结构。

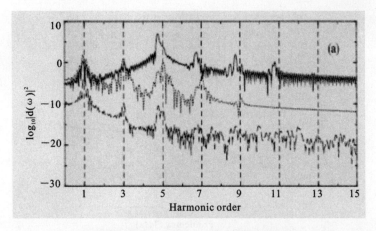

图 50.5　不同初态下的高次谐波谱

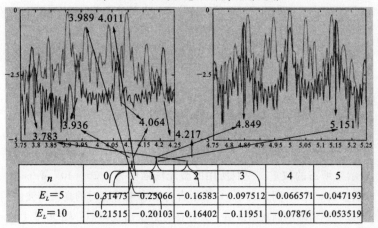

n	0	1	2	3	4	5
$E_L=5$	−0.31473	−0.25066	−0.16383	−0.097512	−0.066571	−0.047193
$E_L=10$	−0.21515	−0.20103	−0.16402	−0.11951	−0.07876	−0.053519

图 50.6　高阶拉曼散射导致的精细结构

3.2　单色场中的太赫兹辐射

当超强激光与原子或分子相互作用时，电子在激光场隧道电离，随后在激光场运动并获得能量，最后回到原子核。在这三个过程中，只有前两个过程是与太赫兹辐射有关的。太赫兹辐射主要是电子在连续态中的跃迁产生的辐射，当然，里德堡态之间的跃迁在太赫兹辐射中也扮演着重要的角色。我们用数值求解含时薛定谔方程来描述这一过程。图 50.7 所示为不同软核势下的太赫兹辐射，从图中可以看出，当软核势较小时，太赫兹的强度比大软核势情况下大两个数量级，而且在软核势较小时，可以明显看到里德堡态的跃迁。

在模拟计算时，我们采用 106 fs 的高斯光束，激光强度为 1.26×10^{14} W/cm^2，波长为 800 nm。其不同的软核势的参数 a 对应于不同的原子电离能，如表 50.1 所示。

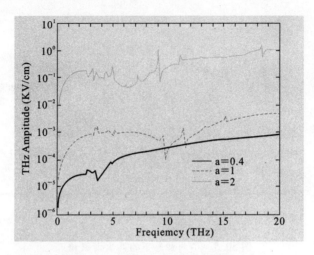

图 50.7 不同软核势下的太赫兹辐射

表 50.1 不同的软核势对应于不同的电离能

a	0.4	1	2
I_p （eV）	26.5	18.2	13.6

为了进一步证明太赫兹辐射主要是由连续态之间的跃迁导致的辐射，我们在数值求解含时薛定谔方程时人为地剔除掉所有的束缚态。其波包表达式为

$$\psi_c(x,t) = \psi(x,t) - \sum_{i=0}^{n} c_i(t)\varphi_i(x)$$

其中，c 表示束缚态的权重。我们所用的激光场强度为 1.26×10^{14} W/cm²，脉冲为 106 fs，软核参数 a 为 2。图 50.8 （a）表示含有所有束缚态时的高次谐波谱，在这种情况下，可以看到清晰的高次谐波谱，并且在奇数次出现峰值。图 50.8 （b）为剔除所有束缚态后的高次谐波谱，从图中可以看出高次谐波谱已经人为被抹平了，这说明了电子只有回到激发态或基态才能有辐射。但从两种情况的插图可以看出，都存在太赫兹的辐射，而且当存在里德堡态时，太赫兹辐射谱中存在有一些小峰，但剔除掉里德堡态时，太赫兹谱变成很圆滑的谱线。这证明了太赫兹辐射谱是由于连续态之间的跃迁导致的辐射，而且里德堡态之间的跃迁也扮演着重要的角色。

3.3 双色场中的太赫兹辐射

为了进一步提高太赫兹辐射的强度，我们研究了不同双色场情况下的太赫兹辐射。其中，基频场的波长为 800 nm，保持叠加场的强度不变而只改变波长。这时我们发现，只有当叠加场的频率为基频场频率的偶数倍时，太赫兹辐射的强度才会变强，当叠加场的频率为基频场频率的奇数倍时，太赫兹辐射的强度反而减弱，如图 50.9 所示。

在双色场中，产生太赫兹辐射的多光子跃迁过程示意图如图 50.10 所示。阴影部分表示连续态，虚线部分表示各种里德堡态。在路径（A）中，系统先吸收 n 个基频

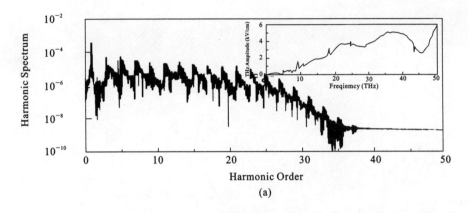

(a)

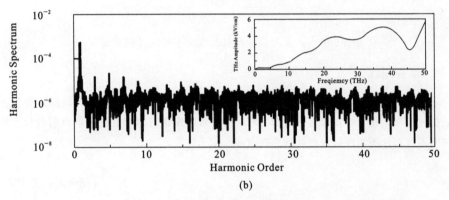

(b)

图 50.8　含有束缚态及剔除束缚态情况下的高次谐波谱

（a）含有所有束缚态；（b）剔除了所有束缚态

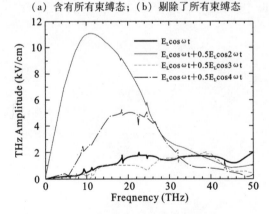

图 50.9　不同双色场中的太赫兹辐射

激光的光子跃迁到中间态，借着系统辐射出一个太赫兹光子和一个能量为 $2\hbar\omega$ 的光子，最后回到初始基态。在路径（B）中，系统吸收 $n-2$ 个光子以及一个 $2\hbar\omega$ 光子跃迁到中间态，接着辐射出一个太赫兹光子以及 $n\hbar\omega$ 光子，最后回到基态。

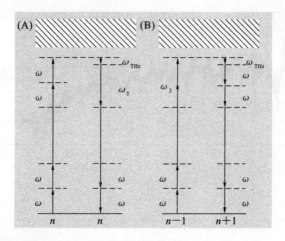

图 50.10　产生太赫兹辐射的多光子跃迁过程示意图

4　结束语

太赫兹辐射作为当前研究的热点，具有很广泛的应用。我们通过含时薛定谔方程来描述超强激光与物质相互作用的过程，来理解高次谐波以及太赫兹的辐射过程。并试图通过双色场实现对太赫兹和高次谐波的相干控制。

（记录人：王少义）

王涌天 1957 年生。研究领域为现代光学设计与光仪、图像工程与视频处理。1996 年入选教育部"跨世纪优秀人才培养计划"，2000 年获得国家杰出青年科学基金的资助，2001 年受聘为教育部"长江学者奖励计划"特聘教授，2006 年成为教育部创新团队带头人。现任北京理工大学信息科学技术学院教授、博士生导师、光电信息技术与颜色工程研究所所长、计算机科学技术学院兼职博导、校学位评定委员会副主席。全国政协委员，国务院学位委员会学科评议组成员，教育部科学技术委员会委员，中国光学学会理事，国际工程光学学会（SPIE）资深会员（fellow），浙江大学现代光学仪器国家重点实验室学术委员会委员，浙江大学 CAD&CG 国家重点实验室专家委员会委员，《北京理工大学学报》常务编委，《光子学报》编委。

第51期

The Design and Application of Free-curved Surface Optical System

Keywords: free-curved surface, optical design, optimization algorithm, self-balancing

第 ⑤1 期

自由曲面光学系统设计及其应用

王涌天

1 引言

工业产品的形状大致上可分为两类：一类仅由初等解析曲面例如平面、圆柱面、圆锥面、球面等组成，可以用画法几何与机械制图完全清晰地表达和传递所包含的全部形状信息；另一类则不能由初等解析曲面组成，而由复杂方式自由变化的曲线曲面即所谓的自由曲线曲面组成。后者又主要包括以下几类：

（1）没有旋转对称轴的复杂非常规连续曲面，包括双曲率面、复曲面、XY 多项式曲面、泽尔尼克多项式曲面等；

（2）非连续、有面形突变的曲面，例如微透镜阵列、衍射面和二元光学面等特殊表面；

（3）非球面度很大的曲面，包含旋转对称曲面，如用于描述共形光学整流罩的椭圆曲面。

光学自由曲面具有非对称面形、空间布局灵活、设计自由度丰富等特性，可满足现代光学系统高品质的光学特性参数、优良的成像或照明质量、小型化、轻量化等要求，其主要优势体现在：

（1）提供了更多的设计自由度，为光学设计注入了新的生命力；

（2）突破了传统光学系统理念，可创造全新的结构型式；

（3）减少了光学元件数目，减轻了系统重量，减小了系统体积；

（4）提升了光学系统技术参数，提高了系统性能。

在日常实例中，经常用到自由曲面的例子主要有如下几个。如在 LED 路灯照明中，直接经过 LED 灯罩后照射到马路上的光度分布为郎伯型的光度分布（如图 51.1（a）所示），约有 50% 的光能散落在马路的外面而损耗。经过自由曲面二次光学配光（如图 51.2 所示）后，照射到马路上的光斑为长方形分布（如图 51.1（b）所示），从而使所有光照射到马路上，提高了光能利用率。

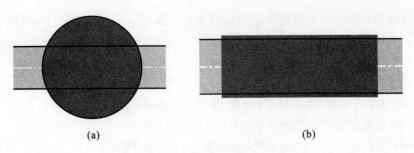

图 51.1　LED 路灯照明示意图

（a）郎伯型的光度分布；（b）经过自由曲面二次配光的光斑分布

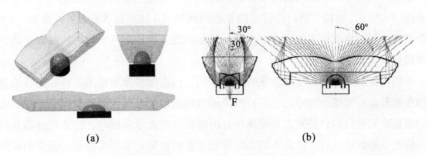

图 51.2　LED 路灯自由曲面二次配光

（a）自由曲面灯罩；（b）光线出射示意图

近年来，各国学者在自由曲面成像系统设计方面做了很多研究工作，包括自由曲面的建模和描述方法、像差分析理论等。在优化方法方面最常用的还是最小二乘法、自适应法，现在针对自由曲面还有偏微分方程法、多曲面同步设计法等，后者主要用于照明系统。国内也做了很多相关方面的研究，包括清华大学设计的自由曲面无像散光谱仪、浙江大学设计的自由曲面近距投影仪、北京理工大学设计的自由曲面头盔显示器等。

除加工、检测困难，生产成本高、效率低等因素外，设计难度大是制约自由曲面在成像系统中广泛应用的一个主要原因。具体体现在以下几个方面：

（1）曲面描述方法不完善，光学特性参数和像差计算方法不准确；

（2）可供借鉴的初始结构实例很少；

（3）光线追迹、像质分析和优化收敛速度慢，像质平衡困难；

（4）边界条件控制的复杂程度大大增加。

在加工、检测方面，香港理工大学、天津大学、苏州大学、清华大学、北京理工大学、长春光机所、上海复旦大学和中山美景股份有限公司等单位都做了大量工作。

2　自由曲面描述方法

多年来，人们不断地探索方便、灵活、实用的曲线曲面构造方法，从提出样条函数至今的五十余年间，曲线曲面造型经历了参数样条法、Coons 曲面法、Bezier 曲线曲面法和 B 样条方法。自由曲面描述方法应具有以下几个特点：

(1) 能够表征复杂的面形，具有优良的像差校正能力；

(2) 具有通过改变其结构系数调节整体或局部面形的能力；

(3) 有利于实现与其他描述方法曲面的平滑过渡和转换；

(4) 能够为光学设计提供足够的自由度和改进空间；

(5) 具有较快的光线追迹和优化收敛速度，提升设计效率；

(6) 具备一定的公差分析能力。

根据现代光学系统的功能需要，我们提出了一种基于复曲面基底的 XY 多项式曲面面型（AXYP）结构，将过去传统的复曲面面型（AAS）和 XY 多项式面型（XYP）结合起来，可以提供更多的设计自由度，从而实现复曲面和 XY 多项式曲面之间的无误差转换。

不同曲面的运算复杂度和优化时间都不同，校正像差能力也不一样。光线追迹速度随曲面复杂程度增加而降低，像差校正能力随曲面复杂程度增加而提高。有时需在不同曲面之间进行拟合转换，如用高阶自由曲面描述光学系统时，在常用的商业软件中，将光学参数输入后，计算不出焦距等光学系统初阶光学特性参数，需要由高阶向低阶转换，低阶曲面也可方便加工；在光学系统优化时，曲面要逐渐升级，不能立即用复杂曲面，这时需由低阶向高阶转换。曲面拟合的方法有最小二乘法、奇异值分解法、最优化求解法等。

3 逐步逼近优化算法和像质自动平衡优化算法

在曲面拟合的基础上，我们研究了逐步逼近优化和像质自动平衡优化两种算法，解决了自由曲面光学设计中的一些难题。

在自由曲面光学系统进行设计优化时，初始结构直接给出自由曲面进行优化，一般得不到很好的结果。没有好的初始结构，只靠光学软件优化，则操作非常多，局部极值也非常多，优化时容易陷入一个局部极值，很难找到一个全局最优值。为解决这个问题，最好的方法是用球面搭建初始结构，首先满足整体物理结构、初阶光学特性这些基本要求，再把球面逐渐升级，从球面过渡到非球面，再到复曲面以及 XY 多项式曲面等，逐渐加入复杂的面型结构和严格的边界条件约束，这样才能设计出比较好的自由曲面光学系统。

设计旋转对称光学系统时，对视场抽样要求不高，一般只考虑 0、0.7、1 三个视场。因为是旋转对称系统，只要弄清三条光线成像质量，整个旋转对称光学系统成像质量都清楚。抽样三个点，像质平衡并不是很困难，可用手动进行调节，哪个视场像质不是很好，可将其权重提高一些，再进行优化即可。而自由曲面光学系统失去了旋转对称性，只抽样三个视场肯定是不够的，需抽样很多点。自由曲面光学系统视场抽样动辄几十个点，抽样视场和光线密度大、光线追迹和优化速度慢、平衡复杂、耗时长，用手动调节进行优化是有困难的。这里提出一种自动平衡优化算法，在优化过程中加入一个计算步骤，根据各个不同视场当前的像质参数和要求的像质参数之间的差，自动算出它的权重，并加入优化程序中进行优化，从而大大提高了光学系统抽样质量。

4　应用实例

利用自由曲面进行的头盔光学系统设计需考虑物理边界条件、全反射控制条件、成像性能和像差的要求、出瞳距和有效出瞳距控制要求、光学曲面的曲率半径约束条件等因素。我们设计的自由曲面头盔光学系统其相关参数可达到国际领先水平，如图 51.3 所示。它具有显示器小、数值孔径大、视场角大等特点。在国内外对比文献中公开的采用单片自由曲面棱镜的头盔目视光学系统，其出瞳直径、视场角等关键技术参数均明显低于本系统。相对于传统的旋转对称光学系统，其视场角、出瞳距、出瞳直径、焦距等光学特性参数都一致，但其重量是旋转对称光学系统的 1/7，厚度的 1/2，且实现了光学透射式。

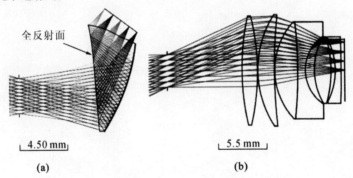

全反射面

4.50 mm

(a)

5.5 mm

(b)

图 51.3　头盔光学系统

(a) 自由曲面；(b) 旋转对称曲面

头盔显示器中的微显示器分辨率有限，头盔的视场和分辨率是相互制约的。为实现大视场、高分辨率的头盔显示，我们提出一种新型自由曲面拼接式头盔显示器，它是唯一能真正实现大视场、高分辨率的头盔显示器。传统拼接式头盔显示器有光轴与人眼视轴不重合、需要眼部跟踪设备、有效出瞳距离和直径缩小、透射畸变、系统笨重等缺陷；而新型自由曲面拼接式头盔显示器具有离轴结构和自由曲面相结合、拼接时不需要物理旋转、有效出瞳距离不变、光轴与视轴重合、易于实现光学透射、结构紧凑重量轻等特点，解决了传统拼接式头盔显示器的相关问题。

柳晓军 中国科学院武汉物理与数学研究所研究员，博士生导师。中国科学院"百人计划"入选者，国家"杰出青年科学基金"获得者。2000 年于中国科学院安徽光学精密机械研究所获博士学位，2000—2006 年期间曾先后在英国帝国理工学院、德国马克斯-波恩研究所以及美国德克萨斯农工大学从事合作及博士后研究工作。近年来主要围绕强飞秒激光场与原子分子相互作用开展研究工作，在国内外学术期刊上发表论文 40 余篇，包括 7 篇《物理评论快报》论文。

第53期

Strong Field Atomic Physics

Keywords：strong field, ionization, electron correlation, rescattering

第 ⑤3 期

强场原子物理

柳晓军

1 背景介绍

利用光与物质相互作用是人类探索微观物质结构及运动规律的重要手段。近代光与物质相互作用研究直接受益于 20 世纪 60 年代激光器的发明。目前，人类已经实现了脉冲宽度在纳秒、飞秒甚至阿秒，波长在红外、紫外及软 X 射线，强度高达 10^{22} W/cm^2 的激光脉冲。激光技术不仅促使了如光纤光学、光通信、激光加工、激光医学以及热核聚变等诸多新兴研究领域的涌现，同时也直接推动了基础研究领域的迅猛发展，加深了人们在量子层次上对光与物质相互作用新现象及新规律的认识。伴随着超快强激光技术，特别是啁啾脉冲放大技术的出现和发展成熟，目前实验室可以轻易获得强度大于 10^{15} W/cm^2、脉宽小于 100 fs 的超短强飞秒激光脉冲。飞秒强激光为揭示微观原子分子内部运动规律、探索极端强场条件原子分子物理新现象、新效应提供了前所未有的技术手段和研究条件。利用飞秒光脉冲的超短特性可以实现对原子分子内部超快过程的实时观测及操控。飞秒强激光所产生的强电场可以相当于甚至超出原子核对电子的作用力（如氢原子核对基态电子的库仑作用力与强度为 3.5×10^{16} W/cm^2 的激光电场作用相当），使得光与原子分子相互作用进入一个全新领域，传统的将激光场看作微小扰动的物理图像的观点已不再适用。过去几十年里，人们陆续发现了多光子电离、阈上电离、高次谐波产生、激光隧穿电离、多电子电离以及库仑爆炸等大量原子物理新现象，并发展了先进实验与理论方法揭示这些新现象背后蕴藏的物理规律。

强激光场与原子分子相互作用引起的基本物理过程是电子电离，其他强场与原子相互作用引起的原子物理现象通常是由电子电离导致的次生过程，如高次谐波产生、分子库仑爆炸等，对电离行为的研究是我们从微观上了解强激光与物质相互作用的前提和基础。本报告主要围绕电离介绍相关研究课题及研究进展、实验和理论方法以及我们开展的一些工作。

2 强场原子电离

1905 年爱因斯坦对光电效应作出量子描述：当光与原子相互作用时，如果单个光子的能量超过原子的电离能，原子可以吸收单个光子发生光电离，如图 53.1（a）所示。二十五年后，德国物理学家 Göppert – Mayer 从理论上预测，当单个光子的能量不足以克服束缚能时，多个光子的能量可以结合起来使原子内部的束缚电子激发。但实验观察多光子吸收或电离现象需要将靶原子置于足够高光子密度的光场中，导致在激光技术出现之前对多光子现象的研究仅限于理论上的探讨。20 世纪 60 年代激光器诞生后不久，人们很快就发现将 Q 触发脉冲激光聚焦（聚焦激光场强度达 10^{13} W/cm^2 量级）到空气中会产生火花。也就是说，空气分子的光电离能够在单个光子能量远小于分子电离能的强激光场中发生，如图 53.1（b）所示。这一发现引起了广泛关注并由此开始了对强场多光子电离现象的广泛研究。

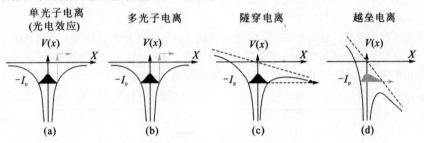

图 53.1　几种不同的原子光电离机制

对多光子电离现象的早期理论处理常采用含时微扰量子力学理论，但人们很快发现实验电离速率随激光光强的变化似乎呈指数关系，而不是按照微扰理论所预言的幂指数关系。这预示了随着激光场强度的增大，原子电离的物理机制可能发生了根本变化。早在 1965 年，Keldysh 就在他的一篇研究论文中指出，对于强度足够强（如大于 10^{13} W/cm^2）、频率足够低（如在红外区）的激光场，电子的电离行为可以用准静态场电离或隧穿电离模型[1]描述：考虑到激光场频率远小于电子绕原子核运动的频率，在任意时刻都可以将激光电场看成瞬时静电场。强激光电场与原子库仑场的联合作用导致在激光场极化方向上形成一个势垒。束缚电子可以通过量子隧穿方式越过该势垒而发生电离，即隧穿电离，如图 53.1（c）所示。可以想象，随着激光场强度进一步增强，势垒也会变得越来越低。当激光场达到某一特定强度时，原子基态电子能量将高于势垒，导致电子可以自由逃离原子实束缚而成为自由电子，这时越垒电离就发生了，如图 53.1（d）所示。

强场电离研究中受到人们广泛关注的一个物理过程是阈上电离。阈上电离是指原子在强激光场中可以吸收多于达到电离所必需的光子数，它首先由 Agostini 等人于 1979 年在精确测量惰性气体氙原子的光电子能谱时发现[2]。该实验发现标志着强激光与原子相互作用研究进入了非微扰区域，此后阈上电离一直是强场原子物理研究的重点和热点。典型的阈上电离光电子能谱有以下几个重要特征。①能谱由若干电子峰组成，电子峰间的间隔等于一个光子能量，如图 53.2（a）所示；②随着激光场强度的

增大，主峰位置向高能部分移动，同时低能区的电子峰逐渐受到抑制，见图 53.2
(b)，其根源是由于在强激光场中原子连续谱会发生显著斯塔克移动，导致电子需要
吸收更多的光子才能发生电离；③在短脉冲条件下（通常指在皮秒量级及更短），阈
上电离电子峰将分裂成几个精细结构，如图 53.2（c）所示，这些电子谱精细结构由
发生交流斯塔克移动的原子高里德堡能级与激光场之间的瞬态共振引起[3]；④在隧穿
电离区域，阈上电离光电子能谱展现出一些不依赖于原子种类的相似特征[4]：在能量
为 $0 \sim 2U_p$ 范围（U_p 为电子的有质动能，即电子在激光场中的平均抖动能，$U_p = e^2E^2/4m\omega^2$，其中 e 为电子质量，E 为激光场峰值电场振幅，m 为电子质量，ω 为激光场频
率），电子产量随能量增加而快速衰减；在能量为 $2 \sim 10U_p$ 区域，出现一平台区，电
子产量基本不随能量发生变化；当能量达到 $10U_p$ 后，电子产量发生急剧衰减，如图
53.2（d）所示。传统量子微扰理论断言 n 个光子过程的电离几率应该正比于 I^n，随
吸收光子数的增多，电离电子产量将急剧衰减，这与实验观察到的阈上电离光电子能
谱特征（如上面提到的能谱特点②及④）相矛盾，表明在高光强条件下，原子与激光
场相互作用已经进入到了强非微扰区域。对阈上电离光电子谱平台区及 $10U_p$ 截止位
置的理解需要引入目前强场研究中广泛接受的再散射理论模型[8]，这将在下面介绍。

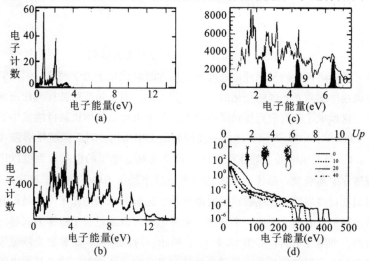

图 53.2　阈上电离光电子能谱

注：(a)、(b) Xe 原子，激光波长 1 064 nm，脉冲宽度 135 ps，激光光强分别为 2.5×10^{13} W/cm^2 和
4.9×10^{13} W/cm^2[5]；(c) Ar 原子，激光波长 616 nm，脉冲宽度 300 fs，激光光强为 2.0×10^{14} W/cm^2[6]；
(d) He 原子，激光波长 780 nm，脉冲宽度 160 fs，激光光强为 8×10^{14} W/cm^2[7]。

过去几十年来引起人们广泛关注的另一个强场电离过程是非顺序双电离。尽管这
一现象于 1977 年就在碱土金属原子电离研究中被观察到，但广泛研究兴趣源于 20 世
纪 90 年代美国 Dimauro 小组开展的针对惰性气体 He 原子的双电离实验研究[9]。他们
发现在 $10^{13} \sim 10^{15}$ W/cm^2 强度范围内，实验测量的 He^{2+} 离子产量比建立在 "单电子近
似" 上的理论模型计算要高 6 个量级甚至更多，整条曲线表现出独特的 "膝盖"

（knee）状结构（见图 53.3（a）），表明原子电离发射出的两个电子之间存在某种强烈的关联作用。究竟是什么样的关联作用能够导致如此强的双电离几率？人们提出了多种猜测，如振离（shakeoff）理论[10]、再散射（rescattering）理论和集体隧穿（collective tunneling）理论[11] 等。

经过多年争论以及大量理论和实验研究，再散射引起的非顺序电离最终被公认为是引起"膝盖"结构的主要物理机制。这里重点介绍几个重要实验证据。一是不同价离子的光电子能谱（见图 53.3（b））。实验发现，来自于二价离子的光电子能量明显比来自于一价离子的光电子能量要高。二是沿激光场极化方向的二价离子动量分布的最大值处在不为零位置（见图 53.3（c））。三是电子动量关联谱在第一、三象限存在两个椭圆形亮斑（见图 53.3（d））及更精细的手指状结构（见图 53.3（e）），表明两个电子倾向于沿着激光电场的同一方向发射。所有这些实验结果都与振离和集体隧穿理论相违背，而与再散射理论模型预言相一致。

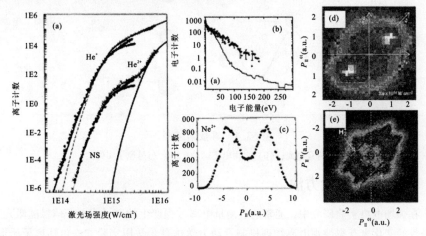

图 53.3　双电离研究重要实验结果

注：（a）He 原子单（双）电离率随激光场强度变化曲线，激光波长为 780 nm，脉冲宽度为 160 fs[9]；（b）与不同价 He 离子符合的光电子能谱（黑点对应 He^{2+}，黑线代表 He^+），激光波长为 780 nm，激光场强度为 8.0×10^{14} W/cm²，脉冲宽度为 100 fs[12]；（c）Ne^{2+} 离子动量谱，激光波长为 795 nm，激光场强度为 1.3×10^{15} W/cm²，脉冲宽度为 30 fs[13]；（d）Ar 原子电离引起的电子矢量关联谱，激光波长为 800 nm，激光场强度为 3.8×10^{14} W/cm²，脉冲宽度为 220 fs[14]；（e）He 原子双电离引起的电子动量关联谱，激光波长为 800 nm，激光场强度度为 4.5×10^{14} W/cm²，脉冲宽度为 40 fs[15]。

按照再散射模型[8]，电离电子动力学分三步展开（如图 53.4 所示）：①处于原子基态的束缚电子通过强激光电场和原子库仑场共同形成的势垒发生隧穿电离；②电离电子在激光电场中加速并获得能量，当激光电场反向时部分电子被电场拉回到母离子实位置；③返回电子可以与母离子实发生非弹性碰撞，将部分能量转移给其他束缚电子并使之电离，引起所谓的非顺序双电离。由于隧穿电离电子通常在激光电场最小值处与母离子实发生碰撞，碰撞电离产生的两个电子将同时从激光场中获取一定的相近能量，导致电子动量关联分布在第一、三象限，如图 53.3（d）所示。图 53.3（e）中出现的手指状精细结构则是由两个电离电子之间的库仑排斥作用引起[15,16]。

电子回碰后还可与母核发生弹性散射，当电子被背向散射时，发射出的电子的最大能量约为 $10U_p$，对应于前面提到的阈上电离光电子能谱的平台截止位置。除此之外，回碰电子还可能被母离子实俘获，并将从激光场中获得的能量以高频光子的形式发射出去，即产生高次谐波。高次谐波产生是当前获得超短阿秒光脉冲，开展阿秒科学研究的重要手段和研究内容，这里不做深入介绍，大家若有兴趣可以参考最近的一些综述文章[17,18]。

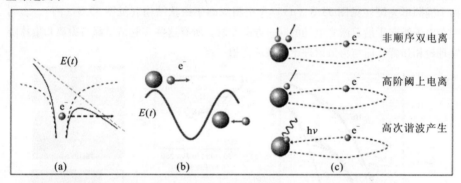

图 53.4　再散射模型

（a）隧穿电离；（b）自由电子运动；（c）与母原子实碰撞

3　实验和理论方法

在强场电离实验研究中，通常通过测量电离过程产生的离子或电子信号随激光参数条件的变化来获得微观电离物理机制及动力学信息。常用实验方法包括离子质谱、电子能谱以及离子-电子关联动量谱方法。离子质谱法通过记录靶原子在强激光场中的电离几率随激光强度的变化，帮助了解电离过程。如在较高激光场强度条件下，实验测量发现电离离子产量随激光场强度的变化并不遵守多光子电离导致的幂次方关系，而更满足指数关系，这表明隧穿电离成为主导物理机制；又如上面讲到的通过测量双电离离子产量随激光光强变化曲线，发现了"膝盖"结构背后的非顺序电离和强电子关联效应的存在。电子能谱方法是利用飞行时间原理来记录电离电子的能量，并对电子数目按照能量或者角度进行统计以获得电离电子的能量或发射角度分布。由于电子质量很小，易受外界杂散电磁场（如地磁场）影响，通常需要对外界电磁场进行有效屏蔽，以获得电离时刻电子的真实运动状态。电子能谱方法被广泛用来研究阈上电离现象，帮助人们发现了阈上电离电子能谱中的平台结构和电子反常角分布等重要实验现象。

2000 年左右发展起来的离子-电子关联动量谱仪（通常也称为冷靶反冲离子动量

谱仪或反应显微镜）[19]则极大地推动了对双电离问题的实验研究。基于离子－电子关联动量谱仪测得的离子动量谱（如图 53.2（c）所示）和电子关联动量分布（如图 53.3（d）、（e）所示）提供了再散射作为导致非顺序双电离主导物理机制的直接实验证据。作为一种符合测量实验方法，离子－电子关联动量谱测量克服了许多技术上的挑战。如为了保证相互作用产生的电子能够被正确归属为某个反应通道，每个光脉冲引起的电离事件总概率应远小于 1。为了获得足够的实验统计数据，需要非常长的数据采集时间，这对激光器的重复频率以及波长和能量稳定性提出了极其苛刻的要求。

强场电离理论研究始于 20 世纪 60 年代对多光子单电子电离速率的计算。早期普遍采用低阶微扰理论开展理论研究，但很快人们就意识到，当强场电离所需要吸收的光子数大于 2 时，即便采用最低阶微扰方法计算电离速率也是不现实的，原因是在计算过程中需要考虑大量不同角动量态的贡献，导致计算量太大。而对于更复杂的双电离问题，高的激光场强度使任何微扰理论都不再适用。理论物理学家为此发展了一些有效的替代方法，这里重点介绍针对复杂双电离问题发展起来的一些理论方法。处理双电子电离过程需要考虑五个相互作用力：两个电子和激光电场的相互作用力、两个电子和原子核的库仑作用力以及两个电子之间的库仑作用力。必须强调的是，这五个作用力强度相当且同等重要，原则上讲必须同等对待。

常用的理论处理方法可分为两类：完全数值方法和模型方法。完全数值方法主要有两种——数值求解含时薛定谔方程和完全经典轨道方法，它们在处理双电离问题时没有采用任何假设。模型方法包括强场近似理论方法和半经典轨道方法。这几种方法各有优势，如数值求解含时薛定谔方程[20]是最精确的方法，所得结果可以直接与实验进行对比，但其缺点是不能提供清晰的物理图像，且计算量太大，目前仅限于处理最简单的氦原子在短波长条件下的双电离问题。完全经典轨道方法[21]对电子和激光电场采取全经典处理，电子在激光场中的运动由牛顿运动方程决定，这种方法可以考虑双电离过程中所涉及的所有相互作用且易于扩展到多电子电离问题或任意形式激光场。有意思的是，尽管完全经典轨道方法没有考虑任何量子效应，计算结果却与实验结果很好地定性吻合。强场近似理论方法[22]在处理强激光原子电离问题时作了两个基本假设以减少计算量：当电子处在束缚态时忽略激光电场对电子的作用；当电子处在连续态时则忽略离子核对它的库仑作用。由于本质上这是一种量子力学方法，它可以将光与原子相互作用过程中存在的量子干涉效应考虑进去，但其缺点是随着涉及电子数目的增多，计算量会急剧增大，从而较难扩展到多电子电离问题。相对于完全经典轨道方法，半经典轨道方法[23]假设第一个电子通过隧穿发生电离，然后两个电子一起遵循牛顿运动方程在激光电场中运动。该方法从本质上讲与再散射模型所描述的物理图像一致，但相对简单的再散射模型而言，在第一个电子隧穿后，双电离过程所涉及的所有相互作用都可以被考虑进来。值得一提的是，以上几种看上去迥然不同的理论方法在解释已有强场原子双电离实验结果时都取得了很好的效果，从不同角度反映了强场与原子相互作用规律。对这些方法的详细介绍可参考我们最近的综述论文[24,25]。

4 研究工作介绍

下面介绍我们在强场原子电离研究方面的几个典型工作。

4.1 周期量级光场原子电离研究

强激光场中的原子电离过程通常在一个光学周期内就完成了。如何在如此短的时间尺度内了解甚至控制光电子发射过程，是人们一直追求的目标。我们基于半经典理论模型方法，提出了通过控制周期量级激光脉冲的载波包络相位，实现在亚光学周期时间尺度观测并操控原子电离的方案。同时提出可利用原子双电离过程产生的离子或者电子关联动量分布对周期量级激光脉冲的载波包络相位进行诊断和测量。在进一步的实验研究工作中，我们借助最先进的载波包络相位稳定的周期量级激光技术，观察到了电离离子动量分布随激光载波包络相位的变化（如图 53.5 所示），实现了在亚光学周期时间尺度内对光电离电子发射的操控。基于以上理论和实验方面的工作，我们在美国《物理评论快报》上发表了两篇论文[26,27]。这一较系统的研究工作引起了国际同行的关注，如德国马克斯·普朗克学会核物理所 Ullrich 教授领导的研究小组在他们发表于《物理评论快报》的论文[28]中认为我们的理论方案代表了"载波包络相位研究的一个灵敏工具"。该小组以及英国帝国理工大学教授 Knight 教授小组在《自然 - 物理学》杂志上分别发表的两篇论文[29,30]认为我们的实验研究工作代表了周期量级激光载波包络相位效应研究方面的重要进展。

4.2 中红外波段强场原子阈上电离研究

长期以来，因现有超快激光增益介质（如钛宝石）等的限制，绝大多数强场原子电离的实验研究都局限于800 nm 附近的可见或近红外波段。直至最近，由于可调谐中红外波段的超强超短激光技术领域的突破性发展，中红外波长条件下的强场电离等重要实验研究才得以深入开展。长波长激光为研究隧穿电离极限下的强场电离提供了有效手段，在这样的极限条件下有望发现电离新现象。我们与上海光机所程亚研究员、徐至展院士研究小组以及北京应用物理与计算数学所陈京研究员小组紧密合作，开展了基于中红外强激光场原子阈上电离实验研究，发现了中红外新波段（如2000 nm 波长）电离光电子能谱在低能端出现了令人惊异的峰状新结构（如图 53.6 所示），进一步结合半经典轨道理论方法，揭示了低能结构背后隐藏的物理机制：隧穿电子在返回原子核时受长程库仑相互作用被聚焦到激光电场，导致低能电子结构的出现。我们的这项工作发表在国际著名物理学期刊《物理评论快报》上[31]。几乎在同一时间，美国著名强场物理学家 Agostini 和 Dimauro 教授的研究小组也独立发现了这一重要现象，他们的研究成果发表在《自然-物理学》上[32]。值得一提的是，在美国小组的论文中，作者借助数值求解含时薛定谔方程方法重现了实验观察到的低能结构，但未给出该现象背后的物理机制。

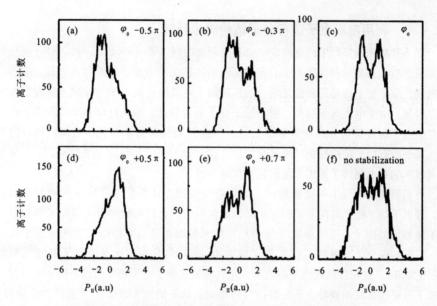

图 53.5 不同载波包络相位条件下周期量级光脉冲激发
引起的 Ar^{2+} 离子沿激光极化方向的动量分布

注：激光波长为 760 nm，激光场强度为 3.5×10^{14} W/cm²，脉冲宽度为 5 fs。图（f）对应周期量级激光的载波包络相位没有稳定时的离子动量分布。

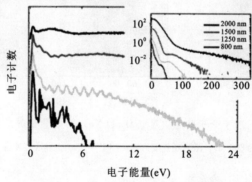

图 53.6 惰性气体氙原子在不同波长下的阈上电离光电子能谱

注：长波长下（如 1500 nm 和 2000 nm）能谱低能端出现新奇峰结构。插图给出了完整的电子能谱图。激光场强度为 8.0×10^{13} W/cm²，脉冲宽度分别为 40 fs（800 nm）、30 fs（1250 nm 和 1500 nm）、90 fs（2000 nm）。

我们和美国小组的实验新发现引起了国际强场物理研究领域的广泛关注，如德国两个研究小组专门针对低能电子结构背后的物理机制开展了后续理论研究。他们发表在《物理评论快报》[33,34] 上的研究结果进一步支持了我们前期提出的观点：低能结构源于隧穿电子与原子实之间的长程库仑相互作用。

4.3 利用电离电子进行分子结构成像研究

强飞秒激光诱导产生的电离电子束具有超高时间（亚飞秒尺度）和空间（亚埃尺度）分辨特征，是一种探测原子分子内部结构及超快动力学演化的有力工具。前面已经提到，原子分子在强飞秒激光场中的高阶阈上电离由电离电子与母离子实发生弹性碰撞引起。由于电离电子携带了初始原子分子结构信息，因此可以利用高阶阈上电离引起的电子能量及角分布探测原子分子的结构及超快动力学演化。然而，到目前为止，几乎所有分子结构超快成像研究均建立在对分子空间分布预先准直基础上，分子准直技术的要求制约了相关实验研究工作的开展。

我们研究小组与中科院物理所、北京应用物理与计算数学所等相关研究小组合作，开展了基于随机取向分子的分子结构成像研究。通过实验测量不同原子和双原子分子体系（氙原子、氮气和氧气分子）与强飞秒激光场相互作用引起的光电子角分布，发现氧气分子发射的高能电子（约为 48 eV）角分布相比于氙原子和氮气要宽（见图 53.7）。进一步的理论分析表明，氧气和氮气分子电子角分布的不同宽度实际上反映了分子基态波函数对电子发射行为的影响。这一研究工作已在《物理评论快报》上发表[35]，为当前的分子结构与动力学超快成像研究提供了一些新思路。

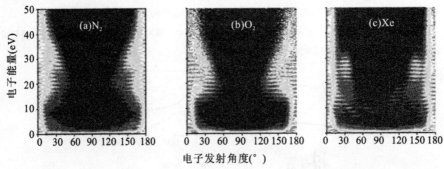

图 53.7　不同原子分子体系（N_2、O_2 和 Xe）的能量分辨光电子角分布

注：激光波长为 800 nm，激光场强度为 8.0×10^{13} W/cm²，脉冲宽度为 35 fs。

5　结语

强激光场与原子相互作用引起的基本电离过程是当前强场原子物理研究备受关注的研究课题。本报告主要介绍了近红外波段、$10^{13} \sim 10^{15}$ W/cm² 范围内的原子电离研究情况，这也是过去几十年受到最广泛关注、发展最迅猛的一个研究方向。对应这段激光参数范围，电离主要由原子最外壳层的少数几个电子与激光电场相互作用引起。未来几年，我们预期强场电离研究还将受到持续关注，并可能在以下几个方面取得突破性进展。一方面，随着激光场强度的进一步增强，如强度大于 10^{18} W/cm² 时，原子的内壳层电子将发生更高阶的电离，同时磁场效应和相对论效应将开始起作用，电离研究将带来更丰富的物理效应。另一方面，随着中红外波段强激光以及自由电子激光技术的出现和成熟，将使强场电离研究向"长波长"以及"短波长"极限延伸。对于前者，考察原子电离行为的波长标度性对深入理解不同参数范围强场原子行为有重要意义；而对于后者，一种完全不同的电离情形将出现：内壳层电子被首先电离，并伴随俄歇过程发生。由于原子内壳层结构、电子关联以及共振等多种物理效应的介入，"短波长"极限下的强场原子电离行为将变得更复杂，对相关理论研究工作提出更大挑战。最后，随着研究体系从简单分子向复杂分子甚至团簇体系的延伸，复杂多核自由度将导致更多有意思的物理效应，如多核干涉效应、分子取向依赖等。

6　致谢

感谢中科院武汉物理与数学所本课题组的所有成员，也要感谢合作者 Rottke、Becker、Faria 和 Eberly 教授，以及中科院上海光机所徐至展院士、程亚研究员，北京应用物理与计算数学所陈京、刘杰研究员等多年来卓有成效的合作。

（记录人：黄诚）

参考文献

[1]　L. V. Keldysh. Ionization in the field of a strong electromagnetic wave. Soviet Physics JETP, 1965, 20 (5): 1307-1314.

[2]　P. Agostini, F. Fabre, G. Mainfray, G. Petite, and N. K. Rahman. Free-free transitions following six-photon ionization of xenon atoms. Physical Review Letters, 1979, 42 (17): 1127-1130.

[3]　R. R. Freeman, P. H. Bucksbaum, H. Milchberg, S. Darack, D. Schumacher, and M. E. Geusic. Above-threshold ionization with subpicosecond laser pulses. Physical Review Letters, 1987, 59 (10): 1092-1095.

[4]　G. G. Paulus, W. Nicklich, H. Xu, P. Lambropoulos, and H. Walther. Plateau in above threshold ionization spectra. Physical Review Letters, 1994, 72 (18): 2851-2854.

[5]　F. Yergeau, G. Peitite, and P. Agostini. Above-threshold ionisation without space charge. Journal of Physics B, 198619 (19): L663-L669.

[6]　R. R. Freeman, and P. H. Bucksbaum. Investigations of above-threshold ionization using subpicosecond laser pulses. Journal of Physics B, 1991, 24 (2): 325-347.

[7]　B. Walker, B. Sheehy, K. C. Kulander, and L. F. DiMauro. Elastic rescattering in the strong field tunneling limit. Physical Review Letters, 1996, 77 (25): 5031-5034.

[8]　P. B. Corkum. Plasma perspective on strong-field multiphoton ionization. Physical

Review Letters, 1993, 71 (13): 1994-1997.

[9] B. Walker, B. Sheehy, L. F. Dimauro, P. Agostini, K. J. Schafer, and K. C. Kulander. Precision measurement of strong field double ionization of helium. Physical Review Letters, 1994, 73 (9): 1227-1230.

[10] D. N. Fittinghoff, P. R. Bolton, B. Chang, and K. C. Kulander. Obserbation of nonsequential double ionization of Helium with optial tunneling. Physical Review Letters, 1992, 69 (18): 2642-2645.

[11] U. Eichmann, M. Doerr, H. Maeda, W. Becker, and W. Sandner. Collective multielectron tunneling ionization in strong fields. Physical Review Letters, 2000, 84 (16): 3550-3553.

[12] R. Lafon, J. L. Chaloupka, B. Sheehy, P. M. Paul, P. Agostini, K. C. Kulander, and L. F. Dimauro. Electron energy spectra from intense laser double ionization of helium. Physical Review Letters, 2001, 86 (13): 2762-2765.

[13] R. Moshammer, B. Feuerstein, W. Schmitt, A. Dorn, C. D. Schroeter, J. Ullrich, H. Rottke, C. Trump, M. Wittmann, G. Korn, K. Hoffmann, and W. Sandner. Momentum distributions of Nen + ions created by an intense ultrashort laser pulse. Physical Review Letters, 2000, 84 (3): 447-450. Th. Weber, M. Weckenbrock, A. Staudte, L. Spielberger, O. Jagutzki, V. Mergel, F. Afaneh, G. Urbasch, M. Vollmer, H. Giessen, and R. Doerner. Recoil-ion momentum distributions for single and double ionization of helium in strong laser fields. Physical Review Letters, 2000, 84 (3): 443-446.

[14] Th. Weber, H. Giessen, M. Weckenbrock, G. Urbasch, A. Staudte, L. Spielberger, O. Jagutzki, V. Mergel, M. Vollmer, and R. Doerner. Correlated electron emission in multiphoton double ionization. Nature, 2000, 405 (6787): 658-661.

[15] A. Staudte, C. Ruiz, M. Schoeffler, S. Schoessler, D. Zeidler, Th. Weber, M. Meckel, D. M. Villeneuve, P. B. Corkum, A. Becker, and R. Doerner. Binary and recoil collisions in strong field double ionization of helium. Physical Review Letters, 2007, 99 (26): 263002.

[16] D. F. Ye, X. Liu, and J. Liu. Classical trajectory diagnosis of a fingerlike pattern in the correlated electron momentum distribution in strong field double ionization of helium. Physical Review Letters, 2008, 101 (23): 233003.

[17] P. B. Corkum, F. Krausz. Attosecond science. Nature Physics, 2007, 3 (6): 381-387.

[18] F. Krausz, M. Ivanov. Attosecond physics. Reviews of Modern Physics, 2009, 81 (1): 163-234.

[19] R. Doerner, V. Mergel, O. Jagutzki, L. Spielberger, J. Ullrich, R. Moshammer, and H. Schmidt-Boecking. Cold target recoil ion momentum spectroscopy: A mo-

mentum microscope to view atomic collision dynamics. Physics Reports, 2000, 330 (2): 95-192. J. Ullrich, R. Moshammer, A. Dorn, R. Doerner, L. Ph. H. Schmidt, and H. Schmidt-Boecking. Recoil-ion and electron momentum spectroscopy: reaction-microscopes. Reports on Progress in Physics, 2003, 66 (9): 1463 1545.

[20] J. S. Parker, B. J. S. Doherty, K. T. Taylor, K. D. Schultz, C. I. Blaga, and L. F. DiMauro. High-energy cutoff in the spectrum of strong-field nonsequential double ionization. Physical Review Letters, 2006, 96 (13): 133001.

[21] P. J. Ho, and J. H. Eberly. Classical effects of laser pulse duration on strong-field double ionization. Physical Review Letters, 2005, 95 (19): 193002.

[22] A. Becker, and F. H. M. Faisal. Intense-field many-body S-matrix theory. Journal of Physics B, 2005, 38 (3): R1-R56.

[23] P. Dietrich, N. H. Burnett, M. Ivanov, and P. B. Corkum. High-harmonic generation and correlated two-electron multiphoton ionization with elliptically polarized light. Physical Review A, 1994, 50 (5): R3585-R3588. J. Chen, J. Liu, L. B. Fu, and W. M. Zheng. Interpretation of momentum distribution of recoil ions from laser-induced nonsequential double ionization by semiclassicalrescattering model. Physical Review A, 2000, 63 (1): 011404 (R).

[24] C. Figueira de Morisson, and X. Liu. Electron – electron correlation in strong laser fields. Journal of Modern Optics, 2011, 58 (13): 1076-1131.

[25] W. Becker, X. Liu, P. J. Ho, and J. H. Eberly. Theories of photoelectron correlation in laser-driven multiple atomic ionization. Reviews of Modern Physics, 2012, 84 (3): 1011 – 1043.

[26] X. Liu, andFigueira de Morisson. Nonsequential Double Ionization with Few-Cycle Laser Pulses. Physical Review Letters, 2004, 92 (13): 133006.

[27] X. Liu, H. Rottke, E. Eremina, W. Sandner, E. Goulielmakis, K. O. Keeffe, M. Lezius, F. Krausz, F. Lindner, M. G. Schaetzel, G. G. Paulus, and H. Walther. Nonsequential double ionization at the single-optical-cycle limit. Physical Review Letters, 2004, 93 (26): 263001.

[28] A. Rudenko, K. Zrost, B. Feuerstein, V. L. B. de Jesus, C. D. Schroeter, R. Moshammer, and J. Ullrich. Correlated multielectron dynamics in ultrafast laser pulse interactions with atoms. Physical Review Letters, 2004, 93 (25): 253001.

[29] M. Kre, T. Loeffler, M. D. Thomson, R. Doerner, H. Gimpel, K. Zrost, T. Ergler, R. Moshammer, U. Morgner, J. Ullrich, and H. G. Roskos. Determination of the carrier-envelope phase of few-cycle laser pulses with terahertz-emission spectroscopy. Nature Physics, 2006, 2 (5): 327-331.

[30] C. A. Haworth, L. E. Chipperfield, J. S. Robinson, P. L. Knight, J. P.

Marongos, and J. W. G. Tisch. Half-cycle cutoffs in harmonic spectra and robust carrier-envelope phase retrieval. 2007, Nature Physics, 3 (1): 52-57.

[31] W. Quan, Z. Lin, M. Wu, H. Kang, H. Liu, X. Liu, J. Chen, J. Liu, X. T. He, S. G. Chen, H. Xiong, L. Guo, H. Xu, Y. Fu, Y. Cheng, and Z. Z. Xu. Classical aspects in above-threshold ionization with a midinfrared strong laser field. Physical Review Letters, 2009, 103 (9): 093001.

[32] C. I. Blaga, F. Catoire, P. Colosimo, G. G. Paulus, H. G. Muller, P. Agostini, and L. F. DiMauro. Strong-field photoionization revisited. Nature Physics, 2009, 5 (5): 335-338.

[33] C. Liu, and K. Z. Hatsagortsyan. Origin of unexpected low energy structure in photoelectron spectra induced by midinfrared strong laser fields. Physical Review Letters, 2010, 105 (11): 113003.

[34] T. Yan, S. V. Popruzhenko, M. J. J. Vrakking, and D. Bauer. Low-energy structures in strong field ionization revealed by quantum orbits. Physical Review Letters, 2010, 105 (25): 253002.

[35] H. Kang, W. Quan, Y. Wang, Z. Lin, M. Wu, H. Liu, X. Liu, B. B. Wang, H. J. Liu, Y. Q. Gu, X. Y. Jia, J. Liu, J. Chen, and Y. Cheng. Structure effects in angle-resolved high-order above-threshold ionization of molecules. Physical Review Letters, 2010, 104 (20): 203001.

　　王天赐　康奈尔大学威尔医学院卫斯理医院研究中心系统医学和生物工程系创建人。作为生物医学工程中心的主任及 John S. Dunn, Sr. 讲座教授，他同时是放射系、病理系、实验医学系、神经科学系的兼职教授。王博士是卫斯理医院癌症研究中心实践研究主任，是康奈尔大学威尔医学院卫斯理医院在医学物理和医学信息学方面的学科带头人。王博士同时也是 Chao 氏基金会 BRAIN 研究中心（神经科学生物信息及成像研究中心）及美国国立卫生研究院癌症研究所癌症发展建模中心的创建人及主任。作为一位具有较高国际知名度的计算机、成像及系统生物学专家，王博士曾经领导研发了第一台喷墨打印机自动化生产，第一个超大规模集成电路 1 MB 计算机内存芯片，当时最大的在线证券交易系统，及所有美国医学学术中心中第一个全医院范围内的数字放射影像管理系统，这个系统使全世界的医院和医生远程读取病人的医学图像记录得以实现。在加入卫斯理医院之前，王博士曾就职于哈佛大学医学院神经退化及修复中心，在那里他创建了哈佛大学校内生物信息中心。王博士同时在哈佛大学医学附属布莱根妇女医院做兼职教授，并创建了功能及分子成像中心。王博士在工业界及医学界有超过 20 年的研发经历，他曾经就职于惠普、AT&T 贝尔实验室、日本第五代计算机研发组、飞利浦电子、Charles Schwab 公司、加利福尼亚大学旧金山医学院、哈佛大学医学院。王博士曾就读于麻省理工斯隆商学院、斯坦福大学商学院、哥伦比亚大学商学院并接受了高级行政管理方面的教育。

第54期

Molecular Medicine: New Paradigms for Faster-to-Market Drug Development and Image-Guided Therapy

Keywords: molecualr medicine, drug development, image guided therapy, systems biology

第 ⑤④ 期

分子医学：加快药物研发市场化和
图像引导治疗的新范式

王天赐

1 引言

分子医学是一门交叉学科，涉及物理学、化学、生物学和医学等方面的相关知识。与传统医学从宏观上研究病人和器官不同的是，分子医学通过从微观上分析分子和细胞的表象来提供治疗方案。分子医学的原始概念起源于 1949 年的一篇学术论文，然而直到 20 世纪 70 年代的生物技术革命后，相关研究才得以迅猛发展。

分子医学与很多关系到国计民生的领域有着广泛的应用，如环境、能源、食品及公众健康方面的应用。它是从系统的角度分析而不是局部细化研究，从而整合了生物学各分支。如何从海量的数据中找到关键信息是分子医学的关键。当代分子医学侧重转化研究，即将基因学和分子生物学中的最新发现转化为可临床使用的技术。这里我将结合本实验室的一些最新研究成果，来探讨一下目前分子医学里比较热门的几个领域，即药物重新定位、图像引导介入治疗及无标记显微成像。

2 药物重新定位

由于研发费用的飞涨，我们现在正面临着严重的药物研发危机。从图 54.1 中我们可以看出，尽管投入的研发费用呈指数型增长，但自 1998 年以来，被批准的新药数目却没有增加。对此，一种可行的解决方案就是药物重新定位，即为已知药物找到新的应用，如治疗另外的疾病。与新药物平均 10～17 年的开发周期相比，药物重定位只需 3～12 年，并有更高的安全性和更少的不确定性。

这里，我们从系统医学的角度来讨论一下如何进行药物重定位。如图 54.2 所示，我们先从相关的细胞和组织、药物和对应靶标的关系，以及基因数据库和临床研究数据库中挖掘出海量的相关信息。再利用生物信息学技术加以分析，并结合高通量和高内涵筛选的结果，建立相应的系统生物模型。通过对模型的分析，最终找到药物可能的新靶标。

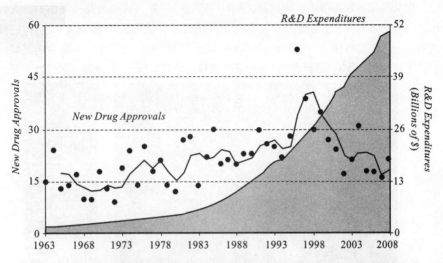

图 54.1　药物批准数与研发费对比图（图像来源：塔夫茨药物研发中心）

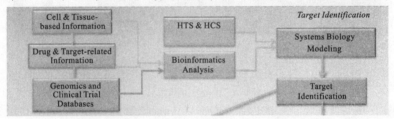

图 54.2　基于系统医学的药物重定位流程图

　　下面简单地介绍一下我们正在进行的一个药物重定位研究项目，即通过重定位找到可能用于抑制肿瘤干细胞的药物。我们先对 NCI H460 肺肿瘤细胞进行荧光染色。由于细胞药物外排能力的不同，其荧光亮度的时间变化曲线也不同（如图 54.3（b）所示）。我们的研究对象是那些具有高药物外排能力的细胞（红线所示），即可能的肿瘤干细胞。

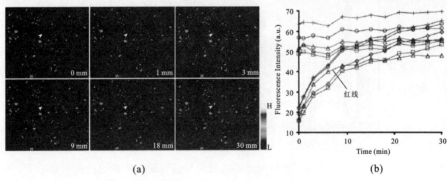

(a)　　　　　　　　　　　　　　　(b)

图 54.3　找到具有高药物外排能力的肿瘤细胞

（a）不同时间点的细胞图像；（b）细胞荧光亮度的时间变化曲线

想从海量的数据中人工地找出这些有高药物外排能力的细胞是不现实的。我们利用高内涵筛选的方法自动地找出这些细胞并将结果数值化。从图 54.4（b）我们可以观察到，使用某种化合物后具有高药物外排能力细胞的荧光亮度有了显著的提高。我们认为这种化合物有可能用于针对肿瘤干细胞的治疗。

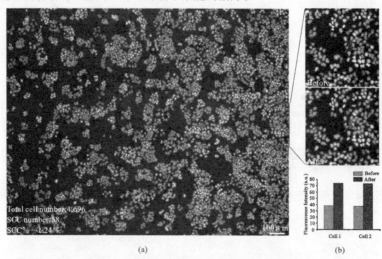

图 54.4 利用高内涵筛选找到具有高药物外排能力的肿瘤细胞

（a）自动细胞分割的结果；（b）用药前后细胞荧光亮度的变化

利用这种方法，我们从 LOPAC（Sigma – Aldrich）数据库（有 1280 种可以药用的化合物）中找到了几种作用于有高药物外排能力的肿瘤细胞的抑制剂。我们发现加入不同的抑制剂后，四种抗癌药物 cisplatin、etoposide、doxorubicin、paclitaxel 对肿瘤细胞的毒性抑制都得到了不同程度的增强（如图 54.5 所示）。

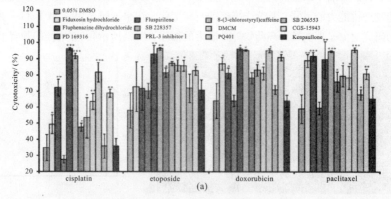

图 54.5 多种抑制剂能增加对高药物外排能力的肿瘤细胞的化疗效果

（a）细胞死亡率（DMSO 是不加抑制剂的对照）；

（b）抑制剂本身的毒性（1 表明无毒性）；（c）肿瘤体积的时间变化曲线

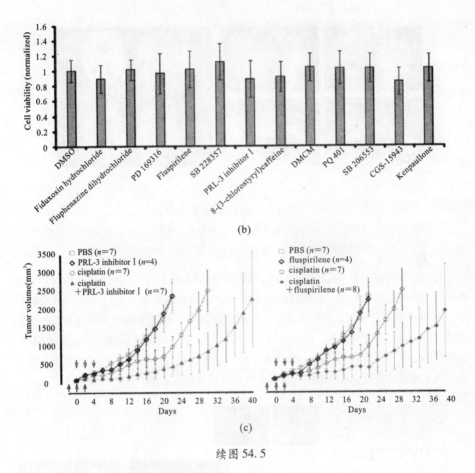

续图 54.5

3　图像引导介入治疗

　　靶向治疗是分子医学里一个活跃的领域，它通过有针对性地作用于肿瘤细胞中的某些特定分子结构来抑制肿瘤的发展。因为不是针对所有的具有高分裂性的细胞，这种疗法对正常的细胞有更小的危害性。例如，HER2 基因的过度表达会导致乳腺癌细胞更具侵略性，从而导致更高的死亡率，对此，Herceptin 是一种作用于 HER2 的单克隆抗体药物，通过病人的基因检测可以预测 Herceptin 疗效，从而实现对乳腺癌的靶向治疗。

　　靶向分子成像研究的是如何通过携带某种标记（如荧光体）的配体（如抗体、病毒等），来实现对某个特定分子靶向成像。配合超声波、核磁共振、计算机 X 射线断层扫描等图像，靶向分子成像能实现疾病的早期诊断、药物筛选、个体化用药、实时监控治疗和图像引导施药及治疗。图 54.6 所示是靶向分子成像的几个图例。

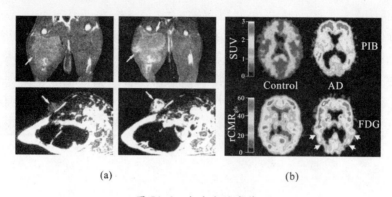

（a） （b）

图 54.6　靶向分子成像

（a）T1 – w MRI 图像：肺肿瘤兔子模型；

（b）^{11}C 同位素标记的 Aβ 分布图（可用于阿尔茨海默病的早期诊断）

　　我们正在研究一个多模式图像引导微创伤治疗的系统。多模式图像引导治疗涉及多模式图像实时匹配及导航、电磁跟踪、机器人，以及微创伤介入治疗等方面的最新技术。图 54.7 是对肺癌的分子成像引导介入治疗流程的一个简单说明。通过术前的扫描成像可以标记出肿瘤的位置，并由此制订手术计划。手术时，针头被实时地定位跟踪，并被精确地引导到预定的位置。在引导过程中，针头的位置实时显示在三维数字模型中。为实现精确定位，需要根据病人的呼吸运动模式对数字模型进行呼吸运动校正。

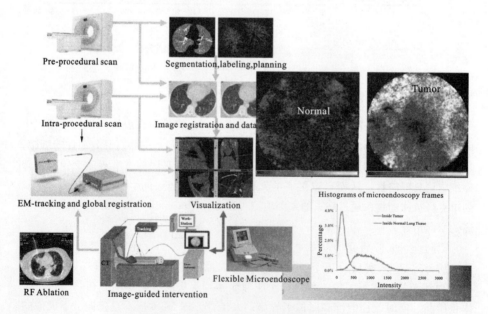

图 54.7　多模式图像引导的微创伤治疗

手术时如果能针对肺肿瘤细胞做分子成像，则可以使得手术更有针对性，对癌细胞的清除更彻底。图54.7右侧显示的是在VX2兔肺肿瘤动物模型中的显微内窥镜图像。我们可以观察到，癌细胞被成功标记。现在临床上对分子成像标记剂（造影剂）的使用还有不少难题，如：由于被认为是一种药物，它的使用需要得到药物管理部门的批准；相对于治疗药物，它的市场要小得多，因此经济上可能不合算；它很难通过毒性测试，大部分的分子成像造影剂不能通过一期测试。那么，我们能够不用注射造影剂而实现分子成像吗？对此，相干反斯托克斯喇曼散射（CARS）显微成像是其中的一个选择。

4 相干反斯托克斯喇曼散射（CARS）显微成像

相干反斯托克斯喇曼散射是一种非线性光学四波混频的相干喇曼过程（见图54.8）。CARS显微成像需要两个超短脉冲激光光源，例如皮秒或飞秒激光器。其中一个激光器提供频率为ν_p的泵浦（pump）光，另一个激光器提供频率为ν_s的斯托克斯（Stokes）光。两束光按一定匹配角同时入射到样品上，由于介质三阶非线性极化率X的存在，会产生频率为$\nu_{as} = \nu_p + \Omega = 2\nu_p - \nu_s$的共振相干辐射，即CARS信号。这里$\Omega = \nu_p - \nu_s$为喇曼活性模。

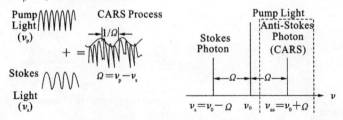

图54.8 相干反斯托克斯喇曼散射

CARS显微成像具有如下的特点（见图54.9）：有亚微米级的分辨率，利用分子内在振动成像，信号强度要比喇曼成像高几个数量级，能三维成像。CARS最显著的特点是无标记成像。由于标记剂会干扰很多细胞生物实验的结果，这时候CARS就是很好的成像选择。CARS在临床中有着广泛的应用前景，利用CARS实时成像并根据细胞病理特征分类，可以进行鉴别诊断，例如区分不同类型的肺部病变。

利用CARS做肺癌鉴别诊断的流程分三步：区分正常组织与肿瘤，区分小细胞癌与非小细胞癌，区分鳞状细胞癌与腺癌。基于图像分割的结果，我们总共提取了35个特征用于细胞的分类。图54.10是对特征空间用局部最小二乘法回归（PLSR）投影的结果。我们发现正常组织与癌组织、不同的癌组织的CARS图像可以被区分开来。

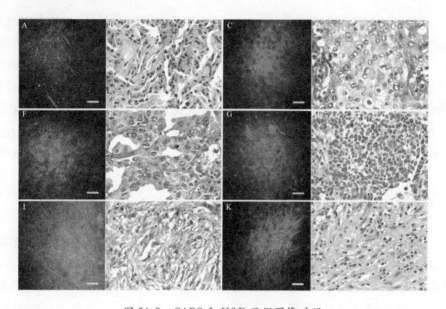

图 54.9　CARS 和 H&E 显微图像对照

注：（A）（B）为正常肺组织；（C）（D）为鳞状细胞癌；（E）（F）为腺癌；

（G）（H）为小细胞癌；（I）（J）为肺炎；（K）（L）为肺间质纤维化。

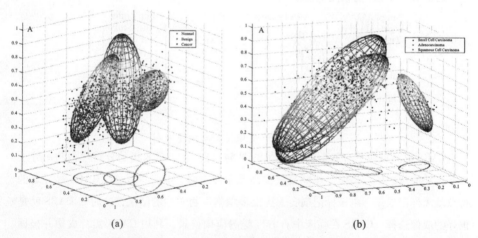

图 54.10　对特征空间用局部 PLSR 投影结果

（a）正常肺组织、良性肿瘤与恶性肿瘤的特征比较；（b）小细胞癌、鳞状细胞癌与腺癌的特征比较

　　我们下一步的研究目标是 CARS 活体成像，即利用光纤传导信号的显微内窥成像。这里的难点是解决光纤传导信号中的几个问题，如发散性、非线性及关联性。另外，器件的小型化也是未来的一个研究方向。图 54.11 所示是一个基于微机电系统（MEMS）的双轴扫描显微镜，它具有更大的扫描范围及更好的重复定位性能。

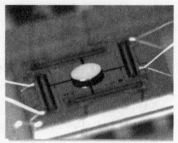

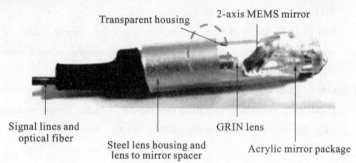

图 54.11 基于微机电系统的双轴扫描显微镜
（由 Dr. Daniel T. McCormick，Advanced MEMS Inc. 设计）

5 结语

21 世纪里整个生物学的大厦修建在庞大的生物信息的基础上，而成像是获取生物信息的一个重要手段。现代的成像技术涉及多模式及分子成像，是一种跨学科的技术。基于标记的分子成像受制于药物管理部门的批准，因此无标记成像是分子成像的一个研究热点。同时，系统医学就是利用系统生物学的方法整合和分析各种成像技术、海量的基因组信息以及临床中的各种分子医学数据。

6 致谢

感谢程杰协助翻译本次报告。报告中的研究项目由 JS Dunn 基金、TT & WF Chao 家族基金以及 Methodist 医院基金提供资助。

（记录人：程杰）

参考文献

［1］ Wang Z, Yang Y, Luo P, et al. Delivery of picosecond lasers in multimode fibers for coherent anti－Stokes Raman scattering imaging［J］. Optics Express, 2010, 18 (12)：13017－13028.

［2］ Wang Z, Gao L, Luo P, et al. Coherent anti – Stokes Raman scattering microscopy imaging with suppression of four – wave mixing in optical fibers ［J］. Optics Express, 2011, 19 (9): 7960 – 7970.

［3］ Wang Z, Liu Y, Gao L, et al. Use of multimode optical fibers for fiber – based coherent anti – Stokes Raman scattering microendoscopy imaging ［J］. Optics Letters, 2011, 36 (15): 2967 – 2969.

［4］ Yang Y, Li F, Gao L, et al. Differential diagnosis of breast cancer using quantitative, label – free and molecular vibrational imaging ［J］. Biomedical Optics Express, 2011, 2 (8): 2160 – 2174.

［5］ Gao L, Li F, Thrall M J, et al. On – the – spot lung cancer differential diagnosis by label – free, molecular vibrational imaging and knowledge – based classification ［J］. Journal of Biomedical Optics, 2011, 16 (9): 096004.

［6］ Gao L, Zhou H, Thrall M J, et al. Label – free high – resolution imaging of prostate glands and cavernous nerves using coherent anti – Stokes Raman scattering microscopy ［J］. Biomedical Optics Express, 2011, 2 (4): 915 – 926.

Gunther Wittstock 1986—1991 年在德国莱比锡大学学习化学，1994 年在该校取得分析化学博士学位。1992—1993 年期间，在美国俄亥俄州辛辛那提大学 William R. Heineman 研究组工作，之后在位于莱比锡的威廉·奥斯特瓦尔德物理和理论化学研究所，利用表面光谱和扫描探针技术研究固/液微观界面反应，为其职业生涯奠定了坚实基础。这期间获得洪堡奖学金资助，并在慕尼黑工业大学从事相关研究工作。2001 年成为奥尔登堡大学物理化学专业全职教授，电化学和凝聚态界面实验室的负责人。Wittstock 小组利用扫描电化学显微镜、激光共聚焦显微镜、原子力显微镜、伏安法、PM IRRAS 等先进技术制备有序薄膜，并详细表征和研究了其表面功能性质如催化活性，已发表一百余篇研究性论文并撰写完成多本学术专著章节。目前，Wittstock 教授担任奥尔登堡大学界面科学中心主任和博士生教育协调员，是国际电化学学会德国国家代表成员以及电化学研究中心负责人。

第55期

Scanning Electrochemical Microscopy for Analysis of Functional Material

Keywords: scanning electrochemical microscopy, microelectrode, dye – sensitized solar cell, dye regeneration

第 55 期

扫描电化学显微镜在功能材料分析中的应用

Gunther Wittstock

1 扫描电化学显微镜

什么是扫描电化学显微镜（SECM）？扫描电化学显微镜主要由电化学部分（电解池、探针、基底、参比电极、工作电极、对电极和双恒电位仪），用于精确控制、操作探头和基底位置的压电和步进扫描控制器件，以及用于控制操作、获取和分析数据的计算机（包括接口）等三部分组成，如图 55.1 所示。作为探针的超微电极（ultra-microelectrode，UME）被固定在一个压电和步进扫描控制器件上（通常是 Z 方向），X、Y 方向的扫描也由压电扫描控制器件来控制。这样，探针电极在基底上的位置就可以通过压电和步进扫描控制器件来改变。一般来讲，基底固定在电解池的底部，电解池固定在一个很稳定的平台上。通过双恒电位仪可控制探针电极及基底的电位。应用可编程的计算机软件控制探针在 X、Y 轴平面扫描，从而可得到基底的三维图像。

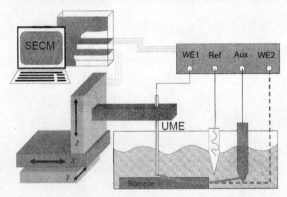

图 55.1 扫描电化学显微镜装置简图

扫描电化学显微镜与扫描隧道显微镜（STM）的工作原理类似。但扫描电化学显微镜测量的不是隧道电流，而是由化学物质氧化或还原给出的电化学电流，能给出更多的电化学信息。尽管 SECM 的分辨率较 STM 低，但 SECM 的样品可以是导体、绝缘体或半导体，而 STM 仅限于导体表面的测量。SECM 除了能给出样品表面的"地形地貌"外，还能提供丰富的化学信息。其可观察表面的范围也大得多。

　　在扫描电化学显微镜中，非常重要的一部分是超微电极（UME）。在物质传输原理上，超微电极和常规电极相类似。如在电极表面发生还原反应过程时，电子将会从电极向电活性物质转移。同时，反应物质在电极表面的浓度发生改变，导致了电极表面和本体溶液中的物质扩散形成。在常规电极体系中，通常情况下电化学反应中的物质扩散接近于半无限的平面扩散，如图 55.2（a）所示。随着电极尺寸的减小，物质的扩散变得与电极的大小和几何形状有关。在电流-电势图中体现为：常规电极上呈现经典的循环伏安图，如图 55.2（a）所示；而超微电极上则呈现稳态的电流-电势曲线，如图 55.2（b）所示。这种改变是由于物质的扩散由在常规电极上的一维扩散转变为在超微电极上的多维扩散。由此可以看出超微电极可以获得更大的电流密度。

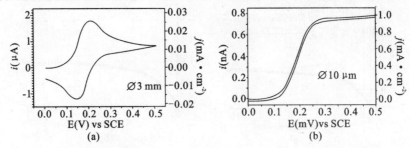

图 55.2　二茂铁的循环伏安图

（a）1 mM 二茂铁在常规电极上的循环伏安图；（b）1 mM 二茂铁在超微电极上的循环伏安图

　　综上所述，我们可以看出 SECM 有如下优点：①可以实现对基底局部反应活性的分析；②可以实现基底表面局部化学修饰。

2　扫描电化学显微镜工作原理

　　扫描电化学显微镜结合了扫描探针显微镜（SPM）、微电极和薄层池的特点，所以在进行电化学测量时，还可以观察样品基底的形貌，在研究电化学催化中异相和均相快速反应动力学、探测微区电化学活性和几何形貌方面具有很大的应用潜力。扫描电化学显微镜的工作模式有产生－收集模式和反馈模式，通过数解扩散方程可对实验数据进行理论处理，可详尽地定量处理扫描电化学显微镜实验是这一技术的优点。

　　在反馈模式实验中，工作时需要在支持电解液中添加准可逆氧化还原电对中的一个形式作为媒介体，假如媒介体是还原态，当在探针上施加可使媒介体发生由扩散步骤控制氧化反应如方程（55.1）所示时，在探针远离基底时，就可以获得稳态或者极限电流。方程（55.2）为盘状电极扩散控制稳态电流方程[1]。

$$R \rightarrow O + n\ e^-\tag{55.1}$$

$$i_{T\infty} = 4n\ F\ D\ r_T\ c\tag{55.2}$$

式中，$i_{T\infty}$ 是探针上的稳态电流或者极限电流，n 是每个分子的电子转移数，F 是法拉第常数，D 是扩散常数，r_T 是盘状活性电极半径，c 是媒介体浓度，∞ 表示探针和基底之间准无限远距离。如果样品基底是导体，则通常作为第二个工作电极。当探头很靠近样品时，探头上的反应产物扩散到样品表面后又生成原始反应物并回到探头表面再作用，从而造成电流的增加。这被称为"正反馈"方式，实验结果如图 55.3（a）所示[2]。正反馈的程度取决于探头和样品间的距离。如果样品是绝缘体，当探头靠近样品时，反应物到电极表面的扩散流量受到样品的阻碍而造成电流的降低。这被称为"负反馈"方式，实验结果如图 55.3（b）所示[2]。负反馈的程度也取决于探头和样品间的距离。

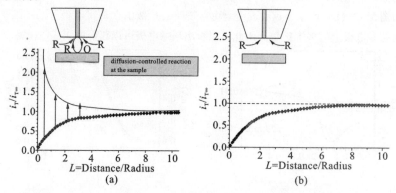

图 55.3　SECM 的渐进曲线图

（a）正反馈渐进曲线；（b）负反馈渐进曲线

（实线——理论拟合曲线；点线——实验数据）

3　扫描电化学显微镜为什么可以提供独特的信息

SECM 已应用于很多科研领域，如观察样品表面的化学或生物活性分布、亚单分子层吸附的均匀性、测量快速异相电荷传递的速率、酶-中间体催化反应的动力学、膜中离子扩散、溶液/膜界面及液/液界面的动力学过程等[3]。SECM 还被用于单分子的检测、酶和脱氧核糖核酸的成像、光合作用的研究、腐蚀研究、化学修饰电极膜厚的测量、纳米级刻蚀、沉积和加工，等等。SECM 的许多应用或是其他方法无法取代的，或是用其他方法很难实现的，使其成为一种强有力的研究方法而走进实验室。下面我简单介绍几个例子说明扫描电化学显微镜的重要性。

已知微接触印刷是一种利用高分子弹性印章和自组装单分子膜技术在基片上印刷图形的新方法，它能够形成高质量微结构，可直接用于制作大面积简单图案，适用于微米至纳米级图形的制作。如图 55.4 所示，微接触印刷通过浸有硫醇的 PDMS 弹性印章与基板接触，在基板上形成自组装单分子膜（SAMs）。扫描力显微技术（SFM）是一种很经典的分析这种自组装单分子膜的技术，它可以看到分子的存在，但是无法看到分子结构，更无法判断这种自组装单分子膜的好坏。

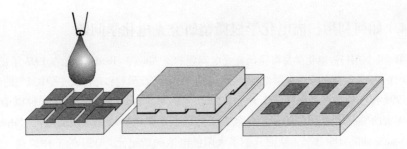

图 55.4　微接触印刷流程图

　　扫描电化学显微镜则不同，它通过以二茂铁在超微电极表面的氧化还原电流密度大小，可以很清楚地判断自组装单分子膜的好坏。如果自组装膜不好，$[Fe(CN)_6]^{4-}$ 可以渗透进该自组装单分子膜，与基底金表面接触，而 $[Fe(CN)_6]^{4-}$ 在金表面会被氧化形成 $[Fe(CN)_6]^{3-}$ 回到探头表面，从而造成电流密度的增加；相反，如果该自组装膜比较致密，$[Fe(CN)_6]^{4-}$ 将无法渗透进该自组装单分子膜，因此 $[Fe(CN)_6]^{3-}$ 在探头表面的浓度减少，导致电流密度的下降。

　　自组装膜图案化也可以用扫描电化学显微镜进行检测。

　　另外，我们利用扫描电化学显微镜实验发现 pH 值对自组装单分子膜电子传输有很大影响[4]。如图 55.5 所示，在 pH = 2.8 的时候，$HS-(CH_2)_{11}-NH_3^+$ 带正电，$[Fe(CN)_6]^{4-/3-}$ 可以渗透进该单分子膜，因此 $[Fe(CN)_6]^{4-}$ 可以被金基底氧化形成 $[Fe(CN)_6]^{3-}$，氧化形成的 $[Fe(CN)_6]^{3-}$ 回到探头表面，从而造成电流的增加。而在 pH 比较高的时候，由于 $HS-(CH_2)_{11}-NH_2$ 不带电，$[Fe(CN)_6]^{4-/3-}$ 无法渗透该单分子膜，电流下降。对于 $HS-(CH_2)_{15}-CH_3$ 单分子膜，它可以阻止中间产物的再生，与 pH 值无关。

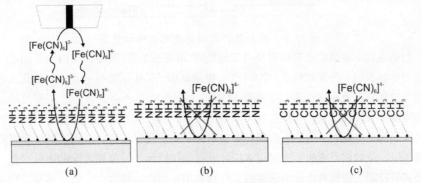

图 55.5　不同 pH 值对自组装单分子膜电荷传输的影响

(a) pH 为 2.8 时；(b) pH 为 10.6 时；(c) pH 对 CH_3 无影响

　　综上所述，扫描电化学显微镜在自组装膜性能测定方面具有独特的优势。

4　如何利用扫描电化学显微镜研究光电化学问题

第一个利用扫描电化学显微镜研究光电问题的是 Allen J. Bard[5]，他在 1997 年发表于《Plant Physiology》上的文章利用光照射植物来研究植物表面形貌和光合成过程中氧气的形成。

1991 年，瑞士洛桑联邦理工大学（EPFL）的 M. Grätzel 教授报道了一种以染料敏化 TiO_2 纳米晶膜作光阳极的新型高效太阳能电池，即染料敏化太阳能电池（dye-sensitized solar cell，DSC）[6]，从而开创了太阳能电池的新纪元。DSC 的工作原理（如图 55.6 所示）是基于将具有高摩尔吸光系数的染料自组装吸附在具有极大比表面积的半导体纳米颗粒上，染料通过吸收太阳光中的光子产生激发态，电子从光激发态染料注入宽隙半导体导带中，从而进行电荷的快速分离，由此产生的染料阳离子被电解质中的还原剂还原。为了实现高光电流产量，染料阳离子再还原的速度必须远远快于被氧化染料分子和注入半导体中电荷重组反应速度。通常，DSC 由染料敏化纳米半导体电极、氧化还原电解质溶液（I^-/I_3^-）以及对电极组成。

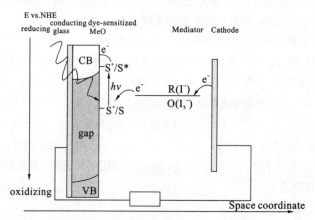

图 55.6　染料敏化太阳能电池工作示意图

扫描电化学显微镜已被证明是测定包括固/液界面、液/液界面在内的界面电子转移动力学常数的一种有效技术。2007 年，申燕运用 SECM 反馈模式对染料敏化太阳能电池中染料再生还原过程进行了初步研究[7]，如图 55.7 所示，该方法主要是通过给扫描电化学显微镜探针一个恒定的可以还原 I_3^- 的电压，I_3^- 被还原生成的 I^- 扩散到半导体膜表面，与被光氧化产生的曙红染料阳离子发生化学反应，从而使曙红染料阳离子被还原，染料获得再生。同时记录探针电流与探针和半导体膜之间的距离变化，通过公式获得曙红染料再生动力学常数，得到和用光谱法测得数据一致的结果，这是世界上首次运用 SECM 研究 DSC 体系。在该项工作的基础上，我们通过理论和技术上的突破，成功应用 SECM 研究了 DSC 中染料在不同工作环境中的再生过程。这些系统性研究进一步证明该方法用于研究 DSC 体系的先进性和应用前景[8]。U. M. Tefashe 等人通过分析 SECM 渐进发光薄膜，发现 D149 染料的光吸收与其光激发断面有直接关系；而且利用 SECM 基底产生/探针收集模式，通过比较在吸附有 D149 染料的二氧化锌表面有无光照射时图像的不同来研究电子传输速率的变化[9]；还可以利用 SECM 来评价不同电解质在染料敏化太阳能电池中的作用。综上所述，利用 SECM 评价染料敏化太阳能电池系统具有非常重要的意义，它可以促进 DSC 的发展。

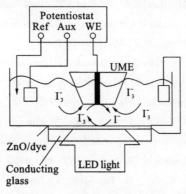

图 55.7　SECM 测定染料敏化太阳能电池中染料再生过程动力学的实验原理

此外，Bard 研究小组以光纤作为扫描电化学显微镜的探针，监测了阵列光催化剂的催化活性，获得了很好的结果。该方法为从海量制备的光催化剂中获得催化能力最好的催化剂节约了大量人力、物力。该监测方法的示意图见图 55.8[10,11]。

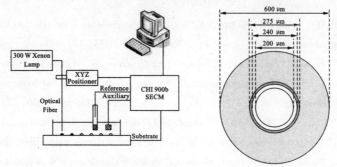

图 55.8　SECM 测定光催化剂阵列电极示意图[10]

5　结论

扫描电化学显微镜能够测量界面化学物质的变化，由于其对整个样品只有微小的扰动，因此可以研究光的激发过程，特别在可持续能源发展过程中将起到非常重要的作用。不难推断，将 SECM 的应用扩展到染料敏化太阳能电池研究领域中具有很高的科学研究意义。结合 SECM 在研究快速反应动力学中的优点和发生在 DSC 体系中固/液界面的快速能量转换的特点，研究新能源、新材料科研方向的基础问题——界面电化学过程，将为设计高效率太阳能电池提供依据。

（记录人：申燕）

参考文献

[1]　G. Wittstock, M. Burchardt, S. Pust, Y. Shen, and C. Zhao. Scanning electro-chemical microscopy for direct imaging of reaction rates [J]. Angewandte Chemie International Edition, 2007, 46: 1584 – 1617.

[2]　J. L. Amphlett, G. Denuault. Scanning electrochemical microscopy (SECM): an investigation of the effects of tip geometry on amperometric tip response [J]. Journal of Physical Chemistry B, 1998, 102: 9946-9951.

[3]　D. T. Pierce, P. R. Unwin, A. J. Bard. Scanning electrochemical microscopy. 17. Studies of enzyme-mediator kinetics for membrane and surface-immobilized glucose oxidase [J]. Analytical Chemistry, 1992, 64: 1795 – 1804.

[4]　I. Rianasari, L. Walder, M. Burchardt, I. Zawisza, G. Wittstock. Inkjet-printed thiol self-assembled monolayer structures on gold: quality control and microarray elec-trode fabrication [J]. Langmuir, 2008, 24: 9110-9117.

[5]　M. Tsionsky, Z. Cardon, A. Bard, R. Jackson. Photosynthetic electron transport in single guard cells as measured by scanning electrochemical microscopy [J]. Plant Physiology, 1997, 113: 895-901.

[6]　B. O' Regan, M. Grätzel. A low-cost, high-efficiency solar cell based on dye-sensi-tized colloidal TiO$_2$ films [J]. Nature, 1991, 353: 737-740.

[7]　Y. Shen, K. Nonomura, D. Schlettwein, C. Zhao, G. Wittstock. Photoelectrochemi-cal kinetics of eosin Y-sensitized zinc oxide films investigated by scanning electro-chemical microscopy [J]. Chemistry - A European Journal, 2006, 12: 5832-5839.

[8]　Y. Shen, U. Tefashe, K. Nonomura, T. Loewenstein, D. Schlettwein, G. Wittstock. Photoelectrochemical kinetics of eosin Y-sensitized zinc oxide films investigated by scanning electrochemical microscopy under illumination with different LED [J]. Electrochimica Acta, 2009, 55: 458-464.

[9]　U. M. Tefashe, T. Loewenstein, D. Schlettwein, G. Wittstock. Scanning electrochemical microscope studies of dye regeneration in indoline (D149) -sensitized ZnO photoelectro-chemical cells [J]. Journal of Electroanalytical Chemistry, 2010, 650: 24-30.

[10]　J. Lee, H. Ye, S. Pan, A. Bard. Screening of photocatalysts by scanning electro-chemical microscopy [J]. Analytical Chemistry, 2008, 80: 7445-7450.

[11]　H. Ye, S. Park, A. Bard. Screening of electrocatalysts for photoelectrochemical water oxidation on W-doped BiVO$_4$ photocatalysts by scanning electrochemical mi-croscopy [J]. Journal of Physical Chemistry C, 2011, 115: 12464-12470.

黄维扬　男，1970 年 8 月生，香港浸会大学教授，同时兼任香港大学荣誉教授，华东理工大学、吉林大学、苏州大学、华南理工大学、山西大学、中科院长春应用化学研究所及成都有机化学研究所客座教授，美国俄亥俄州立大学客座访问教授。

黄维扬教授主要从事无机和金属有机配合物合成、分子功能材料、金属有机聚合物及其应用（如发光二极管和太阳能电池）、纳米材料和 X 光衍射晶体学等方面的研究工作，并在这一领域取得许多开创性的研究成果。近十一年来主持香港特区政府研究资助局科研基金项目 10 项（现已经完成 6 项），香港浸会大学科研基金项目 16 项（现已经完成 14 项），到账经费总计达 782 万港币；近期又联合香港四所大学获香港大学教育资助委员会"卓越学科领域计划"拨款 9200 万港币资助"分子功能材料研究所"项目，研究为期八年。现已在《Nat. Mater.》《J. Am. Chem. Soc.》《Angew. Chem. Int. Ed.》《Coord. Chem. Rev.》《Adv. Mater.》《Adv. Funct. Mater.》《Chem. Eur. J.》《Chem. Commun.》《Macromolecules》《Chem. Mater.》《J. Mater. Chem.》《Appl. Phys. Lett.》等国际知名学术期刊上发表论文 310 余篇，其中一篇发表在国际顶尖杂志《Nature Materials》（影响因子 23. 132）上，影响因子 8.0 以上的论文 17 篇。他人引用超过 3650 余次，其中两篇文章（《J. Chem. Phys.》1999, 110, 4963）及（《Nat. Mater.》2007, 6, 521）单篇引用高达 145 次和 100 次（截至 2010 年 3 月 6 日），在 ISI 最近公布的论文被引用数排名中位于《化学世界》0. 19% 顶尖科学家之列，索引指数为 33，其研究工作对科学领域影响深远。黄维扬教授出版专著 13 部，12 篇研究综述论文及 1 项美国发明专利（US7, 652, 136B2）；多次应邀参加国际会议或到国内外著名大学作大会邀请报告超过 50 次，多次出任国际学术会议的顾问；2007 年，因其在教学工作方面的突出贡献，获得香港浸会大学校长杰出教学奖；2009 年，因其在科研工作方面的突出贡献，获香港裘槎基金会优秀科研者奖和香港浸会大学学术表现奖；在泰国曼谷举行的"第四届亚洲前沿有机化学国际研讨会"上获颁两项亚洲核心计划讲学奖；2010 年，获中国教育部自然科学奖一等奖。

第56期

Metallopolyynes and Metallophosphors: New Multifunctional Materials with Emerging Applications in Optical Devices

Keywords: metallopolyynes, metallophosphors, multifunctional materials, optical devices

第 56 期

金属聚炔烃和金属磷光类化合物：
新型多功能材料在光学器件中的应用

黄维扬

1 简介

将过渡金属引入到有机分子链中可以赋予分子某些特殊性能，如电学性能、光学性能及磁特性，并使其仍然保持有机分子固有的可溶性和易制备性。本文重点介绍了一些具有易调节荧光和光电性能的多功能金属有机材料和聚合物的最新进展。这些材料可以被广泛应用于 OLED 发光层、光学传感器、半导体太阳能电池以及聚合物合金纳米材料。同时，介绍了通过调节有机基团结构，从而合成多色磷光发光分子并且调节其光电性能的方法。目前，有机金属材料在有机电子技术、光电技术和纳米技术领域占有极其重要的地位。例如，它们使多功能材料中的能量转换成为可能，将光能转换为电能的太阳能电池和将电能转换为光能的 OLED 作为两项互补的技术领域，吸引了人们的高度关注；通过简单修饰材料的化学结构，可以对其物理和化学性能进行调节，从而合成适合各种能量转换的有机金属材料。以下是我们团队近年来所合成的金属有机材料和金属有机聚合物在太阳能电池及 OLED 中应用的成果简介。

1.1 多功能金属有机聚合物和寡聚物

我们在这一研究领域的工作主要是结合聚合物的制备优势和金属中心的功能性，从而合成金属有机聚合物。有机金属聚芳香烃类衍生物包含功能性的重金属盐，具有容易调节的结构，因此近年来应用领域不断拓宽。同时，这些溶解性优良、易于制备的功能性金属有机聚合物还可以增强其三重态能量，它们可以广泛应用于激光传感保护、光/电信号转换和磁性金属纳米合金材料的制备（如图 56.1 和图 56.2 所示）。

1.2 二聚、低聚和多聚金属有机化合物的结构-性能关系

有机聚芳香烃类化合物的一个突出的缺点是不能有效地捕获数量远超于单重态激子的三重态激子。为了解决这个问题，我们和其他团队目前广泛地将过渡金属，例如铂，引入到聚合物当中，作为良好的模板体系来解释有机金属聚合物体系中激发态的光物理现象。我们利用 trans-$[Pt(PBu_3)_2C\equiv CRC\equiv C]_n$ 解决自旋禁阻、长寿命的三

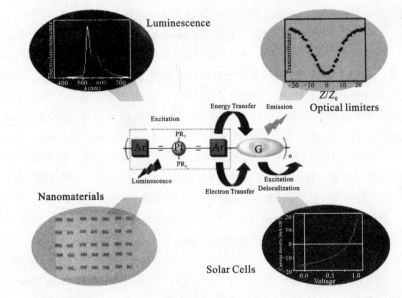

图 56.1　金属有机聚合物在不同领域中的重要应用

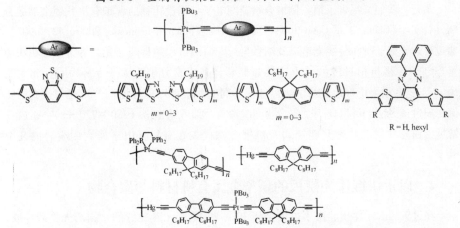

图 56.2　我们实验室合成的具有代表性的含铂（Ⅱ）有机聚合物

重态磷光不能被应用的问题。我们利用光学方法，通过实验的手段证明，将重金属引入聚合物骨架中可以有效地促使分子内部三重态辐射延迟能量转换。我们系统地研究了分子结构如何决定物理光学性质、发光性能以及光电特性。我们致力于阐述分子内三重激发态的结构-性能关系（SAR）和通过优化 R 基团，在大的能量范围内调节三重态能级。这使我们深刻地了解聚合物结构中单重激发态和三重激发态的演变。这种方法同样被延伸到它们的同族低聚金属有机化合物和相邻的 d^{10} 金（Ⅰ）和汞（Ⅱ）中。利用 10－12 族的重金属捕获有机物的三重态激子已经应用于各种分子和金属聚合物体系来进行研究。我们通过改变金属基团、其辅助配体以及中心空间的结构，已经证实了这一系列金属有机聚合物的功能性（详见：《Dalton Trans.》，1998，2761；《J. Chem. Phys.》，1999，110，4963；《Macromolecules》，2002，35，3506；《Macromolecules》，2003，36，983；《Macromolecules》，2004，37，4496；《Chem. Mater.》，2006，18，1369）。我们通过分子设计成功优化了磷光参数与光学禁带之间的协调问题，我们团队利用在主链上引入金属原子来打断共轭的方法有效增加了磷光的淬灭速度，进而有效地提高了磷光辐射与非辐射之间的比值（详见：《Chem. Commun.》，2004，2420；《Chem. Eur. J.》，2006，12，2550；《J. Polym. Sci. A：Polym. Chem.》，2006，44，4804；《Dalton Trans.》，2002，4587）。对含铂的有机聚合物来说，加入氧族元素可以使该类聚合物在室温下获得磷光。最近，我们合成了一个禁带值为 1.44 ~ 1.47 eV 的新型金属有机聚合物，其吸收最大范围延伸至红外区域（详见：《Dalton Trans.》，2008，5484；《Macromol. Rapid Commun.》，2010，31，861）。有关这一方面系统的工作都被邀请总结发表在很受欢迎的杂志里（详见：《Coord. Chem. Rev.》，2006，250，2627；《Dalton Trans.》，2007，4495；《Comment Inorg. Chem.》，2005，26，39；《J Inorg. Organomet. Polym. Mater.》，2005，15，197；《Macromol. Rapid Commun.》，2010，31，671）。

最近，我们又报告了第一例聚合物链间电子与能量转移的含铂有机共轭金属聚合物（详见：《Chem. Eur. J.》，2008，14，8341；《Macromolecules》，2009，42，6902）。通过稳态光谱、时间分辨光谱以及纳秒荧光寿命测试和纳秒闪光光解等方法证明快单重态电子转移与相对慢的三重态能量转移，其速率分别为大于 $4 \times 10^{11} \mathrm{s}^{-1}$ 和大约 $10^{3} \mathrm{s}^{-1}$。这些结果更好地证明了通过选择不同的元素可以更好地调节荧光与磷光的比例。通过该方法，可以使一个化合物同时覆盖全部可见光谱（380 ~ 720 nm），也就是常见的白光发射。此种共轭金属有机聚合物代表在有机光电子研究中少有的几个例子。

2　以汞炔键作为模板的新型金属有机材料与聚合物

在过去的二十年里，由于过渡金属 10 族和 11 族元素独特的结构与光物理性质，其刚性杆过渡金属炔烃类化合物被广泛研究。但是，作为紧邻的 12 族元素汞炔烃的设计合成则相对应用较少。我们团队成功地将金属有机聚合物中的铂元素扩展到汞元素。过去几年里，我们团队在有机荧光汞炔络合物与聚合物领域取得了很多可喜的成绩，在这种有机金属构型中，掺入一个线性的二络合结构可以更好地得到一个刚性杆结构。由此，单核、二核以及聚核的汞金属炔烃系统得到长足的发展，其复杂的光物理行为以及亲汞作用将得到更加广泛的研究（详见：《Coord. Chem. Rev.》，2007，251，2400；《Organometallics》，2001，20，5446；《Organometallics》，2002，21，4475；《Eur. J. Inorg. Chem.》，2004，2066；《Chem. Eur. J.》，2006，12，2550；《Chem. Mater.》，2006，18，1369；《Macromolecules》，2004，37，4496；《Angew. Chem.

Int. Ed. 》，2006，45，6189；《Adv. Funct. Mater. 》，2007，17，963）。我们还首次报道了可溶解、高分子量的磷光汞聚合物［–HgC≡CArC≡C–］$_n$，此化合物通过汞的强重原子效应获取三重能量发射；进一步的研究表明，此种汞炔烃化合物在分析绿色化学中也得到了一定的发展，它能快速方便地检测环境中的汞污染（见：《J. Organomet. Chem. 》，2006，691，1092；《Inorg. Chim. Acta》，2007，360，109）；L–B成膜技术为接下来的分子器件提供了更好的技术途径；通过杂环金属聚合物及有机金属汞炔化合物混合，以及相关其他材料相互掺混成膜后呈现高规整棱形结构，同时呈现出许多有趣的光电行为（详见：《Chem. Mater. 》，2007，19，1704；《J. Polym. Sci. A：Polym. Chem. 》，2008，46，3193；《J. Organomet. Chem. 》，2009，694，2786）。

3 高度透明性的非线性光学（optical power limiting，OPL）金属有机聚合物

随着激光技术的快速发展，由于激光高强度的脉冲对人眼的伤害，光学传感器以及敏感的光学器件得到许多科研工作者的进一步关注，并促使高溶解性、快响应速度、高线性透明以及高线性传播的光保护器得到进一步发展。我们报道了一些无色的溶液加工的单金属与多金属有机聚合物，显示出优异的OPL及透明性质（详见：《Chem. Mater. 》，2005，17，5209；《Angew. Chem. Int. Ed. 》，2006，45，6189；《Adv. Funct. Mater. 》，2007，17，963；《Adv. Funct. Mater. 》，2009，19，531；《Chem. Soc. Rev. 》，2011，40，2541）。在以上几个化合物中，我们第一次报道可溶的铂/汞杂核聚合物，同时在可见光范围内具有高度的透明性，而且在92%高透明度条件下，显示出很好的OPL性质，超过现在最常用的非常好的可见光吸收的一些物质，如C_{60}、金卟啉以及金属酞菁化合物。研究发现汞在提高物质的OPL性质方面起到了非常重要的作用，此结果已从理论与实践上得到多种验证。将金属汞单元镶嵌于铂金属主链聚合物中，在一定程度上打断其共轭度的同时还能协调其透明度与非线性关系，以上各种优点对制备实用的眼睛保护设备有着重要的作用。

4 金属有机聚合物作为新型金属有机光伏功能材料

太阳能可以满足全球日益增长的能源需要。通过光伏技术直接从太阳光中获取能量可以大大减少大气层辐射，从而更好地阻止温室效应并起到保护环境的作用。有机聚合物太阳能电池由于价格便宜最近得到广泛的发展，但是利用金属有机聚合物的太阳能电池没有得到很普遍的重视。在这一方面，我们开发出了一种可溶的、强吸收含铂金属的有机聚合物，通过加入4，7-二（2-噻吩）-2，1，3-苯并噻二唑基团对聚合物进行修饰，得到很窄的一个禁带（1.85 eV）。用这种聚合物与PCBM按1∶4的比例混合，同时不进行退火处理，以很简单的器件结构（没有TiO_x空间层）制备出来的有机聚合物太阳能电池获得了高能量转换效率（4.1% ±0.9%）。这是全世界第一例用窄带

隙金属有机聚合给体材料获得高转换效率的太阳能电池器件，此工作为制备高效的有机聚合物太阳能电池提供了一种新的思路。这类金属铂聚合物的性质，如化学结构、有效吸收、带隙大小、电子迁移率、三重态激子获取率、分子量大小及成膜性对器件效率有非常大的影响（见：《Macromol. Chem. Phys.》，2008，209，14；《Acc. Chem. Res.》，2010，43，1246）。随后我们研究组发展了一种新的方法，它能对含不同数目的噻吩环的有机聚合物薄膜太阳能电池的效率、光子吸收和电荷传输性质进行有效调控。这些化合物的能量转换效率和光电响应在很大程度上依赖于主链上噻吩环的数目，用其中一些化合物制备的器件在模拟太阳光照度 AM1.5 的测试条件下能量转换效率可以达到 2.7% ~ 2.9%，EQE 高达83% 的效率。我们对添加金属卟啉核心以及增加聚合物维度对于材料的影响也同样进行了实验研究。另一方面，这些材料的吸收谱也可以被转移到近可见光和近红外区域。在一种带隙很低的有机薄膜太阳能电池中，我们成功地实现了高效的近红外光谱响应。

5　用作磁性金属合金纳米颗粒前体的功能金属有机聚合物

金属聚合物最新的应用是用作合金纳米颗粒的合成前体。由于我们不仅要控制大分子结构中不同金属原子的引入，同时还要保证金属与大分子的连接作用不影响我们所希望得到的金属合金纳米颗粒的性质，因此，到目前为止，虽然金属合金纳米颗粒能够在很大程度上表现我们所希望得到的性质，但是由金属有机聚合物前体来合成多金属的纳米颗粒在技术上仍然有很大的挑战性。一种常用的能够有效合成单分散的 FePt 纳米颗粒的方法包含了两个步骤，首先是高温气相溶解，然后是退火处理。通过自组装过程，单分散的 FePt NPs 可以形成紧密堆积的金属纳米颗粒薄膜和超晶格结构。不过，如何对这种薄膜进行修饰仍然没有一种有效的方法，而对于许多器件应用包括高密度数据存储系统来说，这种修饰又是必不可少的。但是很遗憾，目前这方面的报道非常少。

在纳米尺度的光刻对于半导体器件的结构现在越来越重要，所以最近我们利用一种新型的、不受空气和水影响的、可以成膜的双金属的铁磁性聚合物前体，通过简洁的一步反应合成出了铁磁性的 FePt 纳米颗粒，这种 FePt 纳米颗粒可以直接用作能够耐受电子束光刻和紫外光刻蚀的负性光刻图形。这种新方案为耐受电子束光刻和紫外光刻蚀提供了一种可行的思路，并且在集成电路领域具有很大的应用潜力。我们未来的工作将会集中于将其应用在其他磁性金属纳米颗粒以及修饰的磁性薄膜，并且进一步应用于自旋电子器件和高密度磁性存储器件等需要方便快捷修饰的器件中。

6　多功能金属发光材料在高效彩色和白光有机发光二极管（OLED）领域的应用

虽然关于铱（Ⅲ）和铂（Ⅱ）配合物的文献报道很多，可是对于它们的衍生物在电致发光 OLED 中能否扮演多重角色仍然需要研究。为了满足发光所需要的能级要求，我们发展了新型的金属发光基团和具有双极性的配体进行配位的新技术（详见：

《J. Mater. Chem.》，2009，19，4457；《Coord. Chem. Rev.》，2009，253，1709；《J. Photochem. Photobio. C：Photochem. Rev.》，2010，11，133；《Chem. Asian J.》，2011，6，1706），如图56.3 和图56.4 所示。我们报道了一种具有三重功能的铂金属配合物，并且介绍了它的合成方法、结构、光物理以及电化学性质，在该分子体系，我们成功地将具有空穴传输性质的三苯胺，具有电子传输性质的噁二唑和电致发光的金属集成于一个单分子（见：《Inorg. Chem.》，2006，45，10922）。这种多功能的铂金属配合物可以用于制备整齐的 OLED 发光层（见：《Organometallics》，2005，24，4079）。

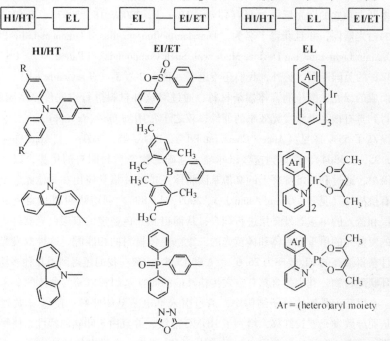

图 56.3　构筑空穴注入/空穴传输、电子注入/空穴传输和电致发光的基元的材料

图 56.4　实验室金属磷光体的进展的代表

　　我们还开发出了具有发光和空穴传输两种性质，同时具有非常短的磷光寿命的高强度非晶态的铱配合物。这种配体在橘黄光波段具有很高的电致发光效率。通过将二苯胺连接在芴的末端，相比早期的同类型的 2-吡啶芴，我们降低了它的第一电离能，提高了热稳定性和空穴传输性能，并且具有了更好的结构稳定性（见：《Adv. Funct. Mater.》，2006，16，838）。我们还发现了一种多种基团组合而成的可升华的铱配合物，对于通过蒸镀来实现高效率 OLED 器件来说是一种不错的选择（见：《Adv. Funct. Mater.》，2007，17，315）。通过将蓝光配体［FIr（Pic）］和这种橘黄光的配体掺杂在独立的发光层中（见：《Chem. Mater.》，2006，18，5097），我们还得到了高效的白光器件，并且获得了名为 "Diarylaminofluorene-Based Organometallic Phosphors and Organic Light-Emitting Devices Made with Such Compounds"（Patent No.：US 7，652，136 B2）的美国专利。另外，我们还报道了一种由 2-［3-（N-arylcarbazolyl）］pyridine 衍生而成的绿光铱配位的客体掺杂材料，通过对这种材料进行空穴传输基团的修饰，可以得到具有很高电致发光效率的器件，较之于常用的 fac-［Ir（ppy）$_3$］，它的发光效率提高了 55%（见：《Angew. Chem. Int. Ed.》，2006，45，7800；《Appl. Phys. Lett.》，2009，95，133304）。考虑到这些以咔唑为基础的掺杂材料固有的优势，以及合成路线的简单，通过利用吡啶环上的其他基团将体系扩展并将其应用在其他光色上就显得非常有挑战性（见：《Chem. Asian J.》，2009，4，89）。利用铱-咔唑橘黄光的三重态发光层和蓝光的单重态发光层进行耦合，从而得到光色稳定的双层白光器件。通过与相应的发蓝光的单重态主体和橘黄光的三重态主体材料的相匹配，这种双发光层体系的器件获得最高的 EL 效率为 26.6 cd/A 和 13.5 lm/W。我们还得到了几种多功能的铱金属环状配合物，其中包含具有空穴传输性能的咔唑基团和以芴为本体的 2-苯基吡啶基团。在以芴为骨架的分子结构中，通过引入推电子基团咔唑，使得 π 共轭体系增大，从而导致发光波长红移，增大了 HOMO 能级，并且由于咔唑的特性，使得载流子注入更加平衡。利用这种分子组装而成的 OLED 器件，在没有传统的空穴注入层功能化的情况下，也表现出很高的电流效率（见：《Adv. Funct. Mater.》，2007，17，2925）。在设计多功能的整合配体构造溶液制程的高效橙光 OLEDs 方面，当前的工作为其提供了强大的三重态发射。这个概念延伸到 9 位芴环两个立体富电子三苯胺中可以表现出抗三重官能高度非晶金属磷光体（高 Tg）的研究，按照实验和理论模拟结果，即使在溶液制程的有机发光二极管的高工作电流密度下，它也能够抑制三重态-三重态湮灭（见：《J. Mater. Chem.》，2008，18，1799）。通过融合一个带有 2-苯基（Hppy）型配体的苯环的缺电子体系，一种新的颜色可调的环金属铱（Ⅲ）和铂（Ⅱ）金属磷光体的多功能体系已经建立。通过在配位基引入一个电子陷阱的 9-氯-芴，产生具有增强电子注入/电子传输性质的两个强劲红光电致磷光（见：《J. Mater. Chem.》，2009，19，1872）。目前使用的许多红色有机染料在器件的效率和色纯度之间不能做到很好的协调。一般情况下，基于红色有机发光二极管实现满足效率的要求，但是亮度掺杂剂不够红，而足够红的掺杂剂，效率和亮度又不能达到理想的要求。具有饱和红色发光（CIE）的色度坐标为 $(x = 0.67，y = 0.33)$ 的高效率的有机发光二极管，在全彩色平板显示器上的应用已吸引越来越多关注。OLED 的效率/色纯度权衡优化是实现具有良好色纯度红色电致发光的关键问题。最近，基于多组分铱电致磷光的功能化的空穴传输咔唑单体和三苯胺树状分子的高效纯红色有机发光二极管，已经在另外两个开创性的论文中出现。这些双功能复合物和树枝状提供出色的色坐标范围 $(0.68，0.32)$ 到 $(0.70，0.30)$，峰值效率约 12%，而且在纯红发光器件中，还提供了一个有吸引力的优化效率/色纯度的方法发展金属磷光体（详见：《Adv. Funct. Mater.》，2008，18，319；《Angew. Chem. Int. Ed.》，2007，46，1149）。在 $[Ir(ppy-X)_2(acac)]$ 和 $[Ir(ppy-X)_3]$（$X = B(Mes)_2$，$SiPh_3$，$GePh_3$，NPh_2，$POPh_2$，OPh，SPh，SO_2Ph）中，通过简单地剪裁带有不同主基团的 ppy 的苯环，可对磷光环金属铱荧光粉颜色调节发展提供一个新的灵活策略。这样就可以实现在传统的 Ir ppy-type 配合物中吡啶基团的电荷转移到吸电子的主基团单体，这与理论上经典调节颜色的概念不同。这种颜色的调整方法利用拉电子主基团单体提供了一个新型铱（Ⅲ）荧光粉，改善了电子注入/电子运输功能，对高效颜色转换的有机发光二极管是必不可少的（见：《Adv. Funct. Mater.》，2008，18，499；《Chem. Asian J.》，2008，3，1830）。WOLEDs 对色彩还原可以挑战标准的白炽灯泡功率效率（PE），满足高演色指数（CRI）的要求，绿色铂三重态发射体的单掺杂 WOLEDs 最近得到发展，器件中 NPB 的蓝色荧光是结合了绿色光和红光的磷光波段（见：《Chem. Commun.》，2009，3574；《J. Mater. Chem.》，2010，20，7472）。甚至在 WOLEDs 中亮度大于 15000 cd/m^2，那些白光最好的简单 WOLEDs 效果能达到 CIE 在 $(0.354，0.360)$，CRI = 97，CCT = 4719 K。用这样的方法产生的白光很有可能优于目前正在使用的其他基准照明光源。这种战略也可避免使用堆叠 WOLED 设计，在白色质量/亮度/效率的平衡上显著的突破，能解决发掘纯白光的巨大商业价值所必需的瓶颈问题。另一方面，相对较低的 PE 和 LE 已成为 WPLEDs 面临的最紧迫的难题，目前解决这一难题的有效办法关键在主机的荧光磷光掺杂系统。最近我们报道了一些高效白光 WPLEDs，包含天蓝光 FIrpic 的单层发光层和高效的黄色/橙色金属磷光以一个适当的比例掺到聚合物基体中（见：《Adv. Mater.》，2009，21，4181）。我们超前地预测 LE 超过 40 cd/A、PE 超过 20 lm/W 是可以做到的。当所有的光子都被用于照明，在 WPLEDs 中可达到最大的 LE 约 85 cd/A 和 PE 约 40 lm/W。最近，WPLEDs 也达到了创纪录的 50 lm/W 的总功率效率（相应的外部量子效率为 28.8%，发光效率为 60 cd/A），这个结果基于两个新合成的黄色发射铱配合物与空间位阻二芳基芴的生色团的有机结合（见：《Adv. Mater.》，2011，23，2976）。这种高效率的 WPLEDs 器件，加上简单的器件，有望成为大面积、低成本的固态照明光源。

　　显然，金属有机聚合物和金属磷光物代表了一个重要的新兴领域，包括探索和有针对性的应用研究领域，并将在未来带来许多令人振奋的挑战。这些金属化合物在能源再生（太阳能电池）和节能（有机发光二极管）方面将发挥重要作用，有理由相信，在新的合成技术和新材料性能改进的推动下，新的应用在不久的将来即将出现。

王雪华 中山大学物理科学与工程技术学院副院长，二级教授，博士生导师，教育部"长江学者奖励计划"特聘教授，国家杰出青年基金获得者，国家973计划（含重大科学研究计划）"固体系统中光与物质强耦合作用的量子调控研究"项目首席科学家，国家有突出贡献政府特殊津贴获得者。1995年于上海交通大学应用物理系获理学博士学位；1996—1997年于中国科学院物理研究所做博士后研究；1998年任中科院物理研究所助研，1999—2000年任中科院物理研究所副研究员；2001—2004年作为高级访问学者及客座研究员先后在比利时Antwerp大学物理系、瑞典Lund大学物理系、澳洲国立大学物理与工程学院开展合作研究；2005年起任中科院物理研究所研究员；2006年起任中山大学理工学院教授，2007年被评为二级教授。

王雪华教授多年来主要从事微纳光子学及其应用、量子光学、固态量子计算、光与物质强相互作用、非线性光学等的研究，为光电子芯片的研制和量子信息处理探索新的原理和方法，已在国内外著名学术刊物发表SCI论文52篇，其中《物理评论快报》6篇，并应邀在国际、国内学术会议上做特邀报告30多次。在光子晶体带结构的设计、二维非线性光子晶体理论、微纳结构中光子局域态密度的准确计算以及微纳结构中的量子光辐射等方面取得了国际同行认可的创新性研究成果。王雪华教授的代表性研究成果有：①提出了一个能有效产生大的二维光子带隙的新方法，被国际同行公认为是一个有效的方法，并被应用于实验样品的制备；②发现在二维非线性光子晶体中的谐波转换效率正比于有效晶体长度，理论预言被后来的实验所证实；③对光子晶体中的光自发辐射问题发展了一套普适的理论处理方法，它不仅融合了以前矛盾的色散模型与微扰近似理论，而且成功地澄清了多年来具有重大争议的实验结果，并预言了一些新的物理现象，被国际同行誉为解决了光子晶体中关于辐射动力学的争议，发展的数值计算方法被认为是纠正了以前文献中不正确的计算方法；④建立了一个能同时处理单分子荧光和喇曼散射的统一理论模型，对单分子荧光和喇曼散射的竞争现象给出了清晰的物理图像；⑤近年来攻克了任意微纳结构中光子－量子辐射子相互作用强度准确计算这一微纳量子光学领域的重大理论难题。

第57期

Quantum Light Emission and Solid-state Cavity QED in Nano Structures

Keywords：photonic crystals, quantum light emission, local photonic density of state, cavity QED, strong interaction

第 ㊿ 期

微纳结构中的量子光辐射和固态腔 QED

王雪华

1 引言

处于激发态的辐射子经历一个自发的向基态跃迁并辐射出一个光子的过程就是自发辐射，这是量子光学中的一个重要过程。光的自发辐射不能用经典理论描述，它来源于辐射子与真空涨落电磁场的相互作用。自发辐射特性决定了一系列光子电子器件的应用性能。例如：太阳能电池的转换效率、光通信和量子密钥分发用的单光子源的量子效率、LED 的性能是由自发辐射到衬底中的光子能否被有效萃取而决定的，激光器的阈值大小和模式调制的速度也由自发辐射决定。因而，操控自发辐射（当不需要的时候抑制它）是量子光学领域非常重要的研究课题，这将促使光电子器件性能的极大提高。

1946 年，Purcell 发现位于微腔中的辐射子的自发辐射会被增强（Purcell 效应）。此后，人们发现自发辐射有很强的环境依赖特性。1981 年，Kleppner 首次指出光的自发辐射被增强或者抑制由腔内的态密度决定。1983 年，他的这一论断在实验上被证实。因而，要想控制自发辐射，就要"剪裁"辐射子所在位置的电磁模式的局域态密度。随着技术的发展，纳米结构光学已受到越来越广泛的关注。纳米结构中一个显著的特点不再是均匀的电磁空间，而是非常强的非均匀的电磁环境，当量子辐射器放入非均匀的电磁空间时，处于不同位置就表现出极为不同的量子光学性质。这种非均匀性就是态密度的非均匀，目前常用金属微纳结构、光子晶体及平板光子晶体微腔来调控局域态密度。

光子晶体及光子晶体微腔可以为实现全固态的量子光学实验提供了一个高效平台。我们可以通过调控光子晶体的周期、材料的折射率和填充比来调控光子的模式分布，即调控光子晶体中的局域态密度。所以，调整光子晶体的结构就可以有效地控制辐射子的自发辐射。自从 Yablomovitch 和 John 提出利用光子晶体控制自发辐射的开创性工作以来，利用光子晶体控制光的自发辐射以及实现强相互作用腔量子电动力学就引起了人们在实验上和理论上的极大研究兴趣。

强相互作用的实现为实现相干控制、量子信息处理和激光（激射）具有重要作用，但是目前强耦合的实现在实验上仍然有许多的挑战：①量子点的准确定位难度很高；②强耦合的相互作用只能在大量样品中的极少数样品中实现；③工作波长通常在 600 ~ 800 nm，不在通信波段；④不能推广到硅基光子晶体微腔，大规模的集成受到限制。

2　理论描述

自从 1987 年先驱者 Yablonovitch[1] 和 John[2] 开创性地提出光子晶体这一概念，人为地在空间周期性地排列介电材料构成人造晶体以来，光子晶体的结构、制备和量子电动力学特性就日益受到人们的关注并得到广泛研究。光子晶体最重要的性质之一是存在若干不容许电磁波传播的频率区域，它们被称之为光子带隙。

当裸原子的跃迁频率落在光子晶体的带隙之中时，其自发辐射性质到底会发生哪些变化呢？它会被完全抑制还是部分被禁止？采用不同的光子的色散模型会得到截然不同的结论。一维光子晶体的各向同性色散模型可预言许多新现象，例如反常拉姆能级移动、原子自发辐射的振荡行为、反常超辐射速率以及增强的量子干涉效应。但是它有一个致命的缺点，其光子态密度近带边时存在着奇异性，不合理。为了避免这一奇异性，人们采用各向异性色散模型，它预言强的扩散场和光子扩展态共存；另一方面，它否定了光子 Q 原子束缚态可以与光子传播态共存这一理论。人们已经认识到光子局域态密度的精确计算对预言光子晶体实际量子电动力学性质是至关重要的，李志远等人曾经实际计算了三维光子晶体中光子局域态密度，应用全矢量的电磁场理论，并且考察近带边光子局域态密度特性，之后得出结论：Weisskopf-Wigner 微扰近似（WWA 近似）对三维光子晶体是普适的。这一结论否定了色散模型的预言。但是，他们没有考虑原子与光场之间的耦合在光子晶体中可被显著增强的效应。因此，这是光子晶体领域内具有重大争议而且也是非常困难和具有挑战性的问题。后来，我们首次把依赖原子位置的光子-原子相互作用引进时间域格林函数方法中，对光子晶体中二能级原子的自发辐射问题给出了一般性理论处理，得到一个普适描述光子晶体中原子辐射衰减的广义洛伦兹谱公式，它突破了色散模型和 WWA 微扰近似的理论框架，同时还修正了长期以来在计算光子局域态密度上的一个不正确的假定：即电场本征模在晶格点群对称操作下是不变的。我们提出了一个正确的变换关系，使局域态密度的计算简化到约化第一布里渊区内，大大节省了计算时间。

下面我们利用格林函数的方法讨论二能级原子的演化动力学，考虑到偶极近似，系统的哈密顿量为

$$H = \hbar\omega_0 \mid e><e \mid + \sum_\mu \hbar\omega_\mu a^\dagger a_\mu + \hbar \sum_\mu [g_\mu(\boldsymbol{r})\sigma_- a_\mu^+ + g_\mu^*(\boldsymbol{r})\sigma_+ a_\mu] \quad (57.1)$$

式中，ω_0 为原子的跃迁频率，σ_- 和 σ_+ 为电子的赝自旋算符，相应的耦合常数

$$g_\mu(\boldsymbol{r}) = i\omega_0 (2\varepsilon_0\hbar\omega_\mu)^{-1/2} \boldsymbol{E}_\mu(\boldsymbol{r}) \cdot \boldsymbol{d}_{eg} \quad (57.2)$$

我们把哈密顿量分成两部分：非相互作用部分 $H_0 = \hbar\omega_0 \mid e > < e \mid + \sum_\mu \hbar\omega_\mu a_\mu^\dagger a_\mu$，相互作用部分 $V = \hbar \sum_\mu \left[g_\mu(\boldsymbol{r})\sigma_- a_\mu^+ + g_\mu^*(\boldsymbol{r})\sigma_+ a_\mu \right]$。

我们假设原子初始时刻处于上能级，辐射场中没有光子。我们用 $\mid I > = \mid e, 0 >$ 和 $\mid b_\mu > - \mid g, l_\mu >$ 分别代表系统的初、末状态。对于有确定初始状态和不依赖时间的总哈密顿量的问题，系统的状态演化问题利用预解式算符方法是非常方便的，简单来说，波函数满足以下的薛定谔方程

$$i\hbar \frac{\partial \mid \psi(t) >}{\partial t} = H \mid \psi(t) > \tag{57.3}$$

其形式解为

$$\mid \psi(t) > = C_e(t) \mid I > + \sum_\mu C_{g,\mu}(t) \mid b_\mu > = U(t) \mid I > \tag{57.4}$$

式中，初始条件为 $C_e(0) = 1$ 和 $C_{g,\mu}(0) = 0$，$U(t)$ 为演化算符。经过一定时间我们测量原子仍然处于上能级的几率幅为 $C_e(t) = <I \mid U(t) \mid I>$，利用格林函数表示 $U(t)$，我们得到

$$C_e(t) = \int_{-\infty}^{+\infty} \mathrm{d}\omega C_e(\boldsymbol{r}, \omega) e^{-i\omega t} \tag{57.5}$$

其中

$$C_e(\boldsymbol{r}, \omega) = \frac{1}{\pi} \lim_{\eta \to 0^+} \frac{\Gamma(\boldsymbol{r}, \omega)/2 + \eta}{\left[\omega - \omega_0 - \Delta(\boldsymbol{r}, \omega) \right]^2 + \left[\Gamma(\boldsymbol{r}, \omega)/2 + \eta \right]^2} \tag{57.6}$$

为谱函数。其中

$$\Gamma(\boldsymbol{r}, \omega) = \frac{\pi\omega_0^2}{\varepsilon_0 \hbar\omega} \sum_\mu \mid \boldsymbol{E}_\mu(\boldsymbol{r}) \cdot \boldsymbol{d}_{eg} \mid^2 \delta(\omega - \omega_\mu) \tag{57.7}$$

为局域耦合强度，而

$$\Delta(\boldsymbol{r}, \omega) = \frac{1}{2\pi} \wp \int \frac{\Gamma(\boldsymbol{r}, \omega)}{\omega - \omega} \mathrm{d}\omega \tag{57.8}$$

表示能级移动。观察式（57.7），我们定义一个在文献中常见的物理量——方向性局域态密度

$$\rho(\boldsymbol{r}, \omega, \boldsymbol{u}_{eg}) = \sum_\mu \mid \boldsymbol{u}_{eg} \cdot \boldsymbol{E}_\mu(\boldsymbol{r}) \mid^2 \delta(\omega - \omega_\mu) \tag{57.9}$$

其中 $\boldsymbol{u}_{eg}$ 为单位矢量，因而局域耦合强度可用方向性局域态密度表示为

$$\Gamma(\boldsymbol{r}, \omega) = \frac{\pi\omega_0^2 d^2}{\varepsilon_0 \hbar\omega} \rho(\boldsymbol{r}, \omega, \boldsymbol{u}_{eg}) \tag{57.10}$$

d 为偶极矩的大小，原子的时间演化动力学（57.5）可以说是由局域态密度（57.9）来决定，如果我们求得了系统的局域态密度就可以完全决定系统的动力学演化。在 WWA 近似下，辐射子的寿命为 $\tau = 1/\Gamma(\boldsymbol{r}, \omega)$。

如果我们考虑理想微腔，里面存在我们感兴趣的单腔膜，此时 $\Gamma(\boldsymbol{r}, \omega) = 2\pi g(\boldsymbol{r}, \omega_c)\delta(\omega - \omega_c)$，对应的能级移动为 $\Delta(\boldsymbol{r}, \omega) = \dfrac{\mid g(\boldsymbol{r}, \omega_c) \mid^2}{\omega - \omega_c}$，利用

dress 态方程 $\omega - \omega_0 - \dfrac{|g(r,\omega_c)|^2}{\omega - \omega_c} = 0$，我们完全可以求得与利用 J-C 模型得到的

结果 Rabi 劈裂 $\omega = \dfrac{\omega_0 + \omega_c}{2} \pm \sqrt{(\omega_0 - \omega_c)^2 + 4|g(r,\omega_c)|^2}$。

3　准确地计算光子晶体中的局域态密度

在光子晶体中，如果辐射器的跃迁偶极矩随机分布，则局域态密度可以表示为

$$\rho(\omega,r) = \frac{1}{(2\pi)^3} \sum_n \int_{FBZ} dk \, |E_n(k,r)|^2 \delta(\omega - \omega_{nk}) \tag{57.11}$$

其中 ω_{nk} 和 $E_n(k,r)$ 分别为电磁场的本征频率和本征模。数值模拟光子晶体中局域态密度是个非常困难的工作，因为局域态密度的计算要在整个第一布里渊区里面完成。2003 年以前其他人都用不正确的方法在简约布里渊区内计算局域态密度，因而我们提出了点群变换的方法，这样可以在简约布里渊区内计算局域态密度，从而极大地简化了局域态密度的计算。

若将局域态密度式（57.11）中的 FBZ 积分转化为 IBZ 积分，须满足

$$|E_n(k,r)| = |E_n(\alpha[k],r)| \tag{57.12}$$

然而在光子晶体中，式（57.12）并不成立，因此我们需要寻找一个新的函数 $F_n(k,r)$ 来表示 $\rho(\omega,r)$，并满足

$$|F_n(k,r)| = |F_n(\alpha[k],r)| \tag{57.13}$$

我们定义 $F_n(k,r)$ 为如下形式

$$F_n(k,r) = \frac{1}{n_G} \sum_{\alpha \in G} |E_n(\alpha[k],r)|^2 = \frac{1}{n_G} \sum_{\alpha \in G} |E_n(k \cdot \{\alpha|t\}^{-1}r)|^2 \tag{57.14}$$

其中 $\{\alpha\}$ 表示晶格点群的一个操作，t 表示晶体的平移操作，$F_n(k,r)$ 即为本征场的模方在实空间操作变换值的平均值，它满足式（57.12），并且 $\rho(\omega,r)$ 可由 $F_n(k,r)$ 表示为

$$\rho(\omega,r) = \frac{n_G V}{(2\pi)^3} \sum_n \int_{IBZ} d^3k F_n(k,r) \delta(\omega - \omega_{nk}) \tag{57.15}$$

其中 n_G 表示晶格点群操作的个数。这样我们就可以通过求解 IBZ 内格点的本征值方程得到光子晶体中的局域态密度。

我们分别采用了正确的方法与原来不正确的方法计算了面心立方结构中的局域态密度。二氧化钛小球（折射率为 7.35）在水中堆积而成的面心立方结构填充比为 25%。从图 57.1 中我们看到正确的方法和不正确的方法得到的结果有较大的差别。对图中的局域态密度我们利用真空的态密度做了归一化。

把点群操作的方法推广到二维的情况，我们发现当 FDTD 方法中空间格点的划分不够精细时，LDOS 会出现与图 57.2（a）～（c）中类似的结果，这些结果是非物理的。在布里渊区积分中，我们需要将积分转化为求和进行数值计算：将二维 IBZ 划分

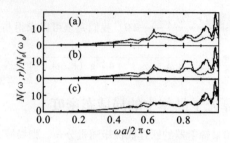

图 57.1 利用正确方法（实线）和不正确方法（虚线）

计算的空间某些对称点 r 的局域态密度

注：$(a)r=(0.25,0.25,0.0)a$；$(b)r=(0.25,0.0,0.25)a$；$(c)r=(0.0,0.25,0.25)a$。

为有限个格点，对每个格点对应的 k 进行一次求解本征值方程。当将 IBZ 划分为 29 个格点时，所得的结果如图 57.2（a）所示。LDOS 呈现出一些非物理的特性：LDOS 在长波近似下应该呈现与真空中 LDOS 一样的形貌，即抛物型，而图 57.2（a）中的 LDOS 在零频率附近出现了带隙。另外，除了有限个奇异点外（范霍夫奇异点），LDOS 函数应是渐变的，而图中的函数却呈现出无规则的尖锐的振荡。随着划分格点数的增加，曲线逐渐平滑，当 IBZ 划分为 11477 个格点时（图 57.2（d）），LDOS 的非物理特性消失，数值结果收敛。这种由数值计算精度不足而带来的 LDOS 的非物理特性同样会出现在 FDTD 数值计算方法中。

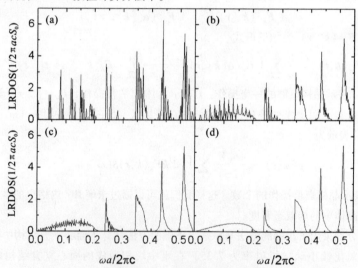

图 57.2 空气柱半径 $r=0.4a$ 的二维三角格子光子晶体

$r_0=a$（0，0）位置处局域态密度的数值计算结果

注：（a）划分 IBZ 为 27 个格点，对应 FBZ 为 230 个格点；（b）划分 IBZ 为 121 个格点，对应 FBZ 为 1146 个格点；

（c）划分 IBZ 为 667 个格点，对应 FBZ 为 6900 个格点；（d）划分 IBZ 为 11477 个格点，对应 FBZ 为 102192 个格点。

4　寿命分布研究

在光子晶体实验中，观察到原子自发辐射寿命分布包含加速和抑制两分量。但是，当染料分子均匀地分布在二氧化硅小球内部一球面壳层内时，仅仅观察到单一的衰减寿命。由此可见，实验结果出现重大分歧。

我们定义寿命分布函数

$$\rho(\tilde{\tau}) = \sum_i W_i \delta(\tilde{\tau} - \tilde{\tau}(r_i, \omega_0)) \tag{57.16}$$

其中 $\tilde{\tau}(r_i, \omega_0) = \tau(r_i, \omega_0) / \tau_f(\omega)$，$\tau(r_i, \omega_0)$ 为在光子晶体中某确定位置 r_i 自发辐射寿命。$\tau_f(\omega)$ 为均匀介质中的自反辐射寿命，并且 W_i 为权重系数。不失一般性，对于量子点均匀分布在光子晶体中，我们选择 $W_i = 1$。在确定位置 r 的自发辐射寿命为

$$\tau(r, \omega) = \frac{1}{\Gamma(r, \omega)} \tag{57.17}$$

我们针对实验考察了两块样品：样品 1（PC1）折射率为 $n = 1.3$，介电小球浸在折射率为 $n_b = 1.49$ 的背底材料中，填充因子为 $f = 0.74$（定义为介电小球体积与单胞体积之比）；样品 2（PC2）折射率 $n = 1.45$，$n_b = 1.33$ 以及 $f = 0.65$。这两块样品沿 (111) 方向有赝带隙。图 57.3 给出染料原子（或分子）均匀散布在背底介质中时的自发辐射寿命分布。这里使用三个不同的参考寿命值，假定裸原子跃迁频率落在赝带隙的低带边，可以清楚地看到，原子呈现出十分宽的寿命分布。同时还可观察到，整个寿命分布函数含有辐射的加速和抑制两个分量。实线、点线和虚线分别对应于参考寿命值 $\tau_f = \tau_V$、$\tau_V/1.2$ 和 τ_V/n_b，其中 τ_V 代表真空中原子自发辐射寿命。该结果与 Petrov 等人的实验结果相吻合。

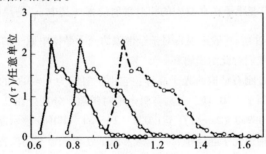

图 57.3　在光子晶体 PC1 样品中原子（或分子）均匀地
散布在背底介质材料中时原子的寿命分布

图 57.4 给出了在 PC2 样品中，染料分子分布在半径为 r_0 的介电小球内部不同半径 r 的球层表面时，原子（或分子）的寿命分布函数。实线对应于 $r = 0.6r_0$，点线对应于 $r = 0.8r_0$ 的情形。根据实验报道，设定探测光频率落在赝隙的中央处。此时，观

察不到光子带隙的效应，导致单一的衰减寿命。其原因是在这一特定的原子空间组态下，由于晶体的对称性，此时球面上许多位置点是物理上彼此等价的，原子处在这些位置上时，其寿命均相等。可见，理论预言与实验结果吻合。

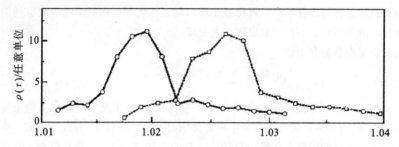

图 57.4　在光子晶体 PC2 样品中原子（或分子）均匀地分布在半径为 r_0 的介电小球内部的不同的球层表面上时的寿命分布

　　总之，我们的理论分析表明，原子（或分子）的自发辐射衰减的动力学性质强烈地依赖于原子（分子）在光子晶体中分布组态情况。一般来说，单一平均自发辐射寿命概念在光子晶体中不再适用了。纯粹的光子晶体效应能够导致原子（分子）自发辐射加速和抑制现象共存。理论结果澄清了不同实验结果出现重大分歧的物理真谛，有利于进一步深入地理解光子晶体中量子电动力学性质。

5　金刚石结构中非经典衰减动力学

　　在光子晶体结构中局域耦合强度为

$$\Gamma(\boldsymbol{r}, \omega) = \frac{\alpha_0 c^3}{8\pi} \sum_n \int d\boldsymbol{k} \frac{|\boldsymbol{E}_{nk}(\boldsymbol{r})|^2}{\omega_{nk}} \delta(\omega - \omega_{nk}) \tag{57.18}$$

其中 $\alpha_0 = \dfrac{\omega_0^2 \mu_d^2}{3\pi\varepsilon_0 \hbar c^3}$ 代表原子在真空中的相对辐射线宽（其中 ω_0 是裸原子的跃迁频率，ε_0 是真空的介电常数）。一般来说，对于全带隙的光子晶体中原子的自发辐射 WW 近似不再成立，下面我们对此给出解释。

　　我们考虑一个金刚石结构的光子晶体：它由折射率为 $n = 3.6$ 的介电球浸在空气背景中构成，填充因子 $f = 0.31$，它具有两个绝对带隙，分别处在 0.738（$2\pi c/a$）至 0.776（$2\pi c/a$）和 0.990（$2\pi c/a$）至 1.028（$2\pi c/a$）。其中 a 表示晶格常数。图 57.5 展示了在金刚石结构的光子晶体中，一个激发原子处于三个不同位置下的辐射衰减行为。假定裸原子的跃迁频率 ω_0 分别在它的第二个绝对带隙外（见图 57.5（a））和带隙内（见图 57.5（b）和图 57.5（c））。原子在光子晶体中的位置是 $r_1 = (0, 0, 0) a$，$r_2 = (0.05, -0.125, 0) a$ 和 $r_3 = (0.5, 0, 0) a$。从图 57.5（a）中可以清楚地看出，当 ω_0 位于带隙外接近带边时，处于 $r = r_1$ 的激发原子的衰减过程是非指数型的；但是位于 $r = r_2$ 和 $r = r_3$ 处的激发原子其衰减行为是近似指数型的。从图 57.5（b）中可以清楚地看出，当 ω_0 位于带隙内接近带边时，处于 $r = r_1$ 或者 $r = r_2$ 的激发态的布居数呈现一个包洛衰减的拉比振荡，它很快地陷入一个分数化的稳态。对于 $r = r_3$ 的激发原子，这个振荡和分数陷俘现象并不出现。此时，WW 近似是成立的。这些结果表明，在光子晶体中激发原子处于不同的位置时会呈现根本不同的辐射行为。

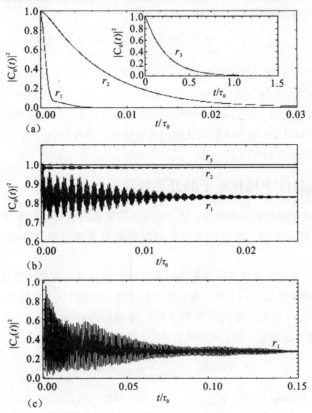

图 57.5　金刚石结构的光子晶体中，位于三个不同位置上的
二能级原子的激发态布居数的时间演化行为

（a）跃迁频率在带隙外，1.032（$2\pi c/a$）和 $\alpha_0 = 3 \times 10^{-5}$；

（b）跃迁频率在带隙内，1.018（$2\pi c/a$）和 $\alpha_0 = 3 \times 10^{-5}$（非共振发射情形）；

（c）跃迁频率在带隙内，1.018（$2\pi c/a$）和 $\alpha_0 = 3 \times 10^{-5}$（共振发射情形），$\tau_0$ 是原子在真空中的寿命

6　光子晶体中的巨 Lamb 位移

历史上，原子能级 Lamb 位移的实验结果和理论计算的一致，是量子电动力学理论非常成功的几个经典例子之一，关于它的研究历经五十多年而不衰。可以预期，光子晶体会对原子的 Lamb 位移产生重要的影响和修正。然而，文献报道中给出各种不同的预言。例如：各向同性色散模型预言反常 Lamb 位移和能级劈裂；各向异性色散模型预言远小于真空值的 Lamb 位移；赝带隙模型预言 Lamb 位移大约是真空值的

15%；将真空中的 Lamb 位移计算公式直接推广到光子晶体，预言 Lamb 位移不存在可观测的改化。受这些争议的激励，我们仍然利用位置依赖的时间域格林函数方法来处理光子晶体中多能级原子的 Lamb 位移。对处于非均匀电磁环境中的多能级原子，我们得到一个确定束缚能级 Lamb 位移的普适方程

$$\omega - \omega_l - \Delta_l^0 = \sum_{j<l} \frac{\alpha_{lj}(\omega - \omega_j)}{2\pi} \wp \int_0^{\omega_c} \frac{g(\omega, r) - \omega}{(\omega - \omega_j - \omega)} d\omega \qquad (57.19)$$

在上面的推导中，已假定跃迁偶极子是无规取向的。式中的 Δ_l^0 是在真空中的 Lamb 位移，$\alpha_{lj} = e^2 |\boldsymbol{p}_{lj}|^2 / 3\pi m^2 \varepsilon_0 \hbar c^3$ 代表原子在真空中从 l 态跃迁到 j 态的相对辐射线宽。从式（57.19）我们发现，对 Lamb 位移的主要贡献来自实光子的吸收和再辐射过程，这打破了自 1947 年以来一直被人们所认同的传统概念，即在均匀空间中，Lamb 位移主要来自虚光子的吸收和再辐射过程。

7   光子晶体中极化原子的开关效应

利用二维光子晶体的各向异性，结合原子的偶极辐射能量分布特点，我们发现通过改变原子的极化方向，可以使其自发辐射寿命显著地缩短或者延长，实现开关控制。

我们考虑了由正方形空气柱在介电材料背景中排列成正方格子的二维光子晶体。背景材料的介电常数为 $\varepsilon = 12.96$，取方形散射柱绕 z 轴旋转统一角度 $\theta = 30°$。假设原子均匀地散布在介质中，我们计算原子的自发辐射寿命分布，它的定义式为方程（57.16）。但是考虑到原子化，对应的自发辐射速率为

$$\Gamma(r, \omega) = \frac{\pi d^2 \omega_0^2}{3\hbar \varepsilon_0 \omega} \rho_{\mathrm{LDOS}}^{\mathrm{OD}}(r, \omega) \qquad (57.20)$$

其中，ω_0 为原子的跃迁频率；$\rho_{\mathrm{LDOS}}^{\mathrm{OD}}(r, \omega)$ 为方向性局域态密度，且

$$\rho_{\mathrm{LDOS}}^{\mathrm{OD}}(r, \omega, \boldsymbol{\mu}_d) = \frac{3}{(2\pi)^3} \sum_n \int_{FBZ} d\boldsymbol{k} |\boldsymbol{\mu}_d \cdot \boldsymbol{E}_n(\boldsymbol{k}, r)|^2 \delta(\omega - \omega_{nk})$$

$$(57.21)$$

它和原子偶极矩方向 $\boldsymbol{\mu}_d$ 有关。

在填充因子 $f = 0.60$ 的光子晶体中，计算跃迁频率为 $\omega = 0.425$（$2\pi c/a$）的极化原子的寿命分布，其结果如图 57.6 所示。$\tilde{\tau} = 1$ 代表在 $\varepsilon = 12.96$ 的均匀电介质材料中原子的自发辐射寿命。如果原子寿命位于这一点的左侧，表示将电介质打孔制作成光子晶体后，原子寿命就缩短了，因此原子自发辐射被增强；反之，则表示寿命延长了，自发辐射被抑制。图 57.6 中的实（虚）线是 x（z）极化原子的自发辐射寿命分布曲线，z 和 x 极化原子的 LDF 曲线几乎没有交叠，正好分别位于 $\tilde{\tau} = 1$ 的左、右两侧。这表明 z 极化原子的寿命几乎全都缩短了，而 x 极化原子的寿命全都延长了。所以只要通过改变原子的极化方向，就可以使原子自发辐射寿命实现人工剪裁，为实现

自发辐射的开关控制提供了一种途径。

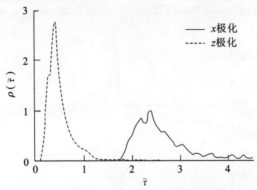

图 57.6　极化原子均匀地散布在二维光子晶体
电介质背景中的寿命分布函数

8　平板光子晶体及微腔

　　任意微纳结构中量子辐射子-光子相互作用强度的准确计算是实现相互作用控制的基础，也一直是微纳量子光学特别是固态微纳腔 QED 领域的一个巨大理论挑战。经过将近三年的努力，我们基于 FDTD 和 Pade 近似提出一个高效的数值方法，它能快速地对任意微纳结构中量子辐射子 – 光子相互作用强度进行准确数值计算。该方法不仅可以计算腔的 Q 因子，还能计算"原子"与腔模场相互作用的 g 因子，并得到与实验测量一致的 g 因子；我们还进一步揭示了相互作用的控制改变腔量子电动力学性质。这项工作解决了微纳量子光学领域的一个重大理论挑战。

　　作为一个例子，我们给出对《Nature》432，200（2004）中的光子晶体 L3 腔样品（如图 57.7 所示）的计算结果：对完美的 L3 腔结构，腔模波长为 1232.93 nm，所得 Q 因子和 g 因子分别为 $Q = 140398$，$g = 22.1$ GHz（实验测量值为 $Q = 13300$，$g = 22.6$ GHz）；局域耦合强度和真空 Rabi 劈裂如图 57.8 所示，在这种情况下，可以发现真空 Rabi 劈裂非常明显而且分得非常宽。

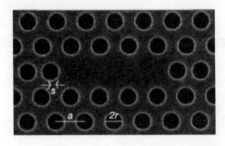

图 57.7　光子晶体 L3 微腔的 xy 平面截图

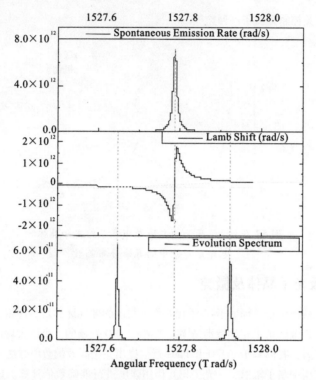

图 57.8　在完美的 L3 腔结构中的 Lamb 偏移和真空 Rabi 劈裂

9　结束语

微纳量子光学是一个正在蓬勃发展的领域，其研究的是微纳结构中光子与量子系统的相互作用，涉及物理、化学、材料等多学科领域。它在量子光电子器件、量子信息和量子计算、生物和医学领域有着非常重要的应用。微纳量子光学目前正处在方兴未艾的发展阶段，我们预期其必将成为未来高新技术发展的重要力量。

10　致谢

王雪华教授在此感谢国家重大科学研究计划（No. 2006CB921706 和 No. 2010CB923200）和国家自然科学基金（No. 10725420 和 U0934002）的支持。

（记录人：刘景锋）

Paras N. Prasad 美国布法罗激光、光子学、生物光子学研究所执行主任,纽约州立大学旗舰研究所特聘教授。

Prasad 教授 1964 年毕业于印度比哈尔省 B. Sc. 大学,1966 年在该校取得硕士学位,随后去美国攻读博士学位,于 1971 年在美国宾夕法尼亚州立大学取得博士学位,1971—1974 年在密歇根州立大学做博士后,1977—1981 年荣获阿尔弗烈德奖,1997 年荣获古根海姆奖。Prasad 教授在 2005 年被一家环球杂志《科学美国人》(月刊)选为世界前五十名科学与技术领导者,2006 年获得美国纽约州立法决议颁发的荣誉,在高影响力期刊上发表了超过 600 篇科学和技术论文,出版了 3 本专题著作,8 本参编书籍。Prasad 教授已获得的科学奖励和荣誉还包括:莫利奖章,Schoellkopf 奖章,古根海姆奖学金,斯隆奖学金,西纽约州保健产业技术发现奖。他同时还是 APS、OSA 和 SPIE 的会员,中国浙江大学和长春科技大学的名誉教授。

Prasad 教授现是国际公认的纳米科技领域的领导者,被世界各地邀请作全会、开幕以及主题演讲。2010 年,他曾在中国、韩国、日本、西班牙和俄罗斯等国发表演讲。Prasad 教授目前是超过 25 项已获得或者正在申请的专利的发明人,其中的 8 项发明已经授权并且实现产业化。

第58期

Nanotechnology, Nanophotonics and Biophotonics: Meeting the Challenges in Energy, Healthcare, Environment and Information Technology

Keywords: nano-materials, nano-technology, energy source, health care, environment, information

第 58 期

纳米技术，纳米光子学，生物光子学：
在能源、保健、环境和信息技术方面的挑战

Paras N. Prasad

1 引言

纳米光子学是纳米技术和光子学的交叉和融合，处理光和物质在纳米尺度的相互作用，可用于产生新的光学现象和发展纳米尺度的器件。我们研究小组在纳米光子学方面的研究思路是通过控制纳米尺寸的光子相互作用和激发动力学来调控器件的性能。其中，激发动力学的研究主要包括：控制局域弛豫，即控制纳米级别分子内的弛豫路径；控制光子动力学，即通过控制光子态密度来实现调控分子间的光子动力学；控制能量转移，即控制激子转移和荧光共振能量转移（fluorescence resonance energy transfer，FRET）。要实现高效率的能源储存器件，最基本的是纳米材料的选择和使用。我们小组采用的纳米材料包括：量子点、高介电常数的氧化物、核壳结构半导体、纳米结构电极、纳米线和导电聚合物，这些材料可实现各种构型的太阳能器件和热电转换器件，通过优化器件的结构，可得到高效率的可再生能源器件。

2 纳米材料和技术在量子点太阳能器件中的应用

太阳能作为可持续利用的清洁能源，已成为近年来国际性研究热点。太阳能电池将太阳能转化为可直接利用的电能，是利用太阳能资源的有效手段之一。如图58.1所示，太阳能可经过两个途径转化成电能。一种是光伏器件，根据使用的材料不同可分为无机光伏器件、有机光伏器件（organic photovoltatic cell，OPV）和量子点太阳能器件，在这里我们主要讨论量子点太阳能器件。在量子点太阳能器件中，最常用的器件构型是双层结构，如图58.1（a）所示，在这种器件中给体材料吸收太阳光产生激子，激子在给体－受体界面分离而产生电流，这种器件的效率目前可以达到5%。另一种是燃料敏化太阳能电池（dye-sensitized solar cells，DSC），如图58.1（b）所示，其工作原理是通过光电化学反应将太阳能转化为电能，DSC的效率已接近12%。

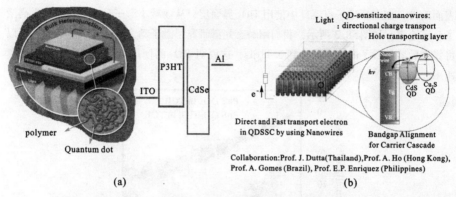

图 58.1　光伏器件和量子点燃料敏化太阳能电池

太阳能器件的技术瓶颈主要有两个:一是界面处的电荷分离效率较低,二是电荷的传输和收集效率低。针对这两点我们研究小组以量子点器件为研究对象,分别从光吸收、激子动力学和迁移率方面开展了相应工作。

2.1　吸收光谱的调节

光吸收是利用太阳能的第一步,有效地利用太阳光谱,使材料的吸收光谱和太阳光谱匹配,是实现器件效率最大化的有效途径。太阳光在近红外有很集中的分布,充分利用近红外区的能量可提高器件的效率。我们研究发现,纳米 PbSe 量子点的尺寸大小影响红外吸收峰的峰位,如图 58.2 所示。因此可以通过调控 PbSe 量子点的尺寸来改变吸收峰的位置,使量子点的吸收光谱与太阳光匹配。

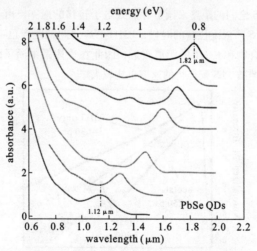

图 58.2　不同尺寸 PbSe 量子点的吸收光谱

2.2　激子动力学研究

在 PbS 量子点器件中激子在界面的分离速率直接影响光电转换的效率,我们通过表面改性，在 PbS 量子点器件中使用 TiO₂ 界面层，从而减小激子分离的时间，提高激子分离速率。如图 58.3 所示，我们用瞬态光谱研究了激子动力学参数，通过拟合可以将修饰后器件激子的寿命减少到 0.48 μs，这说明 TiO₂ 的使用能明显提高激子的分离速率。

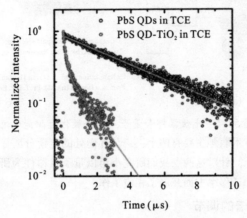

图 58.3　激子动力学谱图

我们也研究了 P3HT 和 PbS 量子点组成的双层器件。在该器件中，P3HT 吸收光并产生激子，激子传输到 P3HT 和 PbS 界面处分离，电子转移到 PbS 产生电流。如图 58.4 所示，纯 P3HT 的激子寿命是 630 ps，而 PbS 量子点的使用可明显降低激子寿命，这说明电子在 P3HT-PbS 界面处迅速转移到 PbS。同时我们用油酸和醋酸来修饰 PbS，通过改变 P3HT-PbS 之间的距离来调节界面处电子转移的速率。由于醋酸比油酸的体积小，因此在和 PbS 形成配位盐的时候，P3HT-PbS 之间的距离也不同。如图 58.4 所示，醋酸 – PbS 配合物和 P3HT 的距离较近，因此在该体系中激子的寿命较短，即电子从 P3HT 转移到醋酸-PbS 配合物的速率也比较大。

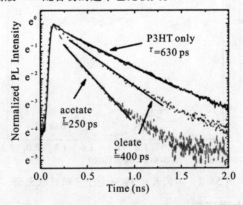

图 58.4　激子动力学谱图

图 58.5 是醋酸和油酸处理 PbS 器件的性能比较图，结果显示，采用油酸-PbS 配合物的器件观察不到光伏效应，而采用醋酸-PbS 配合物的器件使得光电转换效率得到了明显的改善。吸收光谱研究表明，红外光部分对光伏器件改善的贡献可以忽略。这说明通过调控分子间距离可以控制电荷转移速率，进而可以改善器件宏观的光电转换效率。

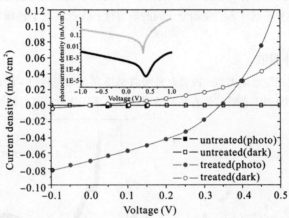

图 58.5 器件的特性曲线 （━表示油酸处理的器件，　表示醋酸处理的器件）

2.3 迁移率研究

光伏器件中，材料的迁移率影响着电荷的传输和收集，进而影响器件的效率。我们在聚合物材料 PVK 中掺杂不同浓度的纳米粒子 PbS，采用时间渡越法研究了掺杂浓度对电荷传输的影响。如图 58.6 所示，随着掺杂浓度的增加电荷迁移率逐渐升高，而且随着电场的升高，不同掺杂浓度的迁移率也逐渐升高，这说明纳米粒子 PbS 掺杂可以提高聚合物 PVK 的导电性。

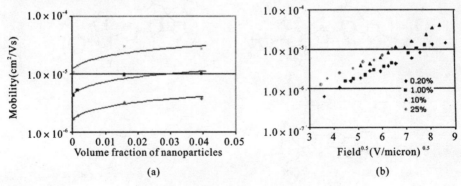

图 58.6 掺杂浓度对电荷传输的影响

（a）迁移率随掺杂浓度的变化曲线；（b）迁移率随电场的变化曲线

3 纳米材料和技术在量子点染料敏化太阳能器件中的应用

量子点染料敏化太阳能电池目前的技术瓶颈有以下几个：①光吸收；②量子点和金属氧化之间的电子注入，电解液和量子点之间的空穴注入；③电荷收集效率。针对以上缺陷，我们提出了针对性的解决方案：①采用纳米电解液增强近红外吸收；②界面功能化以减小分子间注入势垒和分子间的兼容性；③改善电子传输和使用高迁移率的介质。

3.1 红外吸收

和量子点太阳能电池类似，改善红外吸收是提高太阳能利用率的最佳途径。如图58.7 所示，PCPDTBBT 在近红外有较强的吸收峰，采用该材料可有效利用近红外光。

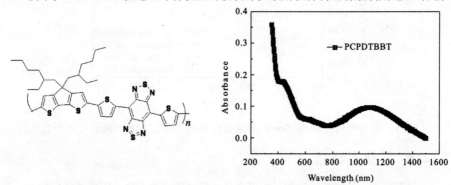

图 58.7 PCPDTBBT 的分子式和吸收光谱图

从材料的角度出发，我们设计了以下分子，希望能够更充分地利用红外光，如图58.8 所示。

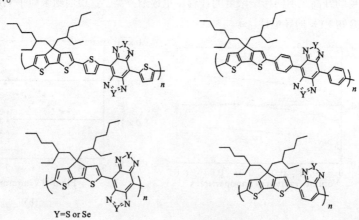

图 58.8 分子结构示意图

3.2　硫化纳米晶的使用

我们采用硫化的纳米晶 PbS-EDT 和聚合物材料 PDTPBT 制作了太阳能电池,并研究了器件的形貌特性和纳米晶尺寸对器件性能的影响。如图 58.9 所示,该器件的薄膜平坦,纳米晶分布均匀,有利于激子的分离和电荷的传输。如图 58.9 (b) 所示,根据吸收光谱和外量子效率曲线分析可知,量子点在红外的吸收对器件性能有较大贡献。

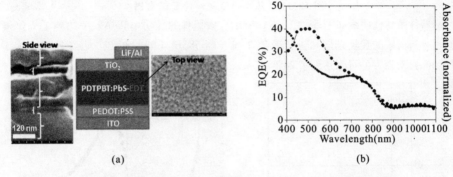

(a)　　　　　　　　　　　　　　(b)

图 58.9　利用硫化的纳米晶 Pbs-EDT 和聚合物材料 PDTPBT 制作太阳能电池
(a) 器件的结构和形貌图;(b) 器件的吸收光谱和外量子效率

我们还研究了纳米晶尺寸对器件性能的影响。如图 58.10 所示,随着纳米晶尺寸的增加,开路电压逐渐减小,而短路电流逐渐升高,器件的转换效率先提高后降低,在研究的范围内,795 nm 的纳米晶制作的器件效率最高。

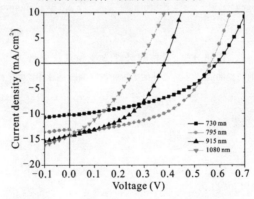

图 58.10　不同尺寸纳米晶对器件性能的影响

3.3　界面功能化

TiO_2 是一种常用的材料,我们采用 TiO_2 和 PbS 制作了太阳能器件,器件结构和能级示意图如图 58.11 所示。PbS 吸收光以后产生激子,激子迁移到 TiO_2 和 PbS 的界面处,电子转移到 TiO_2 产生光电流。材料的能级匹配保证了电荷的传输和有效收集。

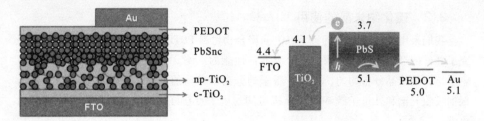

图 58.11　器件的结构和能带示意图

　　器件的特性曲线如图 58.12（a）所示，该器件的光功率转换效率达到了 2.6%。通过分析薄膜的吸收光谱和量子效率曲线（图 58.12（b））可知，近红外光（大于 715 nm）对器件的贡献达到了 24%。

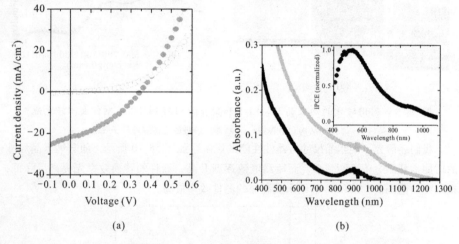

(a)

(b)

图 58.12　器件的特性曲线和吸收光谱

（a）器件的特性曲线；（b）器件的吸收光谱（插图是器件光电转换效率图）

（记录人：乔现峰）

Jens Biegert 现为西班牙 Institute of Photonic Sciences（ICFO）终身教授，阿秒科学和超快光学研究组组长，西班牙 Instituci ó Catalana de Recerca i Estudis Avançats（ICREA）高级研究员。1994 年于德国 University of Würzburg 获得理学学士学位，1998 年于美国 University of New Mexico 获得理学硕士学位，2001 年于德国 Technical University München 获得理学博士学位。Biegert 教授曾获得多项荣誉，1999 年获得德国讲学基金会论文奖学金，2001 年获得欧盟玛丽·居里奖学金，2004 年获得美国光学协会艾伦奖。Biegert 教授长期从事量子光学及非线性光学领域的研究，主要研究方向包括：原子分子动力学的相干调控，阿秒动力学成像，高次谐波的产生与极端非线性光学，相位稳定的可调谐少光周期激光脉冲的产生等。Biegert 教授共发表论文 80 多篇，在学术会议上受邀做报告 50 余次。独立撰写专著 1 本，并参与了 4 本书部分章节的编写（其中两本为百科全书）。

第59期

Long Wavelength Few-cycle Sources, Extreme Nonlinear Optics and Attoscience

Keywords：few-cycle pulse, strong field physics, attosecond pulse, long wavelength light sources

第 ⑤⑨ 期

周期量级长波长光源、极端非线性光学以及阿秒科学

Jens Biegert

1 引言——"超快"的时间尺度

随着科学技术的不断发展，人类对自然界的认识逐步深入，对微观事物的认识已经深入原子分子，乃至原子内部的电子层面。在时间精度方面，原子、分子甚至电子层面超快动力学过程的时间尺度在飞秒、亚飞秒甚至阿秒量级。为了实现在这种极端超快时间尺度下动力学的探测和研究，人们在测量工具的研究上从来就没有停止过，正如图 59.1 所示的那样，从 20 世纪 70 年代的皮秒级的光源发展到现在阿秒级的光

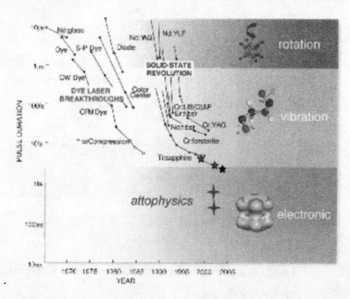

图 59.1 时间尺度的发展

源。超快激光技术的出现和发展给人们研究微观超快动力学提供了前所未有的工具。Zeweil 教授因为利用飞秒激光对化学反应动力学过程的研究而获得了 1999 年的诺贝尔化学奖。然而进一步深入原子分子内部的电子动力学过程的研究，需要亚飞秒甚至真正阿秒级的超短脉冲，而传统超快激光技术却难以逾越 1 fs 的壁垒。2001 年，人们通过高次谐波的方法成功地实现了阿秒脉冲的输出，为阿秒时间尺度超快动力学的研究带来了希望。自此以后，基于高次谐波的阿秒脉冲及其在超快动力学探测方面应用的研究得到蓬勃的发展。

2 周期量级的中红外光源

近几年来，随着激光技术的进步，光学参量放大技术（optical parametric amplifier, OPA）的快速发展使得中红外脉冲的强度、光束质量等都得到极大的提高，促使了中红外脉冲驱动下的高次谐波的理论和实验的研究。人们发现，在中红外场驱动下，高次谐波的截止区不仅可以得到很大程度的拓展，甚至达到了水窗波段。

通过多级啁啾放大（如图 59.2 所示），人们获得了强度较高的中红外激光脉冲，脉冲宽度只有三个光周期，并且脉冲的载波包络相位，即 CEP，是可以稳定调节的，如图 59.3 所示。这种周期量级的中红外光源是一种驱动原子、分子产生超连续谱进而获得阿秒脉冲的很重要的工具之一。

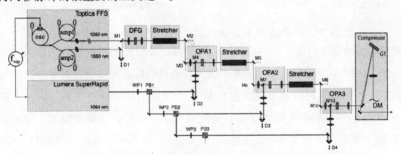

图 59.2 中红外 OPCPA 实验装置示意图

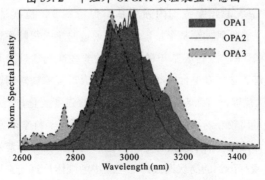

图 59.3 实验获得的中红外光源

3 极端非线性光学——高次谐波的产生

当激光场和原子相互作用的时候，原子中的电子可以通过波长所对应的能量等于或者大于原子电离能的辐射场中吸收一个光子，从而电离到连续态，这便是低强度辐射场下原子的线性响应；而在强激光场下，原子却可以同时吸收多个光子而跃迁到连续态，并表现出强烈的非线性，这种现象称为多光子电离；随着激光强度的进一步提高，原子可以吸收更多的光子，这就是阈值上电离；如图59.4所示。这是一个非常典型的非微扰过程，然而人们当时却无法找出一个合理的解释，因为当时的微扰理论无法给出合适的解。

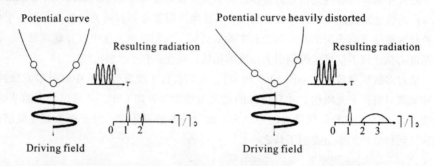

图 59.4　低强度与高强度辐射场作用下的原子的响应

理论表明阈值上电离产生的高能量的电子可以复合到基态并辐射出阶数非常高的谐波光子。1987年，科学家在飞秒 KrF 激光与惰性气体相互作用过程中首次观测到了频率为驱动激光频率数倍甚至几十倍的高次谐波辐射。1988年，Ferray 等人在皮秒 Nd-YAG 激光与气体相互作用的过程中也观测到了类似的高次谐波辐射，最高谐波阶次为33次。此后，强激光场驱动下的高次谐波辐射便得到了大量的理论和实验研究。大量的实验结果都发现了同样一个现象：高次谐波频谱的强度随着光子能量的增加先迅速降低，然后在很大的频率范围内强度基本保持不变，也就是形成一个平台区（plateau），最后当平台区延伸至某个特定的频率附近时突然很陡峭地下降，称之为截止区（cutoff）（见图59.5）。传统基于微扰理论的非线性光学只能解释在前几阶谐波迅速降低的现象，却无法解释平台区和截止区。在大量实验观察到这一奇特的现象之后，Pan 等人利用微扰理论首次对高次谐波前几阶的强度变化进行理论计算和分析，得到了和实验吻合得比较好的结果。图59.6为西班牙光子科学研究所搭建的高次谐波产生装置实物图，该实物图中包括靶室以及探测高次谐波的极紫外光栅光谱仪。图59.7是利用该套装置探测到的高次谐波谱，靶室中的气体是氖气，从图中可以看到明显的平台区。

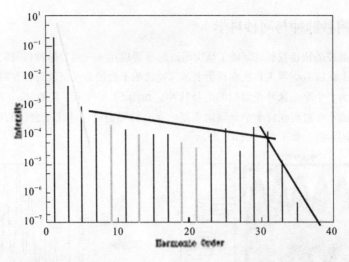

图 59.5　典型高次谐波频谱结构

图 59.6　获取高次谐波的实验装置实物图

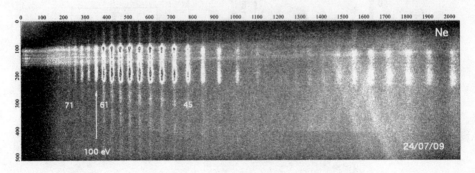

图 59.7　实验观测到的谐波谱

4 阿秒脉冲与阿秒科学

高次谐波的快速发展也促使了高次谐波的重要应用——阿秒脉冲以及阿秒科学的诞生。Farkas 和 Toth 等人首次在理论上预言通过相干叠加数次谐波可以在时域上获得脉冲间隔为半个驱动脉冲光周期的阿秒脉冲。如图 59.8 所示，从图（a）可以看出，高次谐波的产生过程在每半个光周期重复一次，如果通过过滤出平台区的高次谐波，就会合成阿秒链，如图 59.8（b）所示。

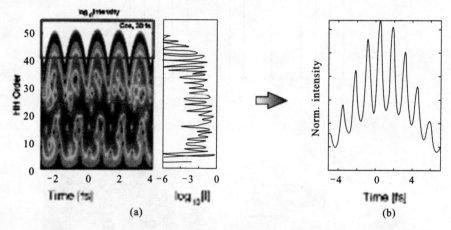

$$(a) \qquad (b)$$

图 59.8　高次谐波相干叠加产生间隔为半个驱动脉冲光周期的阿秒脉冲链

阿秒脉冲链在泵浦探测的应用上受到很多的限制，远远没有孤立的阿秒脉冲实用，因此，如何从阿秒脉冲链当中过滤出孤立的阿秒脉冲成为了人们研究的焦点。当驱动光脉冲只有几个光周期的时候，由于非微扰效应导致的谐波谱出现蓝移和红移，最后导致截止区附近的高次谐波谱的相干性得到很大程度的增强，出现超连续谱。对超连续谱直接滤波便可在时域上得到孤立的阿秒脉冲，如图 59.9 所示。

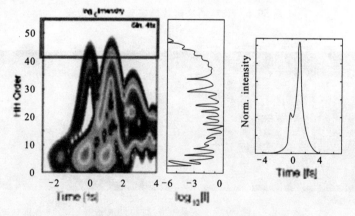

图 59.9　周期量级激光脉冲产生的单阿秒脉冲

阿秒量级超短光脉冲的出现为极高时间分辨率的泵浦探测实验提供了极其有力的工具，在短短的几年当中，阿秒脉冲的超快动力学探测方面的应用得到了飞速发展，开辟了阿秒物理学这一崭新的领域。在单阿秒脉冲出现之后的第二年，科学家首次利用这一工具开展了原子内部超快动力学过程的阿秒时间分辨泵浦探测研究。随后，Goulielmakis 等人将单阿秒脉冲应用于周期量级飞秒激光脉冲的电场波形的探测。研究表明，可以利用 250 as 的单阿秒脉冲对原子中的电子波包进行阿秒尺度的动力学过程实时测量；可以利用单阿秒脉冲和飞秒激光脉冲的泵浦探测技术对原子内部隧道电离过程进行阿秒时间分辨的测量；可以利用单阿秒脉冲第一次对纳米金属颗粒表面等离子体基元的超快动力学过程进行四维时空分辨的探测。另外，利用单阿秒脉冲可以研究凝聚态物质内部的超快动力学过程。

通过巧妙地利用周期量级的飞秒激光脉冲，同样能达到测量和控制阿秒量级的动力学过程。如图 59.10 所示，利用一束圆偏振态的脉冲，可以使测量分辨率达到 34 as。具体计算公式如下：

$$360 \ \text{deg} = 1 \ \text{cycle} = 2.5 \ \text{fs}$$

$$5 \ \text{deg} = 34 \ \text{as}$$

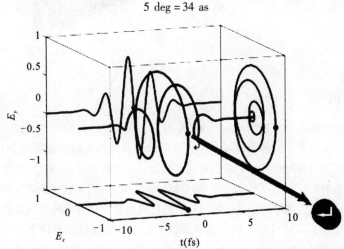

图 59.10　利用飞秒激光控制阿秒时间尺度的动力学过程

实验证实了图 59.10 中的假想方案，结果如图 59.11 所示。当载波包络相位改变的时候，实验检测到电子动能分布发生了显著的改变。电子围绕原子核运动的时间约为 130 as。而实验结果表明，通过改变 CEP，可以对电子的运动进行调控，即实验控制精度可达到阿秒时间尺度。

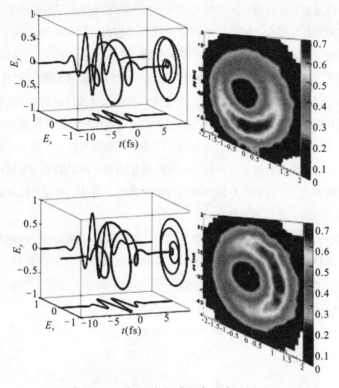

图 59.11　电子动能谱分布的实验结果

5　结语

　　基于高次谐波的单阿秒脉冲的出现，使得人们研究阿秒时间尺度的超快动力学过程成为可能，也孕育了阿秒物理学这一门崭新的学科，为人们认识极端条件下原子、分子甚至电子的微观过程开辟了新的途径。然而，在单阿秒脉冲的产生方面的研究仅仅开展了短短的几年，尤其是宽谱带单阿秒脉冲方面，尽管从目前来看，理论和实验研究都已经证明双色场是调制高次谐波产生过程以获得宽谱带单阿秒脉冲的最有效的手段，然而在效率以及对双色场激光参数依赖性方面尚需研究者做大量的工作。因此，以下几方面将是未来研究的方向：利用双色场调控高次谐波产生的微观动力学过程（量子轨道），探索获得宽谱带单阿秒脉冲，以及提高阿秒脉冲产生效率的新机制；研究宽谱带单阿秒脉冲产生对双色场参数的依赖性，寻求获得稳定阿秒脉冲的方式；将双色场量子调控拓展到中红外区域，以求获得更高频率、更大谱宽的高效宽带超连续谱的产生。

（记录人：王少义）